黄惠明 著

中国纺织出版社有限公司

图书在版编目（CIP）数据

惠民耕食 / 黄惠明著. -- 北京 : 中国纺织出版社有限公司，2025. 7. -- ISBN 978-7-5229-2822-7

I. TS971. 202. 64

中国国家版本馆 CIP 数据核字第 2025Z4472M 号

责任编辑：范红梅　　责任校对：王花妮　　责任印制：王艳丽

中国纺织出版社有限公司出版发行
地址：北京市朝阳区百子湾东里 A407 号楼　邮政编码：100124
销售电话：010—67004422　传真：010—87155801
http://www.c-textilep.com
中国纺织出版社天猫旗舰店
官方微博 http://weibo.com/2119887771
天津千鹤文化传播有限公司印刷　各地新华书店经销
2025 年 7 月第 1 版第 1 次印刷
开本：710 × 1000　1/16　印张：20
字数：315 千字　定价：78.00 元

推荐序一

惠民耕食

弟子黄惠明出书了，我感到非常欣慰。20世纪90年代初，我从国外工作归来，到长沙湘菜技术培训中心任职副主任兼湘苑酒店总经理时，惠明就参加了培训班的学习，我们的师生缘分就始于当时。

我多次到郴州参加活动，在得月楼与惠明重逢。他热情待人，工作认真，对厨艺更是精益求精，我极为欣赏这小伙子，于是正式收他为弟子。一晃30多年过去了，他已成才。

从郴州到长沙，他一路打拼，曾与企业合作、投资，也经历过失败，但他都顽强地挺过来了。后来，他承租了湖南省农业科学院的一个研究所后院，作为他的公司驻地和烹饪工作室。在这个小天地里，他充分施展才华，积极与业界同仁交流，推广他的惠民湘菜。大家在此交流研讨，他还带领几位弟子成为合伙人。他研究各种食材在烹饪技艺上的融合创新，制作出各种美味佳肴。他与全国的同行交流，不仅拓宽了自己的知识面，还结交了很多朋友。他积极展现技艺，并着手研发了各种酱料，对湘菜味型的变革起了重要作用。

有了这个基础后，他走遍全国各地寻找优质的烹饪原料。他研发出融合创新的惠民湘菜，他精湛的技艺赢得了广泛赞誉。正因为他技艺高超，被烹饪界人士认可，众人都拜在他的“惠师门”门下。

他就像一台播种机，把湘菜的种子播撒在中国的土地上。这么多年过去了，他种下的种子已开花结果，他的弟子中有很多已经成为知名的企业家。这就是优秀师门的传承，是惠师门精神的传递，是工匠精神！

《惠民耕食》这本书的问世，是惠明给行业留下的一部珍贵宝典。青出于蓝而胜于蓝，我为有这样的弟子而感到骄傲。我衷心祝贺他的新书问世，并期待他为中国烹饪事业、为中国湘菜的蓬勃发展作出更大的贡献。

祝《惠民耕食》发行成功！

中国湘菜泰斗

2024年10月

推荐序 二

惠民耕食

在湘菜蓬勃发展的辉煌时代，每一位湘菜人都承载着传承、创新、传播这一独特美食文化的崇高使命。而在这众多的璀璨星辰中，惠明无疑是一颗耀眼的明星。这部《惠民耕食》不仅是他个人奋斗与心路历程的写照，更是湘菜文化传承与发扬的生动记录。作为他的长辈和同行，能为这部佳作作序，我深感荣幸。

惠明对湘菜的深情厚谊，早已在业界传为佳话。他对烹饪技艺的精益求精，不仅仅停留在技术层面，更深入对湘菜文化精神的领悟与传承。在《惠民耕食》一书中，我们可以清晰地看到他对传统湘菜文化的深入挖掘，每一个菜品背后都蕴藏着深厚的历史底蕴和文化内涵。同时，他在湘菜创新方面所付出的努力，也让人由衷敬佩。他勇于尝试，敢于突破，为湘菜注入了新的活力和创意。

更难能可贵的是，惠明在追求烹饪艺术的同时，始终保持着一颗尊师重道的敬畏之心。他对烹饪界大师的尊敬，不仅仅体现在技艺的传承上，更在于那种对湘菜文化的敬畏与热爱。这种精神也贯穿于他与众多湘菜前辈的交流与合作中，他虚心求教，博采众长，不断丰富自己的烹饪技艺和文化底蕴。

作为全国人大原代表，我深知自己肩负着推动湘菜产业发展的重任。而在我眼中，惠明正是我们湘菜产业的中坚力量。他用自己的实际行动，诠释了什么是对烹饪艺术的真正热爱与执着。

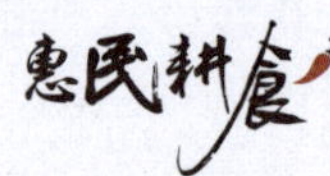

他的每一次创新，每一次突破，都为湘菜产业的发展注入了新的动力。他的成长历程和奋斗精神，无疑是对年轻一代厨师的极大鼓舞和激励。我相信，在惠明的引领和影响下，会有更多的年轻人投身到湘菜事业中，共同推动湘菜产业的繁荣发展。

《惠民耕食》不仅仅是一部记录个人成长的书籍，更是一部展现湘菜文化魅力的佳作。它让我们看到了惠明在湘菜领域的奋斗与收获，更让我们感受到了他对烹饪艺术的无限热爱和对师长、老前辈的深切敬意。这本书的出版，无疑将对湘菜产业的进一步发展产生积极的推动作用。它会让更多的人了解湘菜、爱上湘菜，进而投身到湘菜事业中，共同传承和发扬这一独特的美食文化。

最后，我要向惠明表示衷心的祝贺和崇高的敬意。你用自己的实际行动为湘菜产业作出了杰出贡献。《惠民耕食》这部传记将是你烹饪生涯中的一座重要里程碑！我相信在未来的日子里，你会继续带领湘菜走向更加辉煌的未来。同时，我也期待更多的年轻人能够受到你的启发和激励，共同为湘菜产业的繁荣发展贡献自己的力量。

许菊云

中国湘菜泰斗

2024年10月

推荐序 三

惠民耕食

嘿，大家好！我是聂厚忠，或许你们在一些美食节目或者烹饪大赛上曾经见过我。但今天，我可不是来聊自己的，而是要给大家隆重介绍一位我非常欣赏的师侄——黄惠明。

哎呀，说到黄惠明这小伙子，可真是让人眼前一亮啊！他的《惠民耕食》我可是一口气读完的。这本书不仅仅记录了一个厨师的成长历程，更展现了一个年轻人对湘菜的深厚情感和他那种锲而不舍、勇攀高峰的精神。惠明啊，这本书真是让我看到了你跟湘菜之间那段不解的情缘。就像是一段美丽的旅程，你带着我们走进了你的世界，感受到了你对烹饪的热爱和对食材的敬畏。

作为你的师叔，我看着你一步步成长，从一个怀揣梦想的厨艺新手，到现在成为湘菜界炙手可热的新星，内心真是感慨万千。你的进步和努力，我们老一辈都看在眼里，疼在心上。记得有一次，你为了研究一种新的湘菜做法，把自己关在厨房里好几天，那种废寝忘食、孜孜不倦的精神，真是让人动容。对厨艺的执着和热爱，就像一团燃烧的火焰，照亮了你前进的道路。惠明啊，你不仅厨艺出众，更难能可贵的是你尊师重道、谦逊有礼。每次见到你，你总是那么恭敬、虚心。这种品质在当今这个浮躁的社会里实属难得。你对我们这些师叔的尊敬和感激之情也总是溢于言表，让我们倍感欣慰。我想说，惠明你做得真棒！你的每一次进步都是我们湘菜界的骄傲。希望你能继续保持这种对厨艺的热爱和对长辈的尊敬，勇往直前地走下去。未来的路还很长，但我相信你一定能够走得更远、飞得更高。

《惠民耕食》这本书我真心推荐给大家去读一读。它不仅仅是一本书，更是一个年轻人对梦想的追求和对湘菜的挚爱的写照。我相信你们在阅读的过程中一定会被惠明的故事所打动、所激励。

最后，作为你的师叔我要对你说一句：惠明啊，加油干！未来的湘菜界还需要你这样的年轻人去闯荡、去创新。我们老一辈会一直在你身后支持你、鼓励你。希望你能够不断超越自己，创造更多的辉煌！

中国湘菜泰斗

2024年10月

惠民耕食

推荐序 四

湖广熟，天下足。湖南作为农业大省，自古以来，就是令人向往的富庶之地、鱼米之乡，是全国的“菜篮子”。当地丰富的食材为湘菜在全国的蓬勃发展奠定了物质基础。潜心研究且善用各类食材的黄惠明，在他这一辈湘菜大师中，是能力与胸襟都十分突出的一位代表性人物。

师出名门，匠心育匠人

“为人谦和，有俯首甘为孺子牛的精神”，湘菜泰斗王墨泉评价这位爱徒时这样说过，这也是这些年我对黄惠明的整体印象。黄惠明于20世纪90年代初与王墨泉结缘。依稀听惠明说起过，那是在一次行业的烹饪技术课上，王嗲在讲授刀工技巧时侃侃而谈，更让他钦佩的是王嗲手起刀落，下刀精准，切牛百叶细如发丝。一说起师父，黄惠明自豪感满满：“锋利的刀像粘在他手上似的，玩得那么溜！”

事实上，在一众学徒中，勤奋好学、专注力集中的黄惠明也早被王嗲注意到。如今他俩确定师徒关系三十年，傲气的王嗲在说起这个徒弟时，亦是相当得意：“他对湘菜热爱的劲头儿很足，听我讲授专业技术时所表现出的状态是饥渴而亢奋的，让我想起了自己年轻时候的样子。”

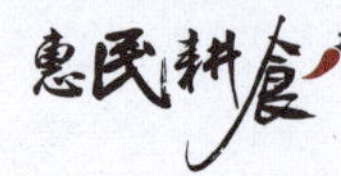

惠民耕食，惠及民生

惠者，仁爱也。“惠及民生，努力耕耘”，这是黄惠明对其品牌“惠民耕食”最贴切简洁的注解。同时，这亦是他个人的标签。

身为湖南省餐饮行业协会副会长、湘菜产业供应链委员会主席，黄惠明工作主线清晰，致力挖掘地标食材、民间滋味，常年为湘菜产业奔波于大江南北。1964年出生于湖南郴州汝城的黄惠明，有着那个年代、那块地方劳动人民的普遍特征：特别能吃苦，有极度想要冲出去的斗志。黄惠明时刻都在用自己的实际行动，生动诠释着惠民耕食的要义——致力于“惠民湘菜与技艺”的研究推广应用，传播食学、食谱、食养之道，总结烹调理论与方法，为湘菜赋能。

研发与传承，永不言弃

在菜品研发和钻研技艺方面，黄惠明炉火纯青，有“越陷越深”之势，但他并非只精通湘菜。因长期走南闯北，黄惠明还旁通川、粤、苏菜，懂得融合创新，智创“惠民湘菜”500多道食谱。近些年，他的格局也在一步步打开，着眼于如何促进整个湘菜在全国的蓬勃发展。作为厨界精英，黄惠明以培养传承人为使命，广纳门人传授技艺。他的弟子分布在全国各地，从事美食文化传播与餐饮经营、烹饪研究工作，其中不乏佼佼者。

《惠民耕食》不仅是一部个人奋斗史，更是一部湘菜文化传承与发展的生动教材。它让我们看到了一个烹饪大师的成长历程，更让我们感受到了湘菜文化的博大精深与无穷魅力。在此，我衷心希望这本书能够激励更多年轻人投身于烹饪事业，为传承与发扬中华美食文化贡献自己的力量。

刘国初
湖南省餐饮行业协会会长
2024年10月

推荐序 五

惠民耕食

黄惠明是从大山里走出来的农家子弟，他在计划经济年代开始学习厨艺，承包饮食店，而今成为中国烹饪大师、湘菜大师，集多种荣誉光环于一身。联想到电影《从奴隶到将军》的主人公罗炳辉出身农奴，毅然投身革命，开始在部队当伙夫，后来练就一身本领，英勇杀敌，成为革命将领。还想到袁隆平爷爷从三尺讲台走来，成为世界水稻之父。凡伟人、名人，有大成就者都有过人之处。归纳起来便是天才源于勤奋，时势造就英雄。黄惠明虽然不比罗将军，也不比袁隆平，但他勤奋的品质是有的，时势和机遇是抓住了的。

1981年，黄惠明高中毕业，跟随堂叔学厨艺。这一年，原商业部颁发厨师技术等级标准，共为8级，最高级别为特一级。黄惠明就在这时入门，顺应了时势，抓住了第一个机遇。从此以后，他努力钻研厨艺，认真学习餐饮企业管理。在承包三江口饮食店，掌握瑶家菜的制作后，他南下广东学粤菜，北上郴州学习郴州菜。其间，开店又关店，他一路摸爬滚打，有成功和喜悦，也有失败和辛酸。这时他抓住了第二个机遇，悟到了一些“道”。1993年，他来长沙历练，得到贵人相助。这位贵人就是王墨泉！王墨泉的师父是舒桂卿，1964年，原商业部颁给舒桂卿一级厨师证，在当时是湖南唯一有此荣誉者。1981年下半年，省商务厅进行特级厨师考评，王墨泉理论和操作分数均列第一，被评定为特一级厨师，成为全省最年轻的特级厨师。黄惠明来到长沙后，二人相互认识，互生好感。后来，黄惠明拜王墨泉为师，得到师父的指点，加上自己的悟性，他的厨艺突飞猛进。拜师王墨泉，这是黄惠明抓住的第三个机遇。

《惠民耕食》一书的时间跨度有五十多年，我特问过黄惠明是如何找到这些资料的，回答是他平时有记日记的习惯。记日记看似简单，要坚持下来很难，这说明他有非凡的毅力。我曾听他的同事讲过一件事，黄惠明与同事在永顺县芙蓉镇寻找民间食材，吃过晚饭后开车回长沙，到家已经深夜12点多，黄惠明突然想起有重要东西落在芙蓉镇，他毫不犹豫，独自开车前往，取到东西后马上开车回长沙，到家已是第二天中午12点多，接着又进行上午的工作。这是他吃苦耐劳的一个缩影！

《惠民耕食》是黄惠明大师的个人传记，记录了自己的成长，也记录了湘菜近四十年的发展变化，可谓半部湘菜史！该书还介绍了食材加工方法，以及部分地方菜、湘菜传统菜和创新菜的制作流程，成菜特点，亦有工具书的作用。书中记录了作者入行湘菜的心路历程，一个地道的农村孩子，走出大山，几经曲折，几多艰辛，成就自我，这是一本青年人的励志书。老一辈看此书，会感到欣慰和自豪；同辈们看此书，会触景生情，感同身受；晚辈们看此书，会激情澎湃，奋发图强。总之，《惠民耕食》是一本不可多得的好书，老少咸宜，开卷有益。

中国烹饪协会荣誉副会长

湖南省餐饮行业协会原会长

2024年10月

自序

惠民耕食

在湘菜的世界里，我仿佛是一个永恒的旅人，穿越着时光的隧道，品味着岁月的沉香。今日，当我提笔为这部传记写下自序时，心中涌动着无尽的感慨。

我出生在湖南这片热土上，从小就沐浴在湘菜的浓郁香气中。那独特的辣味、扑鼻的香气和五彩斑斓的颜色，都成为我记忆中无法抹去的烙印。每当回想起儿时围坐在餐桌旁，与家人共享湘菜美食的温馨场景，我的心中便涌起一股莫名的感动。正是这份感动，驱使着我踏上了探索湘菜精髓的旅程。

四十三年来，我像一位勤劳的农夫，在湘菜这片肥沃的土地上默默耕耘。我深知，要想真正领悟湘菜的奥秘，仅凭一腔热情是远远不够的。于是，在1993年，我毅然决定投身于湘菜技艺的研习之中，拜在了王墨泉老师的门下。那段时间，我如同海绵一般汲取着老师的智慧与经验，将每一个细节、每一道菜式都铭刻在心。正是这段宝贵的经历，为我日后的湘菜传承之路奠定了坚实的基础。

在漫长的岁月里，我始终坚信：做菜如同做人，必须用心去感受、去体会。每当我站在灶台前，面对琳琅满目的食材时，我总会尝试与它们建立起一种奇妙的联系。我倾听着食材的呼吸、感受着火候的跳跃、品味着调料的韵味，仿佛在与它们进行着一场场深入的对话。正是这种对食材的敬畏与热爱，让我在湘菜的烹饪过程中找到了无尽的乐趣与成就感。

然而，湘菜对我而言，并不仅仅是一种味觉的享受，它更是一种情感的寄托，一种文化的传承。我深知，要让湘菜文化在新的时代背景下焕发出更加绚丽的光彩，我们这一代湘菜人肩负着不可推卸的责任。因此，我始终致力于将湘菜的魅力传播给更多的人，让更多的人了解湘菜、喜爱湘菜、爱上湘菜。

在这部传记中，我记录了自己四十三年来在湘菜领域的点点滴滴。这里有我对湘菜食谱的个人见解，有我与食材之间妙趣横生的故事，有我在烹饪过程中那些灵光乍现的感悟，还有我与同行们切磋技艺、共同进步的美好回忆。每一个篇章、每一个故事，都凝聚着我对湘菜的深厚情感与对传承湘菜文化的坚定信念。

当然，这部传记的完成，离不开众多行业领导、老师、亲朋好友的支持与鼓励。在此，我要向所有在我成长道路上给予帮助与关怀的人们表示衷心的感谢，是你们的陪伴与支持，让我有勇气在湘菜的道路上不断前行、不断探索。同时，我也要感谢每一位读者朋友，是你们的关注与喜爱，让我有动力将这部传记呈现给大家。希望这部书能成为我们共同构建湘菜文化、传承湘菜精神的美好见证。

展望未来，我将继续致力于湘菜文化的传承与发扬。我相信，在我们这一代湘菜人的共同努力下，湘菜必将以其独特的魅力走向更加广阔的舞台，成为中华美食文化中的一颗璀璨明珠。让我们携手共进，为传承湘菜文化、弘扬中华美食而努力奋斗！

黄惠民

2024年5月

目录

第一篇

创始于汝城

蓄势待发

第二篇

发展在郴州

初露锋芒

第三篇
辉煌在长沙
势如破竹

第一篇

创始于汝城

蓄势待发

1964年，我出生于汝城官路下黄村，一个深藏在群山之间的古村落。这里山清水秀，民风淳朴，我的童年和青春都在这里度过。身为汝城黄家湾瑶族的一员，我深感自豪，同时也肩负着传承家族和民族文化的重任。

我的青少年时期，是在种田、读书、砍柴的乡村生活中度过的。从1972年启蒙上学至1980年高中毕业，我半耕半读，体验着农家生活的艰辛与快乐。这段时间的磨砺，不仅让我拥有了坚韧不拔的品质，更让我对这片土地和这里的人们有了深厚的感情。

1981年，我跟着叔叔踏上了烹饪之路，开始了我的厨艺生涯。最初，我在三江口供销分社惠民饮食店找副业（打零工）。那时候，我一边种田，一边当厨师，生活虽然清苦，但每当看到食客们满意的笑容，听到他们对菜品的称赞，我就感到无比的满足和快乐。

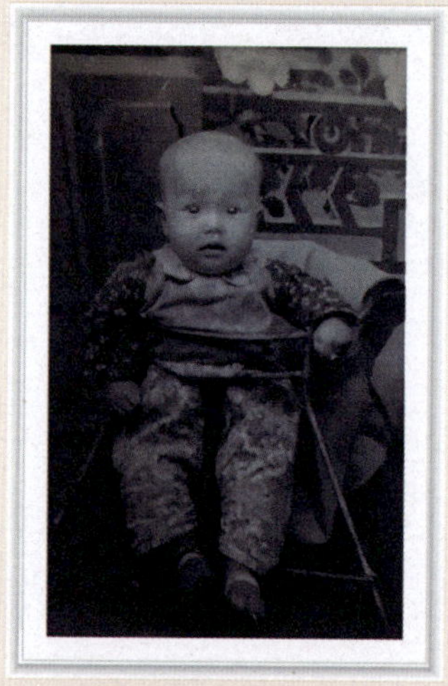
黄惠明出生四个月

黄惠明在官路下黄村

第一章
汝城黄家湾瑶族大姓的传承

汝城县位于湖南省郴州东南部，湘、粤、赣三省交界处，地处南岭山脉、罗霄山脉，这里四面环山，丘岗盆地相间。殷周时期，已有先民在汝城境内繁衍生息。而今汝城县总人口40万，众多民族聚居于此，分布着瑶族、畲族、苗族、侗族、回族、满族、壮族、土家族等35个少数民族，世居少数民族有瑶族和畲族等，目前此区域的瑶族有1万多人，黄姓居多。

官路下黄村黄朝玉家，为汝城清江黄氏第159世，在村子里算得上有田有地的中等家庭。他出生在清末光绪十年（1884年）农历二月二十九，在村里的濂溪书院读过几年的私塾，跟着先生读过《大学》《中庸》等四书五经。因为勤奋好学，人也长得高大帅气，在村子里属于出类拔萃之流。黄姓自古崇文重教，人文鼎盛，黄氏子孙通过读书科考走上仕途者比比皆是。黄姓不屈不挠，人才辈出。

黄朝玉长到成年后，家道开始中落，再不能一心只读圣贤书了。他开始为家计奔波，跟随官路村的老百姓去韶关、仁化等地挑盐。他年轻时缺少体力锻炼，但凭着年轻时的血气方刚和对家庭的责任，也是咬着牙帮子硬生生地从仁化挑了一担食盐回到汝城。他慢慢地习惯了挑盐的生活，翻山越岭、上垓下坡，肩膀的力气也渐渐地锻炼出来，比其他的年轻人毫不逊色。黄朝玉心地善良，遇到盐商欺负老百姓或者同伴的时候，他敢于直言，甚至会挺身而出。慢慢地，黄朝玉成了汝城挑盐同伴里的头人，那些年龄相仿者慢慢向他靠拢，同伴越来越多。

黄朝玉挑了两三年粤盐，慢慢熟悉了湘粤古道沿途村寨的物产和资源，也知晓了沿途老百姓的疾苦和生活需求。从汝城过骑田岭到仁化县城口埠，一路的广东老百姓都有养猪的习惯。这里养母猪的人家很少，加上广东人有吃烤乳猪的习惯，猪崽子的价格普遍比较高，养壮猪的猪崽子还要从韶关的其他县域挑来。黄朝玉一直在思考一个问题：从汝城县城到骑田岭一路的村庄，养母猪的人家比较多，每个村庄都有三五户，甚至十多户，汝城人没有吃烤乳猪的习惯，都喜欢养壮猪、熏腊肉，猪崽子的价格相对仁化来说便宜得多。黄朝玉觉得，他们每次都是空着手去仁化，再从仁化挑盐回汝城，这样跑单边不划算，耽误的时间多，很想试一试从汝城也挑东西去仁化，赚两次脚力钱。

有一次在仁化某村借宿时，黄朝玉与户主闲聊，得知户主想养壮猪，但是猪崽子太贵，根本买不起。黄朝玉说自己老家汝城的猪崽子价格比这里要便宜些，价格还不到一半。女主人连忙求黄朝玉，请他帮忙从汝城带一对猪崽子过去，还答应付黄朝玉脚力钱。黄朝玉回汝城后，迅速联系猪崽子的资源，亲戚家有一头母猪生了七八个猪崽子，刚好满月，正在寻找买家。黄朝玉挑了两个最大的猪崽子，挑到仁化，那户人家看了这对大猪崽子非常满意，支付了本钱，还付了黄朝玉双倍的脚力钱。

仁化那户人家的邻居，看到黄朝玉挑去这么好的猪崽子，便央求黄朝玉给她家也带一对。黄朝玉非常高兴，给这户邻居也挑了一对猪崽子。黄朝玉从汝城挑猪崽子到仁化的业务，也就这样开始了。

黄朝玉开拓了从汝城挑猪崽子到仁化的业务，仁化那边的人认为黄朝玉他们很靠谱，挑过去的猪崽子也非常好养。黄朝玉由熟客介绍业务，带来了新的客户，并且越来越多。经过几个月的贩运活动，黄朝玉慢慢成了仁化一带有名的猪崽贩子了。

黄朝玉被越来越多的人信任，他开始思索如何把业务做大。黄朝玉想得最多的是猪崽子的来源，一头母猪一年能生两窝猪崽子，每窝还只能生五六个或七八个，生九十个猪崽子的都比较少见。仁化那边需要购买猪崽子的农家，也是重要的客户资源，没有那些客户的需求，生意也难做。黄朝玉想了很久，觉得寻找货源的工作可以由家人、亲戚来负责，黄家毕竟是汝城大坪的大户人家，附近二十个村子都听说过他们黄家。曾经在濂溪书院读书的一班同学们，也都是有家财的人家，他们在附近村子还说得上话。

回到汝城，黄朝玉召集亲人和乡邻青年，在汝城县城的饭铺吃了一顿饭，哪些人家养有母猪，他很快就调查清楚了。黄朝玉读过书，做事有章法。他开始对养母猪的家庭登记造册，并写明了生猪崽子的具体时间和地点，很快就有了一本时间表。有了这本账，黄朝玉找猪崽子货源的困难就解决了。

黄朝玉又开始琢磨仁化猪崽子销售的客户问题。有了几个月的积累，黄朝玉的信誉已经在仁化传播开了，他去曾经买过猪崽子的客户家拜访，顺便收集信息，周边哪些家庭还需要猪崽子，再约定送货时间，逐渐排出时间表。这种方法简单实用，行之有效，既稳定了老客户，又开拓了新客户，由一个村子发展到周边几个村子。慢慢地，从骑田岭到仁化县城口埠的每个乡、每个村，都有黄朝玉的生意。

黄朝玉见猪崽子的货源和销路都打通了，现有的这几个人已经远远满足不了业务的需求了，他把邻居、朋友、熟人拉起来，组成一个猪崽子贩运团队，黄朝玉负责货源和销路，他们负责运输，一起从汝城挑猪崽子到仁化去卖。黄朝玉他们这支二三十人的贩运队伍，个个身强体壮，做事麻利。他们挑一担猪崽子去仁化，又从仁化挑盐到汝城，一去一回，趟趟都没有放空。

五六年后，黄朝玉家又慢慢殷实起来，他从二十多岁的小伙子成了而立之年的大龄青年。对于成家，黄朝玉并不太着急，他早就有了意中人，就是在贩盐之后认识的何家小妹何正顺。在父母的一再催促下，他在1915年迎娶了小他13岁的何正顺。那年，何正顺刚满17岁，出落得大大方方。黄朝玉结婚之后，并没有放弃自己的生意，他带着新婚的妻子去广东，也让妻子开阔了眼界。何正顺怀孕后，黄朝玉把妻子安顿在家里，自己继续做着贩盐贩猪崽子的生意。1916年，黄朝玉和妻子何正顺的第一个孩子来到人间，给他取名闹古，字洪财，族谱取名为性子。

黄朝玉在广东吃过、见到过很多美味的食材，也品尝过很多的异地美食，他把烹饪方法分享给妻子，与妻子一起研究做菜。黄朝玉做菜的爱好一经开发，就有些把控不住，回家一有时间就给家人做菜，一家人都有了口福。大家都认可他做的饭菜，甚至有人说他做的饭菜可以与村里做酒席的厨子相媲美。有些挑盐的伙伴，家里办三四桌酒席，又请不起专业的厨子，就请黄朝玉去给他们帮忙，担任大厨。黄朝玉也爽快地答应了他们，从采购食材到菜品，安排得清清楚楚、妥妥帖帖。

1919年，爆发了著名的“五四运动”，全国开启了新文化启蒙。黄朝玉的第二个男孩出生，名丑古，字源洪，族谱取名为性学。接着，黄朝玉的第三个男孩出生，名搬闹，字茂洪，族谱取名为性搬。第四个男孩出生，名青闹，字盛洪，族谱取名为性书。第五个孩子为女孩，取名爱奴。第六个孩子是男孩，名性洪，字富洪，族谱取名为性洪。随着孩子们慢慢长大，黄家的劳动力也慢慢强大起来。黄朝玉一直经营着他的事业，也兼做方圆几十里家庭宴席的厨子。因为家道变故，黄朝玉放弃了书本，靠自己的肩膀养活了一家人，帮助孩子们娶妻生子、成家立业，自己却因为劳累过度于

60多岁时去世了。

黄朝玉的五子性洪在新文化运动的影响下，读了汝城最高学府——濂溪书院，也是汝城高小，曾在湖南省地质勘探局206队工作，由于他的出色表现，从工人做到了党委副书记。黄性洪娶何凡玉为妻，生有五个子女，长子学军，号惠明；次子学文，号永明；长女小凤；次女春英；三女星梅。

汝城濂溪书院旧址

1981年黄惠明与父母亲兄弟姐妹合影

黄惠明的伯父们算盘学得好，都是村里的算数高手，成为邻居们羡慕的对象。他们曾跟随黄朝玉去过广东仁化，但没有完全继承挑盐和挑猪崽子的事业。黄惠明大伯伯闹古继承了爷爷黄朝玉的生意，他非常稳重、细致，把挑夫队伍管理得井井有条，生意越做越红火。四伯伯青闹参加了抗美援朝战役，1953年抗美援朝胜利后，他退伍回到村里。黄惠明的父亲黄性洪是湖南省地质勘探局206队的地质勘探队员。

黄惠明父亲旧照

黄惠明的父亲常年在外地工作。黄惠明的生活起居由妈妈负责，奶奶和伯父给予了很多照顾，特别是四伯伯青闹，一直将黄惠明视如己出。每次村里有宴会，四伯伯都会带上还是孩子的黄惠明，让他经常有出去“吃肉肉”的机会，这样的机会也让黄惠明对汝城家常菜和汝城宴席菜有了一点认知和了解。四伯伯年富力强，乐于助人，吃得苦、霸得蛮（倔强，有不服输的拼劲）。方圆十几里的几个村子，有人家办喜事都会请四伯伯主厨。作为谢厨的礼物，东家会让四伯伯带走一些菜肴和食材，这让黄惠明有机会接触到更多的食材，对食物和菜肴有更深刻的认知，对菜品的味道有更深入的了解。

四伯伯做得最好的一道菜是炖整鸡，鸡汤非常鲜美，鸡肉清香浓郁。四伯伯做得最有特色的一道菜是酥黄豆炒鸡蛋，他先把黄豆炒香、炒酥，再把几个鸡蛋打在碗中，剁一点肉末，放在碗里一起搅拌，搅拌均匀之后，一起煎成蛋饼。菜品酥脆又有肉香味，是一道非常好的下酒菜。还有一道特色菜是大蒜炒肉，他把猪肉切片，大蒜叶切2厘米长的段，肉片炒好后，加大蒜叶炒出香味，再打几个鸭蛋，既有肉香，又有鸭蛋的香脆，还有蒜香，香味馥郁，口感层次丰富。

四伯伯做的菜是汝城的传统菜，很多菜不放辣椒，保证了食材的原汁原味。一般的宴席，开始上的菜肴都没有辣椒，大人小孩都可以吃；只有最后一碗菜才放辣椒，那碗菜就是辣椒粉大蒜叶炒鸡蛋。他先把鸡蛋打到碗里，搅拌均匀，煎饼，切块，下大蒜叶炒好，再放辣椒粉。有些家庭富裕些的，宴席上有道干鱼，要放辣椒粉来调味；家庭条件不好的，没有鸡蛋，没有鱼干，那就直接用辣椒粉做一碗菜，辣椒粉在油里翻炒之后，加酱油、盐，有大蒜叶的季节加点大蒜叶，就可以作为一碗菜上席。汝城宴席上最珍贵的菜肴是腊肉。汝城每家每户在过年之前都要杀年猪，用柴火熏制腊肉。每户也就熏二三十斤腊肉，过年过节吃一部分，剩下的要留着插田的时候才吃。

在一大家子的照顾和关怀下，黄惠明与母亲、姊妹一起生活，虽然过着半边户（爸爸吃国家粮，其他人在家务农）的生活，并没有感觉到孤单，生活上更没有挨饿受冻，反而有种众星捧月、万人牵挂的感觉。黄惠明长到7岁时，受过良好教育的父母开始考虑他入学的问题。1971年，黄惠明就读官路小学，那时正值社会动荡时期，很少有人能静心读书，而黄惠明却遇上了一位好老师，他熟知理学，特别喜欢周敦颐的著作，常与学生一起诵读。黄惠明在此时爱上了周敦颐的《爱莲说》：

水陆草木之花，可爱者甚蕃。晋陶渊明独爱菊。自李唐来，世人甚爱牡丹。予独爱莲之出淤泥而不染，濯清涟而不妖，中通外直，不蔓不枝，香远益清，亭亭净植，可远观而不可亵玩焉。

予谓菊，花之隐逸者也；牡丹，花之富贵者也；莲，花之君子者也。噫！菊之爱，陶后鲜有闻；莲之爱，同予者何人？牡丹之爱，宜乎众矣！

黄惠明特别喜欢莲花的品质，也对莲花相关的食材产生了兴趣，比如藕、莲子等。黄惠明对周敦颐的《拙赋》也非常喜欢。

或谓予曰："人谓子拙？"予曰："巧，窃所耻也，且患世多巧也。"喜而赋之曰："巧者言，拙者默；巧者劳，拙者逸；巧者贼，拙者德；巧者凶，拙者吉。呜呼！天下拙，刑政彻。上安下顺，风清弊绝。"

黄惠明常想，我愿去做个笨拙之人，不投机取巧。

黄惠明的爸爸黄性洪在闲暇之余会给黄惠明讲解周敦颐的著作，在黄惠明心里埋下了理学的种子。黄性洪古文基础扎实，经常吟诗作赋以娱性情。

1993年11月 在队长办公室

黄惠明的父亲办公照片

盼望

荷花出水隔山红。问余何日喜相逢。一树花叶相扶持，一池鱼水爱发疯。旧情春江千层浪，新意大垅山万重。想你爱你云鬓改，但愿不是梦长空。

思念

送君情深蜜样甜，别离愁苦寸肠断。顿失长空比翼鸟，安得桃李两相连。千泉合流入洞庭，百爱交集一枝花。终日凝眸伤心处，烟锁巉岩人不见。

临江仙 · 会友

曾记少年共学堂，经年书无来往。传闻君慕名而来，草草谈笑语，略略话平生。三次破费心不忍，几番情愫火燃金。往来岂他意，素教是真心。

桃花

淡染胭脂露盈盈，绿叶扶持朵朵轻。奈何笑容难为久，风吹雨打碾作尘。

老黄牛

勤耕俭食翻千垧，赢得黄金谷满仓。但愿众生皆得饱，不辞身死事农桑。

春景

时过境迁又一年，春雷动地雨落天。满园花色堆锦绣，遍山林茂罩青纱。紫燕呢喃空中舞，黄莺婉转苍林间。暖风吹得游人醉，阳回大地发春华。

第二章
从厨三江口，惠民饮食店开业

初中毕业后，黄惠明离开了家乡，跟随父亲到湖南冶金地质勘探公司206队的子弟学校读高一。他跟在父亲身边，食宿在老乡何年珍阿姨家里，开始了独立生活。

那年冬天，14岁的惠明度过了一个难忘的寒假。他跟随父亲来到了江华瑶族自治县码市公社的深山之中，那里是父亲所在分队的驻地。勘探队员的居住条件十分艰苦，房子只用竹棚简单围起，上面覆盖着油毡，四面透风。那年春节前两天，天空中飘着鹅毛大雪，整个大山都被洁白覆盖，父亲领着他去到钻井工地。在风雪中，他们翻山越岭，艰难前行，只为给那些坚守在钻井工地的工人们送去温暖与慰问。下午，当他们从工地返回时，采摘了沿途漫山遍野的香菇和木耳，这些收获让黄惠明的心情格外愉悦。然而，在开心的同时，他也更加深切地体会到了地质勘探队员的伟大。他们在如此恶劣的自然环境下，依然坚守岗位，默默奉献，这种精神令他深感敬畏。自此，黄惠明更加理解父亲的不易，为有这样一位伟大的父亲而感到自豪。

“每逢佳节倍思亲”，在欢度佳节之际，黄惠明对远在老家官路村的母亲和姊妹们的思念也愈发浓烈。母亲在老家的生活并不轻松，她不仅要照顾姊妹和弟弟，还要承担起繁重的耕作和家务。夜深人静时，黄惠明躺在床上，望着窗外皎洁的月光，心中便涌起对母亲的无限思念。他想象着母亲此刻正在家中忙碌的身影，担心她是否又为了节省开支而舍不得吃上一顿好饭，牵挂她是否又因为劳累过度而生病。那一夜，黄惠明想妈妈了，想她温暖的怀抱，想她慈祥的笑容，想母亲为他付出的一切。同时，黄惠明也牵挂着他的兄弟姐妹，期待着早日与他们团聚，一起分享彼此的故事，一起感受家的温暖。

在深山中的那段日子，黄惠明虽然与父亲相伴，但心底对亲人的思念从未减少。他知道，我走到哪里，无论经历什么，母亲和兄弟姐妹始终是他最坚实的后盾，是他永恒的牵挂。

黄惠明在子弟学校读了一年高中，后又回到老家汝城，在汝城三中重读高中。1981年，黄惠明高中毕业，开始为自己寻找人生的出路。黄惠明一度很迷茫，他既跳不出农门，又不愿意窝死在乡下。黄惠明一直有一个大胆的想法，他觉得做个厨师也是不错的选择。人们的日子越过越好，农村的酒席、宴席也慢慢多起来，农村的厨子比较受欢迎，有一句老话叫“饿不死厨子”。

黄惠明在桂林七星岩留影

黄惠明选定了自己的职业方向，就开始考虑跟谁干、怎么干。堂叔黄怀清，曾在部队炊事班干过炊事员，他很有思想，想干一番自己的事业，当时他承包了三江口供销分社收购站和三江口饮食店，他的饮食店一年365天天天营业，天天都有客人去他餐饮店里吃饭。如果能够跟着堂叔学习，那随时可以炒菜练兵，这非常符合黄惠明的追求。于是黄惠明到堂叔的三江口饮食店做学徒，从种菜、择菜、清洗、切菜、配菜到上菜、收拾桌椅、洗碗筷等，都由他一个人干，只有炒菜由堂叔完成。这些工作基础却烦琐，忙起来完全是手脚不得停歇。因为黄惠明有高中文化基础，堂叔讲解的很多菜品知识，他一听就会，在操作中遇到困难就翻书学习。黄惠明把堂叔做菜的步骤记在心里，晚上有时间了再记录在笔记本上，很快就学会了堂叔擅长的家常菜。堂叔黄怀清在供销社系统参加过几期内部菜品培训班，系统地学过一些菜品的烹饪技艺；他也参加过县级、市级的厨艺比赛，有几道菜品曾获过奖项。

黄惠明与叔叔黄怀清在桂林学习时合影

黄惠明三年学徒期满，虽然没有多少报酬，但堂叔为其解决了吃饭、住宿问题，黄惠明十分感激。黄惠明成了堂叔三江口餐饮店的厨师。1984年，黄惠明父母所在的湖南省地质勘探局206队从永州市江永县搬到了郴州市，离老家越来越近了。黄惠明不满足于在三江口餐饮店做一名厨师，他还想继续学习厨艺，更好地提升自己。1979年后，广东成为改革开放的前沿，汝城县有很多人前往广东的韶关、仁化、乐昌寻找商机和赚钱之路。这些人回到汝城县后，经常说起粤菜有多好吃、多漂亮。说者无心，听者有意，黄惠明暗下定决心，要去广东学几样拿手的粤菜，让乡亲们折服，让顾客们满意。

1982年黄惠明韶关中山公园

通过堂叔的多方联络，终于联系上了一位在广东省韶关市某食堂做厨师的朋友，他们正好需要一批切配、打荷的务工人员。黄惠明抓住时机，前去务工学习粤菜。这种务工不是拜师做学徒，只能属于偷学厨艺的范畴。得益于三年的厨房打杂经验和上灶的实践，黄惠明干起活来得心应手，无论是切配还是打荷，都让大厨师们满意。有些时候，一些简单的菜品会让黄惠明上手，黄惠明从不马虎，认真地做好每一道菜。黄惠明越是认真，带他的厨师就越喜欢他，给他更多的锻炼机会，有时候甚至还点拨他两句。带黄惠明的厨师还有一个习惯，他菜品的主料、辅料、调料都是按克计算，每样食材都要过秤，这种严谨的作风给黄惠明留下了非常深刻的印象，也让他在往后的日子里，对烹饪怀有敬畏之心，持有严谨的态度。经过两年的务工学习，黄惠明学会了一些粤菜的基本技法，有些简单的粤菜做得游刃有余，丝毫不亚于那些站炉子的大师傅。这两年的务工让黄惠明积累了一定的财富，

黄惠明站柜台留影

有了经营餐馆的启动资金。

1987年，三江口已经人来人往，非常热闹。黄惠明完全承包了堂叔在三江口供销社的收购站和饮食店。从此，他拥有了自己名号的惠民饮食店。惠民饮食店是三江口的第一家饭店，满足了货车司机和木材商的吃饭需求。

惠民韭菜酿辣椒

三江口的河鱼在当地非常有名，受货车司机和外地采购商的青睐。三江口的老百姓有逢汛期捕鱼的习惯，每逢下雨涨水，他们就会在洄湾处、溪潭边撒网捕鱼，经常捕捞到几斤一条的大河鱼。在夏季，也有专门下河摸鱼的人，他们有自己熟悉的水潭，下好渔网，再潜水到深潭的石缝里去驱赶，容易捕捞到大鱼，多是三五斤，甚至上十斤的大鱼。黄惠明把河鱼做成了一道特色菜，叫作活水煮河鱼。精选二三两的小杂鱼，宰杀、剖开、清理内脏后，码盐、酱油腌制几分钟，油烧开，两面煎黄，加水烧开，再加入三江口当地的小竹笋、豆腐，山珍、河鲜相结合，非常美味。惠民饮食店卖得最好的是清蒸排骨、木耳炒肉等。清蒸排骨原汁原味，肉香、豆豉香重逢。木耳炒肉是汝城的传统菜，汝城人不习惯直接用辣椒炒肉，一般会将水发的木耳切成粗丝，用来与瘦肉或者五花肉合炒，加点干红辣椒或者辣椒粉、青辣椒丝调味。

笋子炒肉

黄惠明还开发了几道山珍菜肴，有香菇炒肉、红菇炒肉、笋子炒肉等。三江口的野生香菇特别多，个大、肉厚、色深、味浓，是地地道道的汝城“老土”，一年中只要有雨就会有香菇出产，农民采摘香菇到三江口供销社换钱，黄惠明收购这些野生香菇做成一道佳肴。香菇去蒂，清洗干净，切成片，瘦肉切片，锅洗干净，烧油炒肉片，等肉片呈白色，加入香菇翻炒，香菇的鲜汁渗透入瘦肉里，猪肉油脂软化香菇，肉香渗入香菇片，完美融合，成为一道绝味。红菇是罗霄山脉的特产，颜色鲜红，又叫红蘑菇、大红菇、大红菌、月子红、大朱菇、红牛肝菌等，是一种非常美味的野生菌，稀少但营养价值很高，被纳入名贵野生食用菌名单，被誉为菇中之王。为了保证一年四季都能吃到红菇，当地人除了会把新鲜的红菇直接做成食材外，还会把红菇晾晒、风干，以保存大自然固有的鲜美味道。红菇炒肉的做法与香菇相似，味道却更加鲜美。三江口的小竹笋和楠竹笋都非常多，到了春季，笋子随处可见，吃笋子是三江口人的最爱，也是货车司机、外地采购商的最爱，他们都把笋子视为山鲜、山珍，到了这个季节，每个人都想尝鲜。黄惠明多选择五花肉炒笋子，五花肉煸炒出油，再下笋子爆炒，笋子在猪油的高温下熟得快，表面还有白色的小泡，锁着笋子的水分，保证笋子内部的嫩度，咬开就会爆汁，鲜味喷散而出。

第二篇

发展在郴州

初露锋芒

1990—2004年，这十五年间，我在郴州这片热土上经历了从厨师到烹饪大师的转变。这段岁月，见证了我对湘菜烹饪艺术的深入探索和不懈追求。

1993年，我有幸在长沙市湘菜技术培训中心认识了王墨泉老师，这是我厨艺生涯中的一个重要转折点。在王老师的悉心指导下，我不仅对湘菜的制作技艺有了更深刻的理解，更在心中燃起了振兴湘菜的雄心壮志。王老师对食材的敬畏、对技艺的精益求精，以及对湘菜文化的深厚情感，都深深影响了我。从那时起，我便立志要将湘菜发扬光大，让更多人领略到这一地方美食的独特魅力。

随着时间的推移，我的厨艺逐渐得到了业内的认可和赞誉。2002年10月，我在北京人民大会堂被授予“中国烹饪名师”的荣誉称号，这是对我多年来在烹饪领域的辛勤付出的肯定。那一刻，我深感责任重大，同时也更加坚定了继续走在振兴湘菜道路上的决心。

然而，我深知要想让湘菜真正走向全国乃至世界，仅靠个人的力量是远远不够的。于是，在2002年，我请王墨泉老师到郴州得月楼指导工作并拜入师门，成为王氏门派弟子，借此时机我在得月楼成立了惠民厨艺研究中心，致力于湘菜的推广与传播。同时，我还出版了《新派湘菜特色湘南菜》影像光盘，希望通过这些方式，让更多人了解和喜爱湘菜。

惠民厨艺工作室

这十五年的奋斗历程，是我人生中最为宝贵的财富。它不仅让我从一个普通的厨师成长为一名烹饪大师，更让我深刻体会到了烹饪艺术的魅力和湘菜文化的博大精深。在未来的日子里，我将继续秉承“精益求精、创新发展”的理念，为湘菜的传承与发展贡献自己的力量。

第三章
勇闯郴州积累厨艺

湖南省地质勘探局206队把生活基地和居住地定在郴州市区，黄惠明的母亲和姐妹弟弟随父亲单位在郴州市北湖区七里大道生活基地安家落户，成为郴州市人。

1989年初，黄惠明前往郴州，与父母一起过年。在他面前有三条路，一是重新回到三江口，继续经营那家惠民饮食店，继续以前的生活；二是回汝城老家，另谋一份职业，或者在汝城开店；三是离父母近一点，在郴州市另谋职业，或者在郴州市开店。黄惠明与家人商量，觉得在一个大一点的城市开餐馆，也许是未来的一条出路。于是黄惠明决定勇闯郴州，背水一战。

在郴州餐馆开业之前，黄惠明想出去走一走，长长见识，他去北京，登天安门，游故宫，瞻仰毛主席纪念堂，参观颐和园，又到了长城做了一次好汉。他模仿北方人的过冬习惯，早晨去喝一碗羊汤，那一天他热热乎乎的，没有感觉到钻进皮袄刺骨的寒风。

黄惠明天安门城楼留影

黄惠明筹集了一笔资金，在郴州市北湖区核工业二四〇医院门口开了一家普通餐饮店，还叫惠民饮食店。郴州的饮食店继承了三江口的菜品，香菇炒肉、红菇炒肉、笋子炒肉、拔丝香蕉、椒盐排骨、大蒜炒腊肉、生爆猪肚、酸萝卜生炒肥肠、汝城禾花鱼、盐菜、干菜、盐辣椒等地道家常菜，他又带着家人着手开发了一些郴州特色菜品。黄惠明开始到处学习，提升厨艺。黄惠明想起母亲在汝城做的坛子菜。现在郴州父母家中还有一坛百年酸坛子，是从外婆家传承下来的，已传承四代了，黄惠明把家乡风味独具的泡菜、剁辣椒、坛香萝卜干、盐白辣椒、茄子干、卜豆角等坛子菜传承下来，带到都市，传承着爱的味道。

郴州惠民饮食店合影
（右起黄性洪、黄惠明、黄亚杰、黄永明）

黄惠明觉得开店应该有正常的作息，做24小时不打烊的生意太累，身体承受不了。黄惠明开始在郴州市内寻找场地，准备在郴州市区开一家有正常作息的餐馆，最后将餐馆地址选定为郴州市的一条老街——干成街，是郴州市糖烟酒第二副食品公司在老城区的一个门店，门面比较气派，纵深大，门店有六七十平方米，可以摆六七张用餐的桌子。黄惠明把门店分成两部分，一边用来经营烟酒、副食品及酱油、盐、醋调味品等；一边用来经营饮食，主要做中餐、晚餐。

1991年东街口惠民饮食店

在郴州市区，黄惠明的餐饮店面临着新的挑战。作为广东企业家和外企高管生活、旅游、娱乐的后花园，郴州越来越富有，人们对菜品的食材、刀工、烹饪技艺、器皿、摆盘等的要求越来越高，顾客们对原有郴州土菜的菜品越来越挑剔。餐饮店食材的采购成本越来越高，利润空间越来越小。

黄惠明的干成街门店大概做了两年，越来越吃力。反复思考后，黄惠明觉得自己学艺不精，对现代餐饮和菜品构造理解不够，应该寻找另外的途径提升自己，寻找更加广阔的空间。黄惠明停下了正在经营的餐饮店，开始了新一轮调整。

第四章
从天津重返郴州，渐入佳境

黄惠明曾到郴州市的高档酒店后厨学习，那里的菜看非常精致，看上去就有食欲。他深刻地感受到了自己餐饮店的不足——没有把菜的形做出来。黄惠明是一个人在奋斗，没有团队配合，他觉得应该尽早建立起自己的厨师团队，有切配、有面点、有雕刻、有摆盘等，还要多带一些徒弟，为自己打下手，做一些人才和技术的补充。

为了逐步实现自己的愿望，黄惠明以厨师的身份到酒店学习厨艺。于是他去了郴州邮电酒楼，这所酒楼是由郴州地区邮电管理局招待所的食堂改造而成，主要接待邮电系统的客人，也对外营业，接待宴席和散餐。黄惠明从站炉子炒菜开始，与后厨人员多交流，他更加深刻地意识到食材分解的大小、形状对菜品味道的影响。慢慢地，黄惠明发现在这里工作不能再继续提升自己的厨艺了，心里多少有些懊恼。

就在此时，堂哥黄解奴回家探亲。堂哥在20世纪80年代初去了天津，在大港油田的地质勘探队工作。近两年，他和几个老乡开了家大港饭店，经营起饭店生意。大港油田有大量的湖南老乡，他们喜欢吃湖南菜。堂哥这次就是回家乡寻找厨师的，他决定要邀请黄惠明去天津，与他一起创业。

黄惠明来到天津大港油田，他充满了新鲜感，这里地势平坦，生活小区整齐划一。黄惠明来到这个新环境，并没有停顿休整，而是马上着手工作。黄惠明发现，在这个有近1万湖南人的石油城，大港饭店的菜单上没有一道湖南菜，全部是北方菜，连海鲜也只有鲁菜做法。石油城的菜市场虽多，但是没有一个菜市场有新鲜辣椒，特

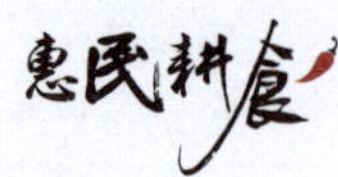

别是湖南菜使用的螺丝椒、小米红辣椒、鸡肠子线辣椒、干红辣椒等，几乎找不到。后来，黄惠明与小伙伴租了一辆三轮车，在天津市区一连逛了三四个菜市场，才找到自己想要的辣椒。

有了食材和配料，黄惠明做了几道湖南菜，邀请大港饭店的股东们和湖南老乡品鉴指导，为了满足这些常年离开家乡的湖南人的需求，黄惠明特意在菜品上做了一些处理，一是辣椒的分量减少到三分之一,二是用辣度小的辣椒做菜，三是烹饪工艺加了勾芡等北方做法。大港饭店的股东们一致同意，就做刚才吃过的几道湖南菜来招待客人。黄惠明满口应承了下来，增加了一个临时菜单，其实就是一张湖南菜单。第二天厨房开始做湖南菜，服务员给客人推荐新菜，客人们都赞不绝口。半个月下来，湖南菜在大港饭店成了招牌菜，几乎每桌都会点湖南菜。但黄惠明的压力越来越大，每天中午从11点开始炒菜，要炒到下午两点，晚上从五点炒菜要炒到八九点，没有任何停歇，一个人炒了厨房三分之一的菜品。但他没有抱怨，也没有偷工减料，工作依然勤勤恳恳，他用两个锅子同时炒菜，充分体现了不怕苦不怕累的精神。黄惠明就这样干了半年，把自己累倒了。黄惠明给经理提建议，希望增加人手，他愿意带教，把新人培养成为好的湘菜厨师。但最终建议被否决，黄惠明独自回到湖南。

1992年，黄惠明回到郴州。大哥大酒店的厨师长李久林师傅正在为酒店寻找厨师，听说黄惠明回到郴州，马不停蹄地来找黄惠明。大哥大酒店是20世纪90年代初郴州最好的酒店，主要从事政府接待和高档商务宴请，菜品也是当时郴州最高档、最时髦的。在交流中，黄惠明告诉他，他计划去郴铁大酒店工作，想暂时休息几天。李久林师傅说大哥大酒店的厨房有两位厨师请假，想请他去代半个月的班，黄惠明为给朋友帮忙解困，便没有多说什么，满口答应下来。黄惠明去代班，厨房本打算安排他炒尾灶，有好几道特色菜需要他来炒，这些菜黄惠明以前没有炒过，也不知道大哥大酒店的标准和要求，很难胜任。黄惠明便主动去炒小菜。当时，大哥大酒店的粤菜都由粤菜师傅烹饪，黄惠明闲暇时间就跟师傅学雕花，无论是红萝卜、白萝卜还是西红柿，黄惠明都学着雕。黄惠明渐渐意识到雕花的重要性和其对菜品外观的提升，雕花摆盘把菜品提升到了美食的高度。黄惠明严格要求自己，每天第一个到厨房，先打扫卫生，再给各位大师傅倒茶倒水。李师傅见黄惠明勤快，干活又麻利，又会领悟几位大师傅的意思，非常喜欢黄惠明，愿意教他做高档菜，并让他融入李师傅的厨师团队。

大哥大酒店开业一年以来，生意非常火爆，宾客络绎不绝，于是又开了一家分店，叫作大可以酒店。大可以酒店开业后重新组建了新的厨师团队，主要由李师傅负责。李师傅让黄惠明担任头号灶的厨师，做部分大菜和特色菜。黄惠明也很快融入了高档酒店的厨师队伍，与大家一起探讨高档菜肴的烹饪方法，学到了先进的烹饪技巧和新的烹饪工艺。

第五章

知遇王墨泉先生，立志振兴湘菜

1991年前后，长沙市的厨师学校如雨后春笋般发展起来，有中南、长沙饭店、长沙市餐饮厨校等20多所厨校，每年培训上万名厨师。湖南省各地的厨校也纷纷办起来，有的厨校一年培训几千人次。时任长沙市劳动局培训科的罗文王科长，担任长沙市职业技能考评站站长，聘请湘菜大师王墨泉先生担任副站长。当得知长沙市湘菜技术培训中心邀请了王墨泉等湘菜大师教学后，黄惠明立马前往报名，开始了为期三个月的培训。

黄惠明很遗憾自己没有系统地学过烹饪，粤菜技艺是在韶关的机关食堂学习的，湘菜技艺是跟随叔叔学习，外加自己摸索领悟的，所以当他想提升菜品的时候总是遇到困难，自己又很难突破固有的思维和烹饪技法。黄惠明非常期待能有一个系统学习的机会。1993年春节，他偶然发现一处湘菜技术培训中心，学校内有来自全省各地的学员，有人切菜，有人颠锅，有人摆盘，老师穿梭于各个灶台与案板间，不停地指点、示范。黄惠明一想，这不就是自己梦寐以求的湘菜学习环境吗？今天终于亲眼所见，心中莫名有些感叹：踏破铁鞋无觅处，得来全不费工夫！湘菜技术培训中心的接待人员非常热情，中心主任陆熙钧、班主任杨海玲向他介绍："我们这里的老师都是来自长沙市各大酒店的老师傅，他们做了一辈子的湘菜，有着丰富的湘菜制作经验，不仅做经典湘菜，还做长沙饭店的宴席菜，有多桌宴席菜在长沙闻名，并得到社会的认可，是长沙地道的市肆菜。”黄惠明在咨询过程中了解到，长沙市湘菜技术培训中心是当时湘菜的“最高学府”，师资力量最好，每年来此培训的厨师特别多。黄惠明没有再犹豫，他立刻报名，在长沙市湘菜技术培训中心开始了湘菜学习。

为了提高培训水平，长沙市湘菜培训中心邀请了著名厨师谭添三、王墨泉、曹恒斌、周四安等来担任教师，给学员们上课，传授湘菜技艺。黄惠明给自己定了一个十年的目标——到2002年，拜王墨泉老师为师，跻身湘菜名厨行列，推动湘菜事业的发展。黄惠明勤奋好学、吃苦耐劳，又肯虚心向老师学习、请教，无论是宰杀、清洗、解块、刀工、飞水、起油、煎炸、翻炒、焖煮、成形、调味、配色、摆盘、造型，事无巨细，都主动积极地请教，老师们很喜爱这个上进的年轻人。

在长沙市湘菜技术培训中心，黄惠明的勤奋好学、吃苦耐劳，受到了王墨泉的重点关注，王墨泉觉得这个年轻人非常刻苦，热衷学习、钻研，人很聪明，在烹饪上又有天赋，很多东西一点就会、一点就通。王墨泉在上大课之余，常给黄惠明加课，给黄惠明提出了更高的要求，黄惠明也不负师恩，做出的菜品，形韵、造型、摆盘惟妙惟肖，自成一格。经过三个月的培训，黄惠明系统地学习了湘菜的基本技法，包括蔬菜、水产品、禽类、肉类的初步加工方法以及干货涨发等。黄惠明将理论与实操融为一体，深刻体会到了做菜的技术内核。

1993年黄惠明参加长沙市湘菜技术培训班毕业合影
（第二排左起第七位王墨泉大师，第三排右起第六位黄惠明）

20世纪，湘菜菜品中干货主要以海产品和山珍为主。湘菜中著名的海产品干货有鱼翅、鱼皮、海参、鱿鱼、墨鱼、鱼肚、干贝、鲍鱼、鱼唇、燕菜等。涨发方法一般有水发、盐发、火发、油发四种。水发又有冷水发、开水发、温水发和碱水发。涨发海味的器具绝不能有油、碱和生水，不能使用碱性水、咸水和苦水泡胀海味，否则容易变质或涨发不透。若使用铁锅涨发海味，容易出现斑点，只能使用多少涨发多少。

猪、牛、羊、鸡等体大肉多，不同部位的肌肉质量不同，特点不同。分档取料是对已经宰杀洗净的整只禽畜按不同部位进行切配，合理使用不同的烹调方法，保证菜肴的质量和烹调特色。猪肉分眉子肉、里脊肉、后腿肉、肋条肉、五花肉、肚腩肉、前肘、后肘、前蹄、槽头肉、猪头、猪尾；牛肉分眉子肉、牛排、里脊肉、峰肩、肋条、前板、米龙、鸡心头、老瓣子、黄瓜肉、牛头、颈圈、前腱子、后腱子、前蹄、后蹄、牛尾、肚腩肉、牛胸；羊肉分羊头、羊尾、颈圈、里脊、扁担肉、前腿、肋条、后腿、肚腩肉、前腱子、后腱子、前蹄、后蹄；鸡肉分鸡头、鸡颈、背脊、翅膀、鸡脯、鸡腿、鸡脚爪。

湘菜的刀工要求美观整齐、有助入味。湘菜用的刀有片刀、砍刀、前片后砍刀，刀法分直刀法、平刀法、斜刀法、混合刀法。直刀有切、劈、斩，切有直切、推切、拉切、锯切、铡切、滚斜切，劈有直劈、跟刀劈、拍刀劈。平刀法又叫片刀法，有推片法、拉片法、抖片法。斜刀法有正刀片、反刀片。

湘菜烹饪讲究火候，火力有旺火、中火、小火。传热方法有水、油、蒸汽、烤、盐、沙粒等。根据食材的性能、食材的厚薄、烹饪方法来掌握火候。湘菜的基本味有咸味、甜味、酸味、辣味、香味、鲜味，复合味有酸甜味、甜咸味、鲜咸味、辣咸味、香咸味。调味分加热前的调味、加热过程中的调味、加热后的调味。冷菜做法有拌、炝、腊、卤、酥、卷、冻、熏、煮。热菜有炸、溜、烹、爆、煎、贴、炖、焖、煨、烧、烩、煮、蒸、烤、排、熏、拔丝、蜜汁等。

老师们教授的知识，黄惠明都认真学习，牢记于心。王墨泉把舒桂卿、周迪吾、周子云、袁国卿等老前辈教的烧方、烤乳猪、叉烧鹅、叉烧鸭、锅贴牛肉、滑熘虾仁、锅贴鸡丝、桃园三结义、太极莲泥、开口豆腐、油淋庄鸡、杏仁豆腐、红煨八宝鸡、花菇无黄蛋等教给黄惠明，希望他能传承湘菜名菜。王墨泉大师又教黄惠明从整边猪开始，取排骨，挖前后肘子，取里脊肉、五花肉、膘头、奶面、上脑肉、血脖肉、夹心肉、抹档肉、弹子肉、臂尖肉、坐板肉等，再传授他各个部位肉的最佳烹调方法，将切肉丝、肉丁、肉片、肉丸、肉饼、肉末、肉条、肉块的刀工和各种烹调方法讲透。

王墨泉大师把基本刀工成型的食材归类为丁、坨、丝、片、块、条、米、蓉、末、花，还可以组合变化为几十种。把花刀分为鱼鳃花刀、柳叶花刀、眉毛花刀、蓑衣花刀、丁字花刀、荔枝花刀、菊花花刀、树叶花刀、蝴蝶花刀等。

王墨泉大师讲解烹饪技法

王墨泉大师认为，辣椒是湘菜的灵魂，炒菜、炖菜、煨菜、清炖、酸辣汤均有辣，辣椒可以加工成剁辣椒、酱辣椒、泡辣椒、酸辣椒、白辣椒、卜辣椒、擂辣椒、艾辣椒、油淋辣椒、焦炸辣椒、醋泡辣椒、干红辣椒、烧辣椒、辣椒油、辣椒酱、鲊辣椒、酱泡辣椒等。红辣椒做成剁辣椒、干红辣椒、泡红椒、酸红椒、红椒油、红椒酱等，青辣椒做成白辣椒、卜辣椒、泡菜酸辣椒、酱辣椒等。他把辣味分为酸辣、香辣、油辣、开胃辣、透味辣。

王墨泉大师强调湘菜入味，有味使之出味，无味使之入味，鱼类、禽类、肉类菜品一定要入味。他做的红煨鲍鱼、红煨海参、红煨鱼翅都讲究入味，还强调透味、本味。他归纳了20多种凉菜味型和33种传统热菜味型。传统热菜味型为酸辣、咸酸、辣咸、腊香、豉香、酱辣、瓿坛香、咸鲜、臭香、湘卤、鲊香、霉香、紫苏、蒜香、苦鲜、酱香、熏香、姜汁、药膳、五香、葱油、醋香、腐乳、麻辣、酸甜、咸甜、椒盐、焦酥、孜然、怪香、果香、太阳、芥末等，地域性强的有酸辣、腊香、豉香、酱辣、臭香、湘卤、霉香、鲊香、苦鲜、紫苏、瓿坛香、太阳等12种味型，在全国众菜系中独树一帜，具有鲜明的湖南地域特色。

几年后，黄惠明请王墨泉大师到郴州指导厨艺，并被正式拜师。“我被师父顶级的厨艺吸引，第一次见识他切细如发丝的牛百叶，真的是直呼‘神奇’。即使是最基础的刀功，自己也还有得学。”黄惠明笑言，“我当时确实也憋着一股子劲要好好表现，除了上课积极，勤思常问，每天都最早到达、最晚离开厨房，并将卫生整理等工作做好。”

黄惠明与师父王墨泉和聂厚忠大师合影

第六章
培育新人，回归郴铁大酒店

黄惠明在长沙湘菜技术培训中心的学习即将结束时，有一家企业老板来招人。老板是厨师出身，没有经过系统的学习，靠着几年的打拼和勤奋，从一个路边盒饭店开始，做成了一两百平方米的饭店。老板用人非常挑剔，在厨师学校招人时，要求厨师当面试菜，从选材开始，到宰杀、切配、烹饪、调味、装盘，他都一一考察。老板一眼相中了黄惠明，还连连赞扬。黄惠明来到老板的酒家，一同来的还有两三位同学，大家都以为通过了考察，以为安心工作了。没有想到，第二天老板喊来几位朋友，开始了第二轮考试。黄惠明的同学多在酒店工作过一段时间，习惯了分工协作，一个人做菜就会搞得手忙脚乱，毫无章法。唯独黄惠明习惯了“一个人打天下”，做这样的事情，对他来说就是信手拈来。老板最终留下了黄惠明，让其他几位厨师回去了。

黄惠明顺利通过了老板的第二轮考试，后来才知道整个酒家就五六个人，厨师只有自己和老板，采购、前台、传菜都不太正规。黄惠明是一个有职业素养的厨师，这些事让他心生退意。除此之外，黄惠明认为酒家没有自己的特色菜和主打菜，都是随着市场而动，市场上风行什么菜，他们就效仿着做。老板让黄惠明出去偷师学艺，再组装成自家的特色菜。这些事情让黄惠明苦恼不已。

正在黄惠明苦恼时，原来在郴州大哥大酒店厨房工作的李师傅来长沙学习交流，两人见面之后，李师傅告诉黄惠明，他现在在郴铁大酒店厨房工作，正在招聘厨师团队，组建新的厨师班子，希望黄惠明能跟他一起工作。黄惠明知道，郴铁大酒店是郴州新建的一家大型酒店，他学习的厨师知识应该可以得到充分地发挥和应用，于是他下决心折返郴州。黄惠明认为，他做餐馆老板是为了养家糊口，也是为了创下一番事业；现在他做厨师是为了磨炼自己，提高烹饪技术，开拓更大的厨师事业。

1993年夏天，黄惠明从长沙回到郴州，在李师傅的引导下，黄惠明顺利进入郴铁大酒店二楼厨房工作。黄惠明立志要做一个好厨师，想锤炼技术，提升烹饪水平。他从普通厨师干起，勤勤恳恳，认真学习，主动向比他优秀的厨师们请教，学习他们的烹饪技艺和手上功夫，提升自己的烹饪水平和调味技术。黄惠明勤勤恳恳、扎扎实实地工作，不仅厨房的兄弟们看到了，厨师长、行政总厨、酒店总经理都看在眼里，记在心中。慢慢地，黄惠明成了郴铁大酒店二楼厨房的主厨。

黄惠明厨艺培训

1993年，对于黄惠明来说，是一个充满机遇与挑战的年份。在这一年，他创立了惠民厨艺团队，踏上了传承与发扬湘菜文化的道路。随着时间的推移，惠民厨艺在郴州逐渐有了影响力，厨房承包业务范围不断扩大。这不仅推动了惠民厨艺的发展，也为湘菜文化的传承注入了新的活力。黄惠明深知，美食不仅是一种味觉的享受，更是一种文化的传承。他希望通过自己的努力，让更多的人了解湘菜、喜爱湘菜，让湘菜文化在新的时代里焕发出更加璀璨的光芒。如今，惠民厨艺已经成为郴州乃至整个湘菜界的一面旗帜。黄惠明和他的团队，用他们的辛勤努力和创新精神，书写着一段段关于美食与文化的传奇故事。而这，正是惠民厨艺薪火相传的最好见证。

1994年，厨师长因故调岗，厨房没有领头的，大家推举黄惠明来管事。在黄惠明代理二楼厨师长一个月之后，郴铁大酒店徐满意经理正式任命黄惠明为二楼厨师长，负责厨房所有事务。黄惠明担任二楼厨师长之后，推行奖罚分明制度，每月奖励第一名、第二名、第三名的厨师，约谈末位一名。这个开先河的奖励，让厨房的所有厨师都活泛起来，大家都在向前看，都愿意多出一份力，多炒一个菜。对待末位厨师，黄惠明并不是简单粗暴地骂一顿，而是与他谈心，了解他的问题所在，除了技术上手把手地教授外，其他生活上、经济上的问题，黄惠明给他出谋划策，想办法帮助他解决难题。黄惠明制定了按劳所得的方案，按照菜品的难易程度和烹饪的时间长短等多个因素，制定了提成比例，也就是厨师多炒一份菜，就能够多领取一份菜的提成，一个月下来，很多厨师能多拿二三十块钱，这让所有厨师都很高兴。

原来郴州铁路大酒店二楼的菜品主要为湘菜经典菜、郴州菜、川菜、粤菜，新菜、创新菜、土菜比较少。黄惠明在任厨师长一年之后，开始尝试增加湘南菜，如嘉禾豆腐、嘉禾雪花肠、桂阳血鸭、汝城板鸭、临武茶油鸭、永兴嗦螺、宜章芋荷菜等。经过一年的努力，郴州铁路大酒店二楼厨房生机勃勃。黄惠明的菜品在郴州叫得响，酒店经理、旅行服务所主任对黄惠明都非常看好。

2023年李久林、徐满意、黄惠明合影

1995年底，原国家旅游局下发通知，对各个旅游城市的酒店厨师长进行培训。郴州铁路大酒店派黄惠明参加全国旅游饭店厨师长管理专业学习，来自全国各地的旅游饭店厨师长们都精通自己的地方菜系和烹饪技能。黄惠明和大家交流各

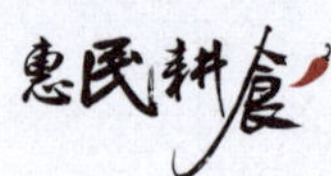

自的菜品和烹饪技法，回到宿舍就把那些菜品的制作要诀记录下来。这一年的学习中，黄惠明成绩优秀，成为这届培训班的尖子生，获得了毕业证书。

黄惠明在郴铁大酒店一干就是7年，他很感谢贵人徐满意、李久林先生的指导和关爱，从普通厨师成长为郴铁大酒店的行政总厨，他没有骄傲，也没有满足，一直在学习的路上。

第七章
组建惠民厨艺讲堂，收徒传艺

黄惠明勇于担当，乐于培育新人，想要提高厨房的整体实力和操作水平。在郴铁大酒店，黄惠明主动扛起师傅的责任，带年轻厨师成长。黄惠明当时的徒弟有黄红军、谢子维、吴启万、李伟等，黄惠明觉得他们很勤快，有一定的知识基础，学习起来轻松些，又眼疾手快，一点就通。黄惠明看在眼里，喜在心上，觉得他们是个好苗子，值得好好培育。黄惠明心里清楚，要想把徒弟培育成一个好厨师，要花更多的时间和精力，不仅要锻炼他的基本功，还要做好传、帮、带，自己更要以身作则。

20世纪90年代，烹饪行业的老师傅很守旧，对于带徒弟都持有谨慎的态度。这种态度在很大程度上源于一种传统的观念——带会了徒弟，饿死了师傅。这种观念反映了那个时代师徒之间在技艺传承上的微妙关系，以及师傅对可能的经济利益损失的担忧。厨师的技艺往往是他们多年摸索的结果，是他们赖以生存的核心竞争力。因此，他们往往不愿意轻易地将这些技艺传授给他人，尤其是可能成为未来竞争对手的徒弟。此外，师徒关系还承载着更多的责任和期望，一旦确定了师徒关系，师傅不仅要传授技艺，还要在生活和思想上对徒弟进行全方位的指导和照顾。这种关系超越了简单的技能传授，更像是一种深厚的父子情谊。师傅需要像对待自己的孩子一样对待徒弟，提供食宿，关心他们的成长和发展。这种全方位的照顾让许多老师傅望而却步，因为他们知道，一旦收下徒弟，就意味着要承担起这份沉重的责任。

在现代社会，师徒关系更多的是基于共同的学习和进步，而不再是单方面的传授和接受。现代师徒之间更注重平等、开放和共享，师傅不再是唯一的知识和技能来源，而是徒弟成长道路上的引导者和伙伴。“情同父子，亲如兄弟”这是黄惠明与徒弟共处的态度，这种变化不仅反映了社会的进步和发展，也体现了人们对知识和技能传承的认知在不断深化。

1994年初，黄惠明在郴铁大酒店厨房组织了厨艺培训讲堂。黄惠明认为，传统的厨师带徒弟是一个一个地带，每个厨师的水平也不一样，并且传播速度比较慢，受众也少。自己作为厨师长，要提高厨房的整体水平，他要成批量地培育新人。在这个讲堂中，学员是厨房的年轻厨师，教员是厨房里的老师傅们。黄惠明提携年轻人的这种行为和亲自带徒弟的作风，让厨房里其他有技术的老师傅们也动起来了，大家一起带徒弟，年轻厨师也人人愿意学习烹饪技艺，向老师傅们请教。经过几个月的努力，厨房菜品的出品效果有了明显提高。在以后的时间里，郴铁大酒店厨房里的厨师紧紧抱成一团，积极进取，艰苦创业，在短短几年的时间里，郴铁大酒店的厨师团队迅速成长，核心团队在郴州的名气越来越大，培育了上百名年轻厨师，成为郴州厨师界的中坚力量。有人说郴州市内大部分酒店的优秀厨师，大都来自郴铁大酒店厨房。那些年，郴铁大酒店是郴州厨师界的“黄埔军校”。

黄惠明参加全国旅游饭店厨师长管理专业学习，与全国各地旅游饭店精英厨师长们切磋地方菜系和烹饪技能，收获非常大。黄惠明学艺完成后，带领厨师们刻苦钻研烹饪技艺，倡导标准菜谱的制定与建设。黄惠明反复在思考，曾经的厨艺培训讲堂对厨师们有很大的提升，未来还要继续办，并且要办出特色来，要有高度、有广度、有深度。他思来想去，决定开办惠民厨艺培训讲堂，把这一年学习的菜品传授给厨师们。黄惠明召集了几位厨师骨干，与他们谈了组建惠民厨艺培训讲堂的事情，大家都很赞同，愿意出力协助。黄惠明把学习菜品的笔记本进行了整理，在其中选择了五六十道菜品，作为第一期的培训菜品，在工作之余，组织交流活动，培训菜品。

黄惠明组建的惠民厨艺培训讲堂，不只针对郴铁大酒店，其他酒店、宾馆愿意学习烹饪技术的厨师，或者想提升自己烹饪水平的餐馆老板都可以报名参加。学徒们积极性特别高，推动郴州厨艺界积极上进。授课中，黄惠明从菜品的选材开始，到宰杀、清洗、分解、配料的切配、调味的搭配、烹饪、调味、摆盘、出品、文化、故事，进行了系统讲授，并且进行详细的示范性操作，把重点反复强调给学员们。菜品做完之后，又带领大家品味并讲解味道形成的原因，一道菜教授完，学员们试做一次，点评不足之处，黄惠明给他讲解操作步骤和关键点。一年时间里，黄惠明举办了一期又一期的惠民厨艺培训讲堂。有很多学员成了黄惠明的“粉丝”，惠民厨艺团队的人越来越多。从此，黄惠明走上了厨艺薪火传承之路。

经过惠民厨艺培训讲堂的传播，大家都知道黄惠明技术好，还会带团队，郴州市凡是有新开张的饭店，他们的老板必然先到郴铁大酒店来拜访黄惠明，请他推荐优秀的厨师。也有个别老板想挖黄惠明去自己酒店工作，并答应给黄惠明三倍的工资，黄惠明都委婉地拒绝了他们的要求。黄惠明还规劝那些老板们说：“厨师行业很讲究传承，如果总是‘一山望着一山高’，是没办法形成自己的团队的”。那些老板看到黄惠明的人品这么好，也就打消了“挖墙脚”的念头，与黄惠明做起了朋友，非常尊重他、敬重他。

精诚所至，金石为开。黄惠明兢兢业业，很多同行都很佩服他，把自己做得好的菜品演示给黄惠明看，并且协助黄惠明整理菜谱。

第八章

南下问道求学，粤菜湘菜融合

在黄惠明的影响下，郴铁大酒店二楼厨师们的眼界更宽了，对待事物的态度有了明显改观。领导们看到了二楼厨房的凝聚力、向心力，也看到了他们的生产能力，领导决定从广东引进高档粤菜，提升二楼厨房的粤菜水平，培育优秀的粤菜厨师。领导指派黄惠明带领四五个厨师南下去同属铁路系统的广州粤海酒店学习粤菜。

广州是中国十大美食之都，民间有“食在广州”的美誉。粤菜由广府菜、潮州菜、东江菜三种地方风味菜组成，以广州菜最具代表性。广州菜包括珠江三角洲、肇庆、韶关、湛江等地，地域最广，用料庞杂，选料精细，技艺精良，善于变化，风味讲究，清而不淡，鲜而不俗，嫩而不生，油而不腻。夏秋力求清淡，冬春偏重浓郁，擅长小炒，要求火候和油温恰到好处。广州著名的菜点有白切鸡、烧鹅、烤乳猪、红烧乳鸽、蜜汁叉烧、上汤焗龙虾、清蒸石斑鱼、白灼虾、干炒牛河等。广州特色小吃有萝卜牛腩、牛杂、云吞面、及第粥、艇仔粥、布拉肠粉、猪肠粉、荷叶包饭、钵仔糕、鸡仔饼等。广州饮食业以东园、南园、西园、北园等四园酒家为代表，辅以广州、泮溪、莲香楼、陶陶居等酒家，都是有百年历史的老字号。

粤菜的烹饪方法有21种之多，尤以炒、煎、焗、焖、烩、煲、蒸、炖、炸、扒、扣等见长，讲究火候，尤重镬气、现炒现吃，做出的菜肴注重色、香、味、形，口味以清、鲜、嫩、爽为主。随季节、时令不同而变化，夏秋力求清淡，冬春偏重浓郁，有香、酥、脆、肥、浓五滋，酸、甜、苦、辣、咸、鲜六味。选料广博奇异，品种花样繁多，飞禽走兽、鱼虾鳌蟹，几乎都能上席。用量精、细，配料多、巧，装饰美、艳，善于在模仿中创新，品种繁多。炒是指将经改切好的丁、条、丝、片等用适量的油翻炒至熟，分生炒、熟炒、滑炒、干炒、抓炒、爆炒、软炒、清炒等。煎指把锅烧热以凉油洗锅，留少量底油放原料，煎一面上色再煎另一面，煎时不停地晃动锅使原料受热均匀，色泽一致，使其熟透，表面成焦黄色或微煳状。炖指将原材料加汤水及调味品用旺火烧沸转中小火长时间烧煮，滋味鲜浓、香气醇厚。烩指将原料油炸或煮熟后，改刀放锅内加辅料、调料、高汤烩制，多烹制鱼虾和肉丝、肉片等。扒指改刀后的原料排放整齐，用葱、姜、蒜炝锅，原料下锅加调味品慢火烧熟，用湿淀粉勾芡，淋明油出锅。蒸指经过调味后的原材料放在容器中，以蒸汽加热，使其成熟或酥烂入味，保留菜肴原形、原汁、原味。炸指原料经刀工处理后，入味或不入味、挂糊或不挂糊，用多量油炸至成熟，分清炸、干炸、软炸、酥炸、脆炸、松炸、纸包炸。焖指加工处理后的原料放锅中，加适量汤水和调料，盖紧锅盖烧开后，改用中火进行较长时间的加热，原料酥软入味，留少量味汁成菜，分原焖、炸焖、爆焖、煎焖、生焖、熟焖、油焖。

脆皮牛奶

黄惠明要求每位厨师要会做广府菜、潮州菜、东江菜的几道代表菜。有一道脆皮牛奶，他们多次尝试都没有学会，黄惠明先向粤菜厨师长请教，再向执教的厨师请教关键步骤，学到精髓之后他就做成功了，之后黄惠明再把自己总结的制作方法和注意事项分享给同事们，大家才豁然开朗。

黄惠明与同事们在粤海酒店学习了三个月，掌握了成熟的粤菜烹饪方法，形成了一个强大的粤菜团队。回到郴州铁路大酒店后，黄惠明开始对厨房进行改革，不再是单独的湘菜厨房，还将湘菜、粤菜、川菜有机融合，他把厨房分成三个小组，有湘菜组、粤菜组、川菜组，大家相互学习、交流。湘菜师傅可以请教粤菜师傅，把粤菜的长处用到湘菜中来。粤菜师傅也可以请教湘菜、川菜师傅，把湘菜的煨汤、川菜的水煮用到粤菜中去，做出更多的口味。领导们到郴州铁路大酒店用餐后，都夸菜品做得好，湘菜、粤菜、川菜融合得很到位。广东的很多客商来到郴州，也喜欢到郴州铁路大酒店住宿，在此招待朋友用餐。

锦绣茶油清远鸡

后来，黄惠明接管了郴州铁路大酒店一楼、二楼的厨房，二楼厨房做早餐、中餐、晚餐；一楼厨房在做中餐、晚餐的基础上增加了夜宵版块。夜宵这个版块一开张，就非常火爆，在郴州成为夜宵市场的爆点，很多广东商人和郴州的政界商界大佬们都来郴州铁路大酒店品尝，成为郴州夜生活的标杆。

郴州火车站的老服务所长非常喜欢黄惠明做的菜，服务所的新主任冉政也非常喜欢黄惠明的做事风格，冉主任建议黄惠明手写菜谱，于是黄惠明开始练字，先从硬笔字开始，后来就开始了毛笔书法练习，再后来，练习书法成了黄惠明终身的爱好。黄惠明得到了各位领导的关心和赏识，越来越有劲，越干越认真，格局逐渐打开，做起事来也觉得轻松、舒适。

黄惠明展现出来的能力得到了领导的认可，被任命为郴州铁路大酒店的行政总厨，统管郴州铁路大酒店的所有餐饮板块。经过黄惠明和厨师团队的不懈努力，郴州铁路大酒店的餐饮成为武广铁路上的榜样。

第九章
回郴任得月楼总厨，巩固技艺

1998年左右，郴铁大酒店的餐饮达到了辉煌的顶点，成为行业的标杆，可好景不长，酒店的问题也逐渐显现出来。黄惠明被各种复杂的关系掣肘，越来越不好做事。此时，得月楼酒家正在开拓分店，到处物色好的厨师来担任新店的厨师长。

郴州得月楼酒家成立于1995年5月25日，位于湖南“南大门”郴州市北湖区飞虹路111号，主要提供中餐服务。得月楼酒家是以湘菜为主的餐厅，开设了多家连锁分店。得月楼先是请黄惠明前去指导工作，见识了他的能力后，便向其发出邀请。于是黄惠明加入了得月楼连锁酒店。黄惠明在得月楼酒家担任行政总厨，他提出了自己的想法：巩固技艺、发展团队、壮大组织，打造湘南地方特色菜。黄惠明说：“高山在前，师父给我最大的影响，除了对湘菜的热爱，更有对湘菜事业发展的责任感与使命感。”黄惠明想要把得月楼酒家做成郴州厨师培养的“黄埔军校”，为企业和社会培养、输送厨师人才。在得月楼酒家工作期间，黄惠明荣获湖南省劳动厅“特一级厨师”的称号。

黄惠明书法“惠”

黄惠明制定的“天下第十八福地郴州创新地方风味特色菜”

- **十八福地鸡** 烹调方法：煨

主料：永兴四黄鸡1只，约1000克。

配料：自制香粉5克，姜片5克，青红椒各1个，干小米椒5克。

调料：精盐4克，味精2克，生茶油60克，胡椒粉2克。

工艺流程：选料—宰杀—改刀—煸炒—煨制—装盘—上桌。

烹饪制作：四黄鸡宰杀，鸡血留用，褪毛开膛砍成块状，鸡杂清洗干净留用。青红椒改刀成大片。炒锅上火，热锅滑油，放入鸡肉煸炒至脱去部分水分时，趁热加水，呈黄白色浓汤时，再煨制。煨制时依次加入干椒、姜片、香粉，待其酥烂，捞出干椒不用，再放盐、鸡血、内脏、味精，定准口味，放青红椒片稍煨即可，淋生茶油装盘上桌。

操作关键：煸炒要到位，使其香浓；水注入鸡中时，必经大火快速烧开。如使用开水，效果更佳。

成菜特点：黄亮香浓，肉质鲜嫩，滋补强身。

• **庐阳蕨粉筋（得月楼酒店的山珍创新菜）** 烹调方法：烩

主料：蕨粉筋300克。

配料：青豆20克，超甜玉米粒100克，枸杞5克，红枣20粒

调料：鸡精水3克，色拉油20克，花淀粉3克。

工艺流程：选料—初加工—漂洗—烩—装盘—上桌。

烹饪制作：取上等的山泉水（冷水），将优质米淘洗干净后蒸制成米饭；选用上等的蕨根粉，磨成细粉待用；将上述原料混合在一起，放少许盐，揉搓成泥状，再制作成条状，改刀成5厘米长的段即成。

将蕨粉筋焯水，使其全部浮出于水面时捞出，用清水漂洗干净，红枣要先蒸发好，枸杞水发；锅上火滑油，加入青豆、玉米稍炒一下，依次加鸡汤、蕨粉筋、红枣、枸杞、鸡精水等烩好，勾玻璃芡即可装盘上桌。

成菜特点：色泽鲜丽，口劲好，咸鲜滑爽，美味可口。

营养特点：绿色营养食品，富含人体所需的多种维生素和氨基酸，有滋补强身之功效。

• **秘制东江青鱼** 烹调方法：酱焖

主料：东江湖青鱼1条，约1.5斤。

配料：姜、葱各5克，紫苏粉3克。

调料：桂阳辣椒50克，酱油10克，精盐5克，味精3克，红油100克，料酒10克，色拉油50克。

工艺流程：选料—初加工—腌制—炸—酱焖—装盘—上桌。

烹饪制作：鲜活的青鱼宰杀，去鳞，去内脏和鱼鳃，清洗干净；将鱼去头，去掉背脊骨，取下两块鱼肉，每块鱼肉在肉厚部位剞瓦块刀；把改刀的鱼用葱、姜、料酒、盐腌制10分钟；炒锅上火烧油至七成热，放入改刀的鱼，中火慢炸，至酥香呈金黄色捞出；炒锅留底油将辣酱煸香，加肉汤250克，烧开，把辣酱渣捞出调好味，放入炸好的鱼，酱焖入味，待汁浓时捞出摆放在盘中，点缀围边上桌。

制作关键：掌握火候，鱼在浸炸时要炸透，酱焖至酥转汁能入味。

成菜特点：色泽红亮，口味鲜香辣，美味可口。

营养特点：鱼肉含有丰富的蛋白质、维生素和多种微量元素。

• 南岭稻香骨 烹调方法：煨

主料：仔排1斤，稻草干0.3斤。

配料：香粉5克，植物油750克（实耗80克），葱、姜各20克，蚝油5克，酱油3克。

调料：料酒10克，盐3克，味精3克，白糖50克，辣椒粉10克，柱侯5克，番茄酱10克。

工艺流程：选料—初加工—腌制—炸—稻草扎—煨—装盘—上桌。

烹饪制作：排骨改刀成6厘米长，用清水漂洗干净，挤干水分用盐、料酒、姜葱腌制10分钟，炸时加少许淀粉；锅上火烧油至六成热，依次将排骨炸至外焦里嫩，捞出沥油，将稻草捆扎好；锅上火滑油，把白糖炒焦化，色泽棕红色时，加水溶化后放米椒粉，柱侯酱，番茄酱、香粉，煨制耙软入味后放味精、蚝油，定好口味即可。

制作关键：选料要精，排骨大小、长短均匀；稻草要扎紧，使其加工时不松散；讲究煨制的火候，先猛火烧开，温火煨制不宜太烂。

成菜特点：形成美观，农家风味独特，口味香、辣、醇正。

• 鱿龙戏凤 烹调方法：卤、煎炸

主料：大鲜鱿鱼1个，约500克。

配料：鸭酱50克，特制卤水（特香粉、干椒、藏红花及基础调味品）。

调料：姜、葱、料酒汁10克，盐5克，味精3克，孜然粉5克，辣椒粉5克，香麻油50克。

工艺流程：选料—清洗—腌制—去腥—卤制—煎扒—改刀—上桌。

烹饪制作：大鲜鱿鱼用清水漂去异味，撕去黑膜，沥干水分，用葱、姜、料酒汁腌制半小时；特制卤水烧开，将鲜鱿鱼浸泡20分钟入味，捞出沥干水分；锅上火，将锅放少许油，把鲜鱿鱼两面煎至表面酥香，改刀装盘上桌，带鸭酱。

制作关键：卤水按照精卤水的烹饪制作操作；鲜鱿鱼选料要选肉厚不变质的。

成菜特点：形成美观，质感脆香，一菜二味，美味适口。盛器选14寸腰碟，凤凰盘饰点缀，因鲜鱿鱼与盘饰的凤凰组合而得名。

• 海鲜酸菜螃蟹 烹调方法：煮

主料：花蟹500克。

配料：酸泡菜1包，红泡椒50克，葱段20克，姜5克，菜心12颗。

调料：盐3克，味精2克，料酒50克，陈醋3克。

工艺流程：选料—初加工—熟制—装盘—上桌。

烹饪制作：将泡菜用自来水清洗干净，漂去黄水，视其脆嫩有基本盐味为度；螃蟹清洗表面泥沙，宰杀去鳃和杂物，清洗干净；螃蟹改刀成四块，两头大钳稍拍松，泡菜改成条形，菜心焯水围边；锅洗净上火烧热，滑油煸炒姜葱，螃蟹，然后加入汤水烧开滚至螃蟹熟透后开始调好味，再放野山椒泡菜烧煮片刻，起锅装盘。

制作关键：掌握火候，螃蟹肉要鲜嫩；汤味略重，成菜才鲜美。

成菜特点：色彩悦目，蟹肉鲜美味，型微酸辣，营养丰富。盛器为9寸碗，菜心围边，泡菜打底，螃蟹盖面。

• 酸菜蒸排骨 烹调方法：蒸

主料：酸辣椒（本地坛子酸菜加野山椒）150克，仔排500克。

配料：10朵大葱花，葱、姜、料酒汁（色不宜浓）10克，香菜10克，米粉100克。

调料：盐3克，食粉1克，色拉油30克，淀粉10克，味精1克，鸡精1克，茶油20克，豆油5克，干粉30克。

工艺流程：选料—初加工—腌制—蒸—上桌。选料时排骨选新鲜的，酸菜色泽黄亮，盐味适中。

烹饪制作：排骨改刀成6~7厘米长的段，约12块；酸辣椒与野山椒改刀切成粒状并炒香；红椒圈着大蒜或大葱，用刀或十字花刀浸泡成菊花。排骨冲漂干净，用干净毛巾吸干部分水分，再用食盐、淀粉腌制5分钟，待蒸制时再放鸡精、米粉、味精拌匀，裹上粉后，入油锅炸成金黄色。上笼将排骨平放码成堆，用长方盘装好，把炒好的酸椒铺盖在排骨上方，直接入蒸笼中蒸2~3分钟，蒸至鲜嫩脱骨为度，取出。如果汁水过多倒去部分，留少量原汁，注入豉油5克，点缀菊花上桌。

制作关键：腌制鲜嫩，火候把握恰当。

成菜特点：开胃爽口，原汁原味。

- **酱香鱼** 烹调方法：㸆

主料：草鱼650克。

配料：姜丝3克，红椒丝3克，葱丝3克，香菜10克，辣椒段10克。

调料：植物油750克，高汤100克，红油50克，酱油10克，料酒5克，盐5克，蚝油5克，味精5克。

工艺流程：选料—宰杀—剞瓦块花刀—腌制—炸—㸆—装盘点缀—上桌。

烹饪制作：草鱼去头尾，从背脊下刀片成两块，剞瓦块花刀，用料酒、葱、姜、盐腌制10分钟；锅上火，油烧至六成热，在鱼皮处抹少许淀粉，下油锅炸至酥透，色泽金黄时捞出；将高汤100克加入调料熬成酱汁，放入㸆10分钟即可装盘上桌。

成菜特点：鱼肉酥软，酱香味浓，色泽红润。

- **手撕羊头** 烹调方法：酱爆

主料：羊头肉250克。

配料：清火蒜100克，红椒50克。

调料：辣椒粉5克，豆瓣酱8克，味精2克，茶油50克，酱油2克。

工艺流程：羊肉清洗—清水煮熟—手撕成块—配份—酱爆—上桌。

烹饪制作：清洗羊头，焯水，清洗血污；羊肉放入清水中加入葱、姜、料酒煮熟；羊头肉用手撕成块状；青大蒜改刀成段，红椒切成片，豆瓣酱剁碎，按用料数量配份；锅烧热滑油，放豆瓣酱煸香酥，放羊肉爆炒入味上色，放红椒、大蒜、辣椒粉稍焖即可装盘上桌。

操作关键：煮羊头时注意火候，不宜煮过烂，否则口感差。煸炒时注意火力，不宜用大火，只能用中小火，酱爆成菜。

成菜特点：酱香味浓，口感丰富，色泽红亮。

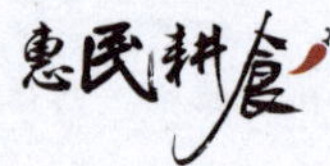

玉香鲫鱼 烹调方法：白烧

鲫鱼又叫鲫爪子，营养价值较高，具有和中补虚，除湿利水的作用，与玉米配伍入肴更富湘南风情，为风味“玉香”菜之一。

主料：鲫鱼1条（约400克），玉米棒300克。

配料：姜片10克，葱段10克，野山椒50克，芹菜20克。

调料：盐5克，味精2克，胡椒粉1克，色拉油50克。

工艺流程：选料—初加工—改刀—烹制—上桌。

烹饪制作：选鲜嫩玉米，鲜活鲫鱼；鲫鱼宰杀去净血污、内脏，玉米剥壳、改刀；将鱼改刀成块，玉米棒改刀成3厘米长的方块；锅烧热滑油，将鱼肉煎成两面焦黄后注入汤水，煮滚成奶汤，放玉米、辣椒、盐烧煮1分钟，放芹菜、胡椒粉、味精，调好味，用锅仔盛装上桌。

制作关键：如果使用鲩鱼，则改名“玉香鲩鱼”，鱼煎过后汤汁更浓白，肉质更鲜美；汤汁要多一些，不宜太干。

成菜特点：汤鲜肉嫩味美。湘南风味浓厚。

玉香羊 烹调方法：煲

羊肉为冬季滋补佳品，富含蛋白质、脂肪、钙、磷、维生素B_1、维生素B_2等多种成分，与玉米棒配伍，荤素搭配，营养丰富。

主料：羊肉片300克，甜玉米棒400克。

配料：干椒5克，野山椒10克，蒜瓣3个，葱段10克。

调料：盐5克，味精2克，色拉油50克。

工艺流程：选料—初加工—改刀—烹制—上菜。

烹饪制作：选鲜嫩的甜玉米，羊肉新鲜无血污；甜玉米棒去壳须洗干净，羊肉刮净烧毛，漂去血污；玉米棒一破为四，改刀成3厘米长的段，羊肉改刀成片状，蒜瓣拍碎，干椒切段，野山椒切段；锅上火烧热滑油，煸炒羊肉去膻味增香，注清水，水要多一点，大火煮滚成奶汤，放玉米棒、辣椒，慢火煨制，待汁水半汤半菜时放盐，放蒜瓣、味精，撒葱段，装煲烧热上桌。

制作关键：煸炒羊肉火不宜过大，要一气呵成，趁热下水滚入汤中；成菜汁水要够，不宜过少；用煲烧热上桌。

成菜特点：咸鲜清香味似浓非浓，具有强烈的农家风味和现代都市风情。

• 银丝毛肚 烹调方法：烩

银丝毛肚是一款地道的家常菜，牛肚营养成分丰富，搭配魔芋卷，营养平衡。

主料：牛百叶水发350克，魔芋卷1包。

配料：姜片10克，葱段10克，香菜10克，酸辣椒丝50克。

调料：豆瓣酱10克，酱油2克，味精2克，陈醋5克。

工艺流程：选料—改刀—烹制—上菜。

烹饪制作：选脆度好的水发百叶；牛百叶顺叶片成6厘米长的不规则片，先焯油盐水；锅上油煸炒豆瓣酱至香酥，注入骨头汤500克，烧开去腥渣，调好味，再放姜、酸辣椒、魔芋卷煮入味，放牛百叶，烩好放葱段，起锅装碗，撒上香菜，即可上桌。

制作关键：牛百叶不宜久煮，否则不脆。装盘时魔芋卷垫底，牛百叶盖面。

成菜特点：脆嫩爽口，新鲜辣酸。

• 东江湖银鱼羹 烹调方法：烩

有“湘南洞庭”之称的东江湖盛产鱼，品种繁多，特别是在无污染水质中生长的银鱼，尤为鲜美。

主料：银鱼1包（约50克），鸡蓉50克，骨头汤750克。

配料：香菜20克，火腿粒20克，姜米10克，蛋清2只。

调料：鸡精水8克，色拉油30克。

工艺流程：选料—改刀—滚汤—烩—上菜。

烹饪制作：选保鲜无异味的银鱼；鸡胸脯肉剁成泥，香菜切成沫，滚汤锅烧热，下骨头汤烧开放姜米、银鱼调好味，再勾芡，将鸡蓉烩在银鱼羹里，放香菜末和蛋清搅匀即可。

制作关键：烩制时芡不宜过浓，否则口感差。鸡蓉烩制要离火以保滑嫩。

成菜特点：鲜香美味，滑嫩爽口。

• 飘香花蟹 烹调方法：锅仔焗

主料：花蟹600克。

配料：葱白100克，洋葱150克，姜末5克，肥肉50克。

调料：盐焗粉10克，鸡精水5克，色拉油50克。

工艺流程：选料—宰杀—清洗—改刀—腌制—拉油—炒—装盘—上桌。

烹饪制作：选鲜活的螃蟹；螃蟹去内脏、脚尖；宰杀的蟹清洗干净；改刀成四块；肥肉改刀成大薄片；螃蟹肉用葱、姜、料酒汁腌制5分钟；干淀粉上浆，炒锅上火烧油至五成热时，螃蟹沥干水分拉油，壳分开留用；将锅仔摆放好，肥肉平铺在锅底及四边；炒锅上火，滑油留底油，煸炒洋葱米，放盐焗粉炒香入味，放螃蟹炒匀，装在锅仔内；炒锅留底油炒葱白至熟，放鸡精水入味，盖在螃蟹上，再将壳放好成型即可上桌。

制作关键：蟹肉用盐焗粉，焗香入味。

成菜特点：咸鲜可口，气味芳香，诱人食欲。盛器用锅仔、酒精炉。

• 昆布鸭 烹调方法：炖

主料：老仔鸭1只，约900克。

配料：海带结12个（约200克），自制香辛料粉6克，姜块20克，葱条10克，香菜10克。

调料：生抽5克，料酒5克，陈醋10克，红油50克，酱油20克，干淀粉20克，盐10克，味精6克，胡椒粉5克，茶油25克，植物油50克。

工艺流程：选料—改刀成块—腌制—炸—砂煲煨（高压锅）—装盘—上桌。

烹饪制作：光仔鸭翅、腿分开，鸡腿2块，头颈砍成3块，鸭身每边砍成5块，共计18块左右；改刀的鸭肉腌制入味，腌料生抽、料酒、姜、葱、盐、干淀粉拌匀，盐味不能过咸，有基本味就行；锅上火，烧750克植物油（实耗50克）至六成热时，依次将鸭块放入油中烹炸至六成干，呈金黄色、皮酥时捞出；海带结焯水放醋去腥味，用手触摸海带无滑感为准；将调料放入砂罐中，加水600克，烧开调好味；放海带结、鸭子煨45～60分钟，海带垫底，鸭块放面上，点缀香菜，淋上茶油即成。

成菜特点：咸鲜味重，香辣醇厚，色泽红亮，质地酥软，风味独特。盛器春冬季用锅仔盛装，夏秋季用玻璃碗盛装。

• 桃仁熘三白 烹调方法：熘

主料：墨鱼仔100克，鲜百合100克，鲜荔枝肉100克，核桃仁100克。

配料：红辣椒3片，青辣椒3片。

调料：鸡精水8克，湿淀粉10克，色拉油50克，姜葱料酒汁10克。

烹饪制作：鲜墨鱼仔清洗干净，去头留身，漂去异味，用姜葱料、酒汁腌入味。桃仁拉油，不宜过酥，待用。鲜百合洗干净，分开成片。荔枝肉对半改刀去籽。锅上火烧油至四成热，将墨鱼仔、百合、青红辣椒一起拉油，捞出控干油。锅底留油烧至五成热，放入三白，鸡精水、淀粉水搅均匀，勾芡撒核桃仁，西红柿围边，装盘即可上桌。

成菜特点：色泽自然洁白，清淡爽脆，为夏季佳肴。

- **香蕉芋泥饼** 烹调方法：炸

使用临武县的香芋和水果配伍，在口味上有较大的突破。

主料：香芋500克，香蕉500克。

配料：糯米粉100克，面包糠100克，蛋3只。

调料：白糖50克，牛奶粉50克，色拉油1000克（实耗40克）。

工艺流程：选料—去皮—蒸—擂成蓉—拌匀调味—制坯—拍粉—炸。

烹饪制作：香芋和香蕉去皮，香芋改刀成片状。香芋蒸熟，研碎与香蕉擂成蓉，放入糯米粉、白糖、牛奶粉搅拌成泥状，鸡蛋搅打好。芋泥挤成直径3厘米大的球，入蛋液中拖过，取出放在面包糠上，拍好粉。压实成饼，依次做成12个。砂锅上火烧油至五成热，入芋饼浸炸至金黄色捞出，装在垫有花的竹篮内即成。芋泥要干湿适中，便于制作生坯，不宜过稀。

成菜特点：香甜可口，色泽黄亮。

- **祝师傅锅仔鸭** 烹调方法：烧

汝城祝师傅板鸭是古时的贡品，质量上乘，口感丰富。

主料：汝城祝师傅板鸭300克，黑木耳水发60克。

配料：红辣椒4片，姜片10克，冬笋片50克，干椒5克，葱段10克。

调料：鸡精水5克，茶油50克。

工艺流程：选料—清洗—改刀—配份—烹制—上桌。

烹饪制作：用比较肥大的板鸭，约1.5斤一只的为好，温水洗刷干净，将鸭改刀成条状，盛器装好，入蒸笼蒸熟，取出备用。按要求配好份，将鸭肉爆炒，加汤水，煮成奶汤，依次放入干辣椒，煮出辣味去掉部分干辣椒，再调好味，放配料稍煮，淋生茶油出锅装盘。先爆炒，再加入汤滚成奶汁，成菜美观。

成菜特点：汤鲜纯正，质地酥软，别具一格。

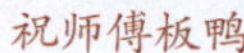

祝师傅板鸭

晒场

花豆炖肚条 烹调方法：炖

花豆是湘南的土特产，有豆中极品的美誉。此菜使用常规的原料制作出奶汤浓郁的美味佳肴。

主料：鲜猪肚500克，花豆100克，党参5克。

配料：红枣10个，猪排骨100克。

调料：鸡精粉3克，三花蛋奶10克，盐4克，姜片10克，料酒5克。

工艺流程：选料—清洗—焯水—改刀—花豆涨发去皮—炖—调味上桌。

烹饪制作：花豆用温水浸泡，去掉皮漂洗干净。猪肚洗干净再焯水，改刀成条状，排骨改刀成大块状。炒锅上火滑油，将肚条爆炒几下，下料酒去腥，再放姜片和清水及排骨块，大火烧开后倒入高压锅中，依次放入党参、红枣、花豆，盖好盖，烹制15分钟，自然冷却后开盖放入其他调料，装在盖盅内即可上桌。肚子要清洗干净并去异味，炖制时火候不宜过大，否则口感不佳。

成菜特点：浓郁鲜美，补气和胃。

飘香鱼籽 烹调方法：煎

使用地道的酸萝卜与鱼籽配伍，手法新颖，造型自然淳朴，口感丰富。

主料：鱼籽150克。

配料：洋葱粒30克，葱花30克，酸萝卜粒50克，鸡蛋4个。

调料：鸡精粉3克，淀粉10克。

工艺流程：选料—清洗—爆炒—调味—煎—上桌。

烹饪制作：鱼籽漂洗干净，沥干水分。炒锅上火，将洋葱、酸萝卜粒、鱼籽爆炒至熟，倒入蛋液，调味搅匀。洗刷干净锅子，热锅滑油，将鱼籽倒入锅中，用手铲翻动，煎成自然不规则块状，两面金黄时装盘上桌。煎制时注意掌握油的用量，防止菜肴含油过多。煎制时先炒一下，待其半生半熟时再小火煎，并分成无规则块状。

成菜特点：鲜香爽脆，开胃下饭。鱼籽蛋富含蛋白质，卵磷脂含量高。

• 锦绣鱼 烹调方法：烹

锦绣鱼是在脆皮鱼的基础之上改良的一道创新菜，其大胆使用湘菜的九味汁，口味醇厚。

主料：鲩鱼600～650克。

配料：红野山椒100克，青豆50克，姜葱汁20克。

调料：鸡精水5克，陈醋5克，白糖5克，食盐3克，色拉油50克。

工艺流程：选料—宰杀—改刀—漂洗—腌制—拍粉—炸—烹汁—上桌。

烹饪制作：草鱼宰杀去掉内脏，清洗水污。鱼先横向斜刀剞成刀距约0.6厘米宽的斜片，依次剞完；纵向直刀剞花刀，刀距为0.5厘米宽，依次剞完后，用清水漂洗干净。鱼肚皮分别剞一刀，使其与鱼身分离，呈双翅状。鱼用姜葱汁腌制入味，抹干表层水分，拍干淀粉，使其花刀分开，不黏合在一起，抖散去掉多余的干粉。烧油1500克，待油温升至七成热时，将鱼平卧放在不锈钢漏勺内，再入油锅中炸制，烹炸3分钟，视其外酥里嫩，呈金黄色时捞出，摆放于16寸的鱼形盘中。油热滑油，煸炒野山椒，再入汤100克，放入青豆其他调味品，调好九味汁，捞出野山椒及青豆，放在鱼的周围，再勾芡，淋入鱼上即可。鱼要炸制外酥里嫩，烹汁时要保证芡汁的温度及浓度。咸、鲜、酸、辣、微甜，口味丰富。盛器为16寸鱼形盘或14寸腰盘。

• 冬笋炒银鱼 烹调方法：炒

主料：冬笋150克，银鱼100克。

配料：有姜丝10克，青椒丝50克。

调料：鸡精水5克，料酒10克，色拉油50克。

工艺流程：选料—初加工—配份—烹炒—上桌。

烹饪制作：选用鲜嫩的冬笋、黄姜和银鱼。把银鱼用温水浸泡至软，冬笋剥去壳，改刀成细丝。按用料数量进行配份。冬笋丝用底油炒软后，烹料酒、鸡精水炒入味，出锅备用。银鱼拉油备用。上菜时用姜丝煸炒增香，依次放入青椒炒入味。再放冬笋丝、银鱼炒匀，调味起锅装入盘中即成。冬笋要鲜炒，口味才地道。银鱼要拉油炒，因为水发后的银鱼水分充足，口感差，拉油后可使银鱼脱去部分水分，增加口感和香味。色泽黄、白、绿相间，脆嫩鲜咸，富含蛋白质。

锅仔汝城豆腐 烹调方法：煮

汝城豆腐是用醋水制作的，口感好，有韧性，地方风味浓郁。

主料：汝城白豆腐2块半。

配料：海参50克，葱段6根，红椒丝6根，皮蛋2个，姜丝5克。

调料：盐4克，味精3克，骨头汤200克，胡椒1克。

工艺流程：选料—改刀—焯水—烹制—带盖上桌。

烹饪制作：豆腐改刀成0.2厘米见方或4～5厘米长的丝，皮蛋改刀成4块，海参改刀成细丝，用骨头汤煨入味。锅上火烧热，加入骨头汤并放盐，将豆腐放入煮开后，用原汤浸泡入味。锅上火烧热滑油，放皮蛋煎一下，趁热在骨头汤中放入姜丝，滚成奶汤。捞出皮蛋不用，再将豆腐丝放入，放入其他原料，调味，撒胡椒粉上桌。豆腐丝要预先浸泡入味，皮蛋先煎，再放骨头汤，使其充分、快速溶解蛋白质。汤呈乳白色，美味清香，质感丰富，地方特色浓郁。

黄菌青笋煲 烹调方法：烧

黄菌是郴州四宝之一，配以柴火腊肉和青笋，菜品独具湘南风味。

主料：黄菌75克。

配料：莴笋片100克，土腊肉50克，红椒片30克，姜片10克。骨头汤150克，鸡精水6克，色拉油50克。

工艺流程：选料—初加工—配份—烹制—上桌。黄菌的选料要严格，要选用桂东寨前及新坊乡出产的。莴笋切成片，黄菌洗干净去净泥沙，腊肉切薄片。按照用料数量配份。

烹饪制作：黄菌首先用骨头汤煨入味；莴笋、腊肉焯水待用；锅烧热滑油，腊肉煸炒，再入黄菌烧炒，注入骨头汤，调好味，所有原料回烧，装煲烧热上桌。煲仔要烧热，腊肉的味要渗透到黄菌中。黄菌脆爽，别具风味。

- **鱼籽豆腐煲** 烹调方法：烧

鱼籽是鲤鱼的卵，富含蛋白质，是一道乡土风味菜品，口味咸鲜。

主料：鱼籽150克，水豆腐两大块、四小块。

配料：姜粒10克，辣椒粉10克，芹菜粒20克。

调料：味精2克，盐3克，色拉油50克，陈醋5克，骨头汤200克，胡椒粉1克。

工艺流程：选料—改刀—配份—炸豆腐—烹制—上桌。

烹饪制作：鱼籽要新鲜、无异味，豆腐选择鲜嫩的白豆腐。豆腐改刀成长方块，并撒少许盐，入锅炸制。将豆腐用骨头汤烧入味至软嫩，放入煲中，然后锅上火滑油，放姜粒、鱼籽煸炒至熟。放盐、辣椒粉、陈醋炒匀，再烹入汤100克，烧入味后装入煲中豆腐上即成。上桌前一定烧热煲并带盖。烧豆腐前要先放盐，这样豆腐越烧越嫩。鱼籽煸炒熟，去腥味，再用骨头汤烧入味。色泽焦黄，新鲜微辣，口味浓郁。

- **甜玉米烩财鱼** 烹调方法：烩

甜玉米是高山绿色食品，产自桂东，其特点甜而脆嫩，是一道老少皆宜的菜品。

主料：甜玉米150克，财鱼丁150克。

配料：松子75克，姜粒10克，黄瓜丁50克，蛋清半只，葱姜汁3克。

调料：鸡精水6克，猪油30克，色拉油20克，干淀粉10克，骨汤100克。

工艺流程：选料—宰杀—改刀—配份—烹制上桌。

烹饪制作：选用鲜活的鱼，取无小刺的鱼肉。鱼去骨、去皮，取净肉。鱼肉改刀成1厘米见方的丁，然后用葱、姜、料酒腌制，入味后沥干汁，再入蛋清、干淀粉拌匀上浆，将其他原料按用料标准配方。锅烧热滑油，再入油烧至四成热，将鱼丁滑油；玉米、黄瓜焯水，松子炸好备用；锅洗净，葱姜煸香，取其葱姜油，入玉米、黄瓜稍炒一下，再入汤烧开，放鱼丁，调味勾芡。依次放松子，起锅装盘即可上桌。鱼肉要去腥上浆，否则腥味重，不鲜嫩。烩制时不宜时间较长，且芡汁宜稀，否则口感不爽。咸鲜嫩滑，美味可口。

- **豉香肉** 烹调方法：炒

豉香肉是得月楼酒家的一道创新菜，具有浓厚的地方色彩，选用汝城豆豉与前腿肉炒制而成。

主料：猪后腿肉瘦肉150克。

配料：汝城豆豉20克，大蒜粒50克。

调料：姜末10克，酱油3克，盐2克，味精2克，茶油40克。

工艺流程：选料—清洗—改刀—烹制。

烹饪制作：选用猪前腿肉，汝城臭豆豉。选用肥瘦相间的前腿肉，清洗干净。把肉切成小片状。锅洗干净滑油，下茶油煸炒肉片，放酱油、盐、味精、鸡精、臭豆豉、大蒜粒炒熟入味，起锅装盘。在推销时服务员要先做介绍，让顾客有思想准备接受此菜的香味。肉片炒至九成熟时开始调味，不要炒过火，否则肉质不嫩。色泽酱红，口味鲜香，鲜辣浓郁，具有汝城地方风味。

• 哈蛋肉 烹调方法：蒸

汝城县民间的一道特色风味菜，专门取猪脸上皱的带骨肉，砍成块烧制而成，嫩滑可口。

主料：猪脸肉750克（去掉外皮，取猪头肉的骨和肉）。

配料：香粉5克，姜20克，干椒10克。

调料：茶油50克，盐3克，味精2克，陈醋2克。

工艺流程：选料—初加工—烧—蒸—上桌。

烹饪制作：猪脸肉清洗干净，改刀成大块。炒锅上火，清油滑锅，姜片烧锅，再放猪脸肉爆香，放入干椒，水烧开，滚成奶汤，调好味，装入盖盅内。将加工好的哈蛋肉放入蒸笼保温，上菜时直接上桌。爆炒要到位，使其肉质香浓嫩滑，烹制火候不宜过火，否则不滑爽。色泽自然，香浓嫩滑，别具风味。

• 神农佛手（又名十八福手） 烹调方法：炖

“神农作耒耜于郴山”，这个美丽的传说为郴山增添了不少色彩。本菜采用中草药配方精制而成，脂肪含量低，是一道美容健体的佳肴。郴山是天下十八福地故名。

神农福手

主料：猪前爪750克。

配料：姜片10克，香料适量，矿泉水500克。

调料：料酒20克，鸡精水10克。

工艺流程：选料—烙毛—刮洗—浸泡—去脂—焯水—垮炖—上桌。

烹饪制作：精选新鲜的猪前爪，裤筒以下。猪前爪用喷枪和烙铁烧干净残余的毛根，并用淡碱水浸泡，刮洗干净。煮熟浸泡半小时，去掉部分油脂，使色泽更亮丽。猪前爪改刀成两大块，对半劈开皮相连。再放入沸水中焯水1分钟，清洗干净，放入炖盅内，调好口味，注入矿泉水。高压锅隔水蒸炖30分钟，或蒸汽柜2小时，炖至原料软糯烂为度。鲜香味美，原汁原味，形如佛手，配辣椒酱上桌。

• **庐阳醋鸭（又名汝城醋鸭）** 烹调方法：焖

庐阳是汝城的古称，此菜是汝城农家风味菜。山区气候潮湿，喜食酸辣口味菜肴，有健脾开胃之功效。

主料：土鸭1只（约1500克）。

配料：姜片50克，干小米椒10克，葱段10克，鸭粉5克。

调料：盐5克，老坛酸水150克，酸红辣椒100克，鸡精3克，茶油50克，骨头汤1000克，白糖2克。

工艺流程：选料—初加工—焖—调味—上菜。

烹饪制作：用新鲜的土仔鸭，最好是放养的一年仔鸭。新鲜的土仔鸭煮熟，漂去血水，再改刀成2厘米宽、4厘米长的长方块。热锅滑油，将鸭爆炒出油制香。再放姜片、干椒，烹入酸水、骨头汤焖入味，调好味后再焖半分钟即可起锅装盘。制作时一定要先焯水，至六成熟再漂去血水，使其肉质鲜嫩，质量奶白色为佳。色泽自然，酸辣纯正，鲜美浓厚，乡土风情浓郁。

• **蛋酥玉米** 烹调方法：炸

使用先腌拌粉再炸炒的方法，拌口味椒盐食用，口感外酥脆里甜香，别具风味。

主料：桂东超甜玉米粒200克。

配料：红椒粒20克，蛋黄1只，面粉30克，淀粉10克。

调料：椒盐3克，色拉油30克，盐1克。

工艺流程：选料—腌制—拌粉—炸—炒—装盘。

烹饪制作：将玉米粒用盐略腌，沥干水分。蛋黄放入玉米内拌匀，再下入面粉、淀粉、吉士粉拌匀。锅上火烧油至五成热，将玉米倒入锅中，用竹筷子划散，慢慢加温炸制定型，再复炸。锅留底油煸炒红椒米，下入椒盐，玉米粒炒匀装盘上桌。外酥里嫩，色泽金黄，口感甜香。

- **春陵江鱼仔** 烹调方法：炒

春陵江位于郴州桂阳县，因其水质清、矿元素丰富，生长的鱼口味鲜美。

主料：尖嘴鱼150克。

配料：干椒丝10克，蒜苗50克，姜丝5克。

调料：鸡精水2克，茶油30克，酱油3克。

工艺流程：选料—蒸—手撕—配份—炒制—装盘—上桌。

烹饪制作：选用色泽黄亮的火焙尖嘴干鱼。将鱼入蒸柜蒸软，用手把鱼肉撕成条状，去掉头和骨。蒜苗烫一下，用手撕成丝，改刀成4厘米长。炒锅上火滑油，放入姜丝、干椒丝、干鱼丝煸炒，再放蒜苗调味即可。干鱼仔一定要蒸软，使其充分吸收蒸汽，改善口感。煸炒的火候不宜过大。色泽黄亮，香辣味美，口感丰富。

- **甜玉米烩哈士蟆（人工养殖）** 烹调方法：烩

普通甜玉米与高档原料哈士蟆配伍，极具创意。

主料：水发哈士蟆150克。

配料：桂东玉米粒100克，西红柿或黄瓜（雕成花状做盛具）。

调料：鸡精水3克，湿淀粉3克，老母鸡汤200克，猪油20克，料酒、姜、葱适量。

工艺流程：选料—洗净—蒸发—烩—装盘—上桌。

烹饪制作：将哈士蟆提前一天冰水涨发，漂洗干净，再用老母鸡汤、姜、葱、料酒蒸透入味，取出备用；西红柿焯水备用。锅上火烧热滑油，将姜葱煸香后去掉姜葱，加入老母鸡汤，放入玉米粒，调好味，再放入哈士蟆烩好入味，勾少许芡，即可装入西红柿内。哈士蟆去异味，蒸透入鲜味。芡汁不宜过浓，否则不清爽。清鲜可口，色泽亮丽，营养丰富。

- **南岭荷花虾** 烹调方法：蒸

使用黄瓜蒸制的蒜蓉虾，口味新颖别致，独具风格。

主料：大虾12只（约400克）。

配料：黄瓜500克（直径为3厘米），葱、姜各5克。

调料：蒜蓉20克，鸡精2克，盐1克，猪油20克，料酒2克，干淀粉3克。

工艺流程：选料—去壳—改刀—腌制—蒸—上桌。

烹饪制作：将大虾去壳和虾线，取其中段和尾部。凤尾虾片切去虾线后，用鸡精水、蒜蓉、淀粉拌匀，再加猪油拌好上浆。黄瓜雕成荷花状，挖空瓜瓤装虾。入油盐水焯过，将虾依次摆放在花蕊中蒸约2分钟，用原汁勾芡，浇在荷花上即可上桌。荷花要雕好，使成菜栩栩如生。咸鲜脆嫩，色泽明亮，形态美观。

- **金鱼虾** 烹调方法：酿扒

大虾与豆腐搭配，更具地方风味，手法新颖，大方得体。

主料：竹节虾12个（约200克）。

配料：水豆腐1块，盐蛋黄3个，蛋清2个，姜葱汁3克，青豆12粒。

调料：鸡精2克，精盐1克，干淀粉10克。

工艺流程：选料—虾去壳—改刀—捶松—腌制—拌馅—酿—蒸—浇汁—上桌。

烹饪制作：将虾去壳，从胸部下刀片开，拍松成凤尾虾，腌制入味。豆腐去外皮后，用鸡精水焯水去味，捞出用干净纱布擦去部分水分，放入盛器内，与蛋清糊、鸡精、盐、干淀粉调好味，搅拌成胶状。将凤尾虾撒少许淀粉，放在调羹内虾上方，酿入豆腐馅，蛋黄改刀12块（先蒸熟），点缀金鱼背部，青豆点缀成眼睛，入蒸笼蒸约2分钟，即可出笼装盘。将原汁勾芡淋在金鱼上即可。金鱼下方垫绿色圆片菜叶。豆腐要去异味，使其鲜嫩。蒸制时注意火候，不要蒸老了。色泽亮丽，形象逼真，口感细嫩，咸鲜爽口。

- **时尚可口骨** 烹调方法：焦熘

鲜猪排经炸制后，搭配可可粉、番茄酱、酸梅酱，加少量红油有微辣味，创出一种时尚新口味。

主料：猪仔排400克。

配料：姜10克，葱5克，红油10克，干淀粉15克。

调料：可可粉10克，酸梅酱20克，番茄沙司20克，糖30克，盐2克，料酒3克，色拉油50克（实耗）。

工艺流程：选料—改刀—漂洗—腌制—烧油—炸—制汁—焦熘—上桌。

烹饪制作：将排骨改刀成3厘米长的段，漂净血污，挤干水分，用姜、葱、盐、料酒腌制入味。起锅烧油1000克至六成热时，将排骨拌好淀粉，依次放入油锅中浸炸至金黄色，捞出。锅留底油加入白糖炒至溶化，依次加入沙司、酸梅酱、水溶化可可粉，继续炒浓汁，待其光泽透亮时放入排骨，淋红油即可装盘。排骨要炸酥，以便充分吸收味汁。熬制酱汁时用小火，防止焦煳。甜香，微酸，微辣，可可味浓，口味新颖醇厚。

- **过桥牛骨髓** 烹调方法：炸

川菜有“过江”的吃法，湘菜有“过桥”的吃法。此菜吃法较讲究。牛髓性温，味甘，润肺补肾，泽肌悦面，体弱多病者更适之。九味汁突破了传统的口味，并配以黄瓜条佐食，去火清口，使其口味更丰富，风格更特别。

主料：牛骨髓约150克，黄瓜条200克（约12条）。

配料：脆皮浆150克，辣妹子酱5克，白糖3克，醋3克，鸡精1克，姜、葱适量。

调料：鸡精水3克，姜葱汁10克，胡椒粉1克，干淀粉5克，色拉油1000克（实耗30克）。

工艺流程：为选料—改刀—汆水—腌制—烧油—挂浆—炸—上桌。

烹饪制作：选用新鲜的牛骨髓，撕去表层膜和脏物，将其改刀成6厘米长的段。汆水也叫焯水，用盐、料酒、姜、葱烧水至开，将牛骨髓放入汆一下，即可捞出，冷却后再用姜葱汁、胡椒、鸡精水腌入味。将油烧至六成热时，离火，将牛髓拍干淀粉，再拖脆皮浆入油锅中，依次炸完至表皮脆硬即可上桌。九味汁的调制是将锅烧热留底油，放白糖、辣妹子、姜、葱炒匀后，放醋、鸡精，勾少许芡即可，特点为咸、鲜、微辣、微酸，口感丰富。焯水时注意火候，不宜久煮。炸制时，先炸定型，待油温升至六成热再复炸即可。色泽金黄，外酥脆，里软嫩，蘸汁吃口味很丰富。

- **玉香鸡** 烹调方法：水煮

甜玉米是湘南高山培育的新品种，质地嫩，口味香甜，与鸡肉同烹，别具风味。

主料：飘香鸡300克。

配料：甜玉米棒1个，干椒3个，姜10克，葱段2克。

调料：鸡精水3克，茶油20克。

工艺流程：改刀—爆炒—水煮—装盘—上桌。

烹饪制作：把飘香鸡、玉米棒改刀成条状，干椒切成段，姜切成指甲片状。锅中滑油，留底油将鸡条爆炒，趁热注入汤，滚成黄白色，再加入干椒、玉米条同煮入味，装碗上桌。卤制的飘香鸡肉骨香皮脆，要使用老母鸡。口味清鲜，质感丰富。

• **白芸豆爆鸭丁** 烹调方法：爆

白芸豆是天然绿色食品，与土鸭同烹，风味优佳，是在传统民间佳肴芸豆焖鸭的基础上改进的新菜品。

主料：白芸豆200克，鸭丁200克。

配料：鱼椒30克，姜粒10克，香菜5克。

调料：鸡精水3克，酱油2克，茶油50克。

工艺流程：选料—改刀—爆炒—装盘—上桌。

烹饪制作：把芸豆蒸熟去皮。鸭肉改刀成1.2厘米见方的丁，腌制入味。炒锅上火，把鸭丁拉油，留底油爆炒鱼椒，加入鸭丁，调好味，入芸豆速炒即成。爆炒时注意火候，炒锅受热要均匀。香辣味美。

• **飘香贝壳粉** 烹调方法：煮

贝壳粉与飘香鸡同烹，质地脆爽，鲜美无比。荤素搭配，营养均衡，别具风味。

主料：飘香鸡半只。

配料：贝壳粉150克，姜丝3克，干椒3克。

调料：鸡精粉2克，精盐1克。

工艺流程：改刀—配份—烹制—调味—装盘—上桌。

烹饪制作：飘香鸡改刀成条状。贝壳粉用水煮发，放入冷水中浸泡。锅上火爆炒鸡肉，然后放入姜丝、干椒，再放入水滚至汤黄白，调味，放入贝壳粉稍煮，即可装盘上桌。鸡肉先煸炒使其香味突出，滚出来的汤才浓郁。汤鲜味美，质地滑爽，口感丰富。

第十章
参与图书编写，烹饪技术被业内认可

1999年夏，由鲁菜资深研究学者、著名烹饪理论家、教育家陈学真教授统筹，中国鲁菜特级大师李长茂和山东济南净雅大酒店菜品研究中心主任张云甫大师执行并任主编的《中国名厨技巧博览》一书的编撰工作正式启动。陈学真教授是鲁菜研究的权威专家；李长茂大师曾荣获“中国鲁菜烹饪大师金鼎奖”；张云甫大师也曾出版过多部烹饪著作。陈学真教授秉承为厨师写史列传之心，组织有关专家、学者征集知名厨师资料，将他们的生平业绩、名菜名点、技术技巧汇集一堂，编写成《中国名厨技巧博览》一书，不仅使烹坛精英的业绩名垂青史，还为推动烹饪技术的交流与发展发挥了应有的作用。

黄惠明受主编的邀请，积极参与到图书编撰工作中来。他的作品“百花迎春”以彩图的形式呈现，“秘制黄金卷”等菜品也被收录其中。

- **秘制黄金卷**

原料：肥膘200克，腌鸭蛋黄5个，白糖100克，淀粉、蛋清、面包渣、精炼油各适量。

烹饪制作：先将肥膘片切成10厘米长、8厘米宽的薄片。用白糖腌渍后，两面拍淀粉，卷上蛋黄，拖上蛋清，滚上面包渣，放入四成热油中浸炸至外酥里熟，捞出改刀装盘即成。

特点：外脆甜香，肥而不腻，为高档宴席之甜品。

2000年6月，《中国名厨技巧博览》由中国商业出版社出版，一时成为餐饮界、厨师界的大事，大家争相传阅，一睹为快。黄惠明的作品入选《中国名厨技巧博览》是对他厨艺的一种认可，也是对他事业追求的一种赞扬。

《中国名厨技巧博览》

第十一章
香港杯海鲜大赛获大奖

为提升中餐海鲜的出品和质量，把海鲜菜品做大做强，中国餐饮研究院、中国餐饮管理学院、中国国际餐饮饭店协会决定举办海鲜厨艺大赛。2000年盛夏，首届香港“华夏美食”杯海鲜菜点大奖赛在香港地区举办。

一品潇湘水鱼

黄惠明得知此消息后反复思量，他认为这是将自己设计的新粤菜拿出去检阅的好时机，也是一次学习时尚粤菜、精品粤菜的好机会。于是他开始准备粤式菜品参赛，其中有南岭串烧爽肚、酸萝卜粒蒸扇贝、潇湘水鱼冻等，都是湘菜与粤菜的融合菜。

- **南岭串烧爽肚（又名爽肚、泥蛙肚）** 烹调方法：串烧

味型酸辣。有天下第十八福地美誉的郴州，又称“林中之城”，盛产泥蛙。

主料：泥蛙*肚300克，草药粉5克。

配料：洋葱末20克，野山椒米40克，红椒米10克，江米10克，香菜10克，锡纸袋1个，竹针16~18根。

调料：剁椒30克，味精2克，盐2克，酱油3克，陈醋5克，色拉油50克，湿淀粉水20克（微浓）。

烹饪制作：选用新鲜、无变质、无异味的泥蛙肚；泥蛙肚用剪刀剪开用清水洗一次，沥干水分用盐、醋、干面粉搓均匀，使其黏液脱落，清洗干净、沥干水分；泥蛙肚放姜、葱、盐汁腌制5分钟去腥，腌入味；把泥蛙肚用竹针穿起来，每串4~6片；拉油，准备烧好热铁板，锅烧油至五成熟时，将串肚入油锅中10秒捞出，装入准备好的锡纸袋内，待浇汁；炒锅洗净，烧热滑油，将洋葱米、江米爆香，放其他调料及辅料，加水100克，烧开调味，勾薄芡，吸汁淋入锡纸袋的泥蛙肚上，封好口子，移至烧热的铁板上，再次加热，串烧上桌即成。

成菜特点：酸辣开胃，爽脆可口，风味独特。

注*为可食用人工养殖品种。

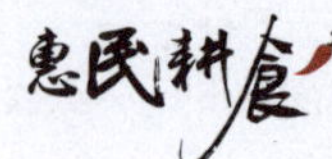

酸萝卜粒蒸扇贝（又名竹香开胃扇贝） 烹调方法：蒸

味型酸辣咸鲜。此菜土洋结合，用瑶山村民家家户户常备的酸萝卜来蒸制海鲜，颇富创意，菜香扑鼻，鲜咸酸辣，风味独具，深受顾客欢迎。

主料：扇贝500克。

配料：酸萝卜100克，竹叶4片，水发粉丝150克，姜、葱各5克，料酒5克。

调料：剁辣椒10克，红椒米20克，盐1.8克，味精2克，蚝油2克，胡椒粉1克，色拉油50克，淀粉5克。

烹饪制作：选用农家腌制的酸萝卜，扇贝大小均匀、鲜活，竹叶无虫无污染；酸萝卜切成米粒状，扇贝清洗干净，去壳取肉用盛器装好，用葱、姜、料酒去腥，用盐腌入味，竹叶清洗干净；将酸萝卜粒与剁椒、红椒米拌匀，放入10克生抽，搅拌均匀，水发粉丝放盐拌匀待用，扇贝去腥，腌入味，放少许胡椒粉、蚝油、味精、淀粉拌均匀，放10克油搅拌均匀；取13寸浅平盘，垫好竹叶刷油，放粉丝摊开，将扇贝壳依次摆放整齐，放入扇贝肉，撒上酸萝卜粒等原料，入蒸笼蒸3分钟即可端出来，浇汁上桌。

成菜特点：酸辣咸鲜，质地脆嫩，竹香扑鼻，乡土气息浓郁。

潇湘水鱼冻（又名一品冻） 烹调方法：冻

采用南洞庭湖东江湖所产的水鱼，配以猪前爪精制而成。选料精，制作巧，是一道夏秋季节的美味佳肴。

主料：水鱼750克，猪手500克。

配料：黄豆30克，枸杞5克，姜20克，葱20克，干椒5克，沙姜粉3克，蛋糕模具12个，香菜10克。

调料：味精2克，鸡精2克，盐5克，酱油3克，陈醋15克。

烹饪制作：水鱼宰杀，烫皮去白膜、内脏并清洗干净，猪手喷烧并刮洗干净，分别砍成块；黄豆用温水泡发待用，姜、葱各10克制成葱姜汁，用味碟装好，陈醋用味碟装好；锅上火烧水至开，水鱼焯水去腥，猪手焯水捞出后清洗干净；大砂锅煲加水1500克，先放猪手、姜、干椒、黄豆煲90分钟，放水鱼继续煲30分钟，捞出猪手、干椒、姜不要，捞出水鱼去骨，肉放汤内，下沙姜粉、盐、鸡精、味精、酱油、枸杞调好味，视其汁浓黏嘴时端出来；模具刷油，用托盘盛起，将熬好的水鱼汁分别把肉、黄豆、枸杞汁均匀分装在模具内，冷却后用保鲜膜封好口，进冰柜冷冻1小时即可取出，反扣在13寸浅式平盘内，点缀香菜，即可上桌。熬制时要把握好火候，熬浓、熬香，调味准确。

成菜特点：咸鲜微辣，美味可口，色泽亮丽，营养丰富，为宴会大菜。

首届香港华夏美食杯海鲜大赛于2000年8月10日在香港会议展览中心举行。参赛者踊跃，赛场空前热闹。经过评委会最终决定，黄惠明的参赛作品“喜迎澳鲍鱼”被评为铜奖，得到了各位专家、评委们的认可。

第十二章
重要的转折点

2000年，对于36岁的黄惠明而言，是人生中重要的转折年。那时，他担任得月楼酒店行政总厨兼技术研发总监，在郴州厨艺界开始崭露头角。但他并未因此满足，每天不是行走在巡店培训、开会的路上，就是在寻找地标食材、研发新菜品的途中，当老板邀请他随高管前往深圳参加成功学理论学习时，他毫不犹豫地答应了。

在深圳市罗湖体育馆几千人的课堂上，黄惠明心潮澎湃。培训第三天时，主讲老师病倒了，助教老师用担架抬着打着吊针的主讲老师继续演讲，老师是用生命在演讲啊。全场震撼了，这一次培训对黄惠明产生了深远的影响，“想成功，先发疯”的成功学理念让他更加坚定地认识到，只有全力以赴，才有可能攀登到行业的巅峰，成为真正的领军人物。于是，他下定决心，树立“用爱心来做事业，用感恩的心做人”的核心人生观。事业不仅要做好，而且要做郴州厨艺界的第一名，打造郴州餐饮的“黄埔军校”。

为了实现这一目标，黄惠明开始了一系列深入改革。他要提升自己和团队的认知水平，明确厨政管理与企业文化建设必须同步进行。他打造了一支精英骨干团队——惠师门，并引导时任技术部主任李学斌及其徒弟们完善技术人才培训机制。同时，还建立了全面的考核培训制度，确保厨房的运营更加规范、高效，以满足得月楼连锁发展的人才需求。在厨艺技术培训上，黄惠明也投入了巨大的精力。他深知，只有持续提高厨师的技术水平，不断优化生产流程与标准，完善奖励机制，才能确保酒店的菜品质量始终保持行业领先地位。因此，他定期组织各类培训活动，引进人才和先进的烹饪技术，鼓励厨师们不断创新。此外，通过创立惠师门团队，为企业提供卓越的服务。黄惠明希望通过这个团队，将更多优质的食材和精湛的烹饪技艺呈现给消费者，同时为企业创造更大的价值。

从那时起，黄惠明以忘我的精神投入企业文化建设中，不断努力前行。他的生活与工作紧密相连，时刻都在思考如何提升厨艺、完善管理以及推动企业文化建设。他的付出逐渐得到了回报，得月楼酒店厨政事业部在他的带领下声誉日益提高，公司菜品和得月喜宴、生态宴成为郴州甚至更广泛地区内备受赞誉的品牌。

黄惠明的生活发生了显著的变化，他时常与团队一起外出考察学习、研发新菜品，亲自挑选优质食材，确保每一道菜品都达到他的高标准。尽管工作繁忙，他始终精神饱满，总能找到平衡工作与生活的方法。2002年，黄惠明不仅成为郴州厨艺界的领军人物，更是推动湘南地方美食文化发展的重要力量。黄惠明也因其杰出的贡献和不懈的努力，成为行业内备受尊敬的人物，并在北京人民大会堂荣获“中国烹饪名师”的称号。从此，得月楼得以在几年内持续发展，走出郴州，走向长沙、深圳……

第十三章

拥抱大自然，担任绿色厨艺大使

2001年初夏的一个晚上，黄惠明从长沙回到郴州，徒弟们为他做了一道郴州民间小吃——茶油清水嗦螺。徒弟带黄惠明来到郴州市苏仙区的苏仙人家，大厨谢金贵正在大木盆里淘洗田螺。黄惠明他们吃着嗦螺，喝着小酒，聚在一起聊着近年来郴州的餐饮发

茶油田螺鸡

展情况。黄惠明得知苏仙人家餐馆的老板叫綦尤宝，酷爱美食，重金聘请了郴州市区有名的大厨谢金贵。谢金贵又名好贵，郴州桂阳人，做事认真，做郴州民间乡土菜有几把刷子，尤其擅长做烧鸡公和茶油清水嗦螺，很多顾客都是冲着这两道菜来吃夜宵的。

郴州烧鸡公选用整只3～5斤重的公鸡，宰杀后斩块，用茶油爆炒、朝天干椒烧制而成，鸡肉鲜嫩不柴、香软柔糯、嚼劲十足，茶籽油香渗入其中，辣而不燥。怕辣者选择新鲜辣椒烧制，辣度小很多。有地道、改良两种口味，郴州烧鸡公烹饪方法并不复杂，平常百姓家家户户都可制作。郴州烧鸡公的烹饪为一煮二炒，煮熟后爆炒，掌握火候大小是核心，爆炒后原汤焖至入味，再淋生茶油出锅即可。

茶油烧鸡公

嗦螺烹饪，讲究连壳带肉炒，保证“鲜脆”的口感。谢金贵厨师的经验：溪水里捡回的田螺，先放木盆中用清水浸养三天，盆里放块生铁，让田螺呕吐出污泥，去除泥腥味。在炒田螺之前，用钢丝钳剪掉螺尾，螺尾不能剪得太小，也不宜剪得太大，小了嗦不出肉，大了炒的时候田螺肉会掉出来。剪掉螺尾之后还要反复搓洗壳上的青苔。郴州人嗦螺蛳很讲究，他们一般会“嗦”两下，第一下是吸汤，第二下是嗦肉，动作要连续，才能嗦出汤汁和螺肉，留下田螺的尾部肠胃部分不吃，所以嗦的力度要适当，以免影响嗦螺的口味。郴州人嗦螺，是一种食趣，只见大家把田螺放进嘴里，一吸一嗦，如行云流水，好不快活。黄惠明从小就好这

黄惠明与谢金贵等参赛合影

一口，他嗦田螺的技术非常好，经常给那些初学者当师傅，教他们嗦螺。

黄惠明由衷感叹，假如食材已经被破坏，无论烹饪技巧有多高明，都做不成一道好的菜品；新鲜、天然、高档的食材，往往只需要简单的烹饪技艺，就能做成一道好的菜品，让食客惊艳。黄惠明暗下决心，做好厨师，先要从食材开始，一定要拥抱大自然，不时不食，不要改变食材原有的季节属性、生长环境、生长速度和成熟时间。

2000年底，中国野生动物保护协会联合《东方美食》杂志发起了号召各大酒店厨师拒绝烹调珍稀野生动植物，保护生态环境的活动，这项活动得到了全国百万厨师的强烈支持。

黄惠明看到此倡议，想到国家明令禁止猎杀、销售野生动物，但是出于猎奇心理，食用野味曾一度盛行，很多餐馆为了赚钱，长期私下烹制、销售野味，有的餐馆甚至以此招揽顾客。自己的家乡汝城、郴州等湘南地区，野生动物资源比较丰富，很多大酒店并没有重视野生动物的保护工作。他立刻与活动组取得联系，承诺将在湖南大力宣传这项活动，并组织人员到北京参加活动的启动仪式。会议提出了“拒烹”的理念。黄惠明作为湘菜代表，第一个登台宣读“珍爱自然，拒烹珍稀野生动物”的倡议，并在活动墙上签名。同时，活动组织方给黄惠明颁发了“中国绿色厨艺大使”的聘书。

黄惠明绿色厨艺大使+证书

黄惠明在湖南各地的饭店、酒楼宣传“拒烹”理念，征集到四五千名厨师的签名，他从宣传保护野生动物开始，积极参与到社会公益活动中。“拒烹”活动将环保的理念带入餐饮行业，不断深入人心。

第十四章
走进东方美食国际大奖赛

2000年，东方美食研究院院长刘广伟代表中国率队赴德国爱尔福特参加第20届奥林匹克烹饪大赛，现场多彩的食品文化、先进的厨房设备、不同的厨艺风格，以及国际同行友谊触动了他。为了让中国餐饮人了解各国的厨艺风格，感受当今世界餐饮发展潮流，让中国菜走出国门，刘广伟于2001年创立东方美食国际大奖赛，以公平、公正、公开为主旨，坚持厨艺创新和发展，倡导美味与健康统一。2001年4月，首届东方美食国际大奖赛由东方美食学院主办，面向国际中餐业界，联合各国的厨艺社团，倡导新厨艺主义，发起环保拒烹活动，在泰山脚下的泰安大酒店举办。

东方美食国际大奖赛黄惠明与刘广伟先生泰山合影

黄惠明一直在思考，首届东方美食国际大奖赛是国际性赛事，要想在比赛中出类拔萃，菜品的选择很重要。红烧肉是大众菜肴，流传甚广，各大菜系都有自己特色的红烧肉。苏东坡《猪肉颂》云："净洗铛，少著水，柴头罨（yǎn）烟焰不起。待他自熟莫催他，火候足时他自美。黄州好猪肉，价贱如泥土。贵者不肯吃，贫者不解煮，早晨起来打两碗，饱得自家君莫管。"

红烧肉作为湖南菜的代表，声名远播，大家都知道毛主席喜欢吃红烧肉，著名厨师石荫祥善烹红烧肉。红烧肉肥厚纯粹、浓郁香醇。五花肉买回来切成块，洗净炒锅，锅烧热后把肉倒进锅里猛炒，炒到汩汩地冒油，一部分肉淹没在油里。剥一把大蒜用清水洗净，与肉同炒，待蒜表面金黄，再加入干红辣椒、姜片，辣椒被油炸得吱吱作响，待颜色变褐，复加盐和酱油，肉块棱角有焦样、精肉呈褐色就可出锅上桌。

惠民红烧肉

菜品有浓郁的辣香味，吃起来脆香酥软，肉皮很有韧性，带点糯软，肥肉酥软、脆松，表面稍硬，咬破有油溢出，肥而不腻，油脂被煎出殆尽；精肉紧密，带酱香，咬时成一根根肉丝，嚼有粗纤维感，耐嚼。黄惠明去火宫殿、毛家饭店了解红烧肉的做法，毛家饭店做的毛氏红烧肉（又名毛家红烧肉）是一道色香味俱全的传统名肴。以五花肉为主料，用白糖、料酒等调味料烧制而成，成菜后色泽红亮，肉香味浓，油而不腻，甜中带咸，咸中有辣。

黄惠明查阅了石荫祥的《湘菜集锦》，其中有"东坡方肉"的做法：

东坡方肉

（一）原料

主料：猪五花三层肉一块（重约三斤五两）。

配料：小圆馒头二十个，桂皮三线。

调料：甜酒原汁一两，盐一钱，酱油一两，味精三分，葱三钱，姜三钱，猪油二两（无耗），冰糖一两。

（二）制法

1. 将五花肉放在火上燎过，用温水浸泡软，用小刀刮洗干净，下入汤锅煮一下，使肉收缩，改成一寸二分见方块（计十块），在皮面上划上花刀，在肉的一面剞上十字花刀，深度为肉的三分之二（切勿把皮划破）。葱白切成花，余下葱和姜拍破。

2. 将猪油烧沸，下入葱、姜煸炒，再下入五花方肉，用温火煸出油，放入酱油煸上红色时，再加入甜酒原汁、冰糖、盐、桂皮和适量的水，烧开之后，将方肉放入垫底箅的砂锅内（皮朝下），倒入煸肉原汤，盖上盖，用小火煨一小时左右，待肉烂浓香为止。

3. 食用时，将东坡方肉上火烧开，再揭开盖，撇去浮油，去掉葱、姜、桂皮，两手提起底箅，将肉翻扑盘内，加味精将汁收浓香，浇盖肉上，随上小圆馒头两盘，蘸肉汁来吃，别有风味。

（三）特点

颜色红亮，香浓味美，稍带甜味。

黄惠明翻出师父王墨泉教的“红烧肉”笔记，有如下记载：

红烧肉

红烧肉在湖南至少有400年的历史。红烧肉有两种做法，一是煮熟以后烧，二是生肉直接烧。不管是生烧还是熟烧，都要先在红锅里面烫皮，烫过以后把外面那层硬皮刮掉。红烧肉的第一道工序就是烫皮。生烧是把生肉切成坨，让五花肉的肥肉油脂渗透出来，肉的鲜味特别浓。要用自身渗透出来的油烧肉，不能另外加油去烧，这样才能原汁原味。另外，放油没有原油烧出来的肉香。

做这道菜时要注意以下问题：

一是不要把煮熟的肉切好以后，再放在油里面炸。那样会把肉里面的油炸出来，把瘦肉质地变干，入口不软，失掉风味。要保留这些油脂去烧肉，肉烧好后再把多余的油去掉。

二是不要炒过以后再放冰糖、酱油、盐和水。很多酒家做红烧肉时，水放得太多，这样不是“烧”而是“煮”了。水必须一次性放准，保证水烧得快干时肉也正好烧烂，中途不能加水。

三是八角等香料不要放过多，香料抢了肉的本味，喧宾夺主。既然吃原汁原味，就不能让其他调味料影响本味。

四是要及时收汁。红烧肉烧到软烂以后，要把油汁收到肉上面，这样的红烧肉油光发亮。红烧肉烧好以后可以放点酸菜、干豆角，或是边上放点小白菜心，减少红烧肉的油腻。油脂渗透到酸菜、干豆角中，有特殊的风味。

红烧肉

• 红烧肉做法

主料：带皮五花肉750克。

调料：料酒、盐、酱油、白糖、湿淀粉、葱、姜、红腐乳汁各适量。

烹饪制作：1. 五花肉烙皮刮洗净，用冷水煮至断生，切成3.5厘米的方块。2. 锅内垫底箅，放入五花肉、清水、料酒、盐、白糖炒成的糖色、酱油、红腐乳汁、葱、姜煨1小时至肉烂香浓。3. 将红烧肉捞出，整齐摆放在盘内，拼上蔬菜心，煨肉原汤倒入锅内，上火收汁，勾芡，浇在肉上即成。

通过调研，黄惠明形成了自己的一套做红烧肉的方法，既保留了红烧肉的传统技术，也简化了很多烦琐工序，又美化了红烧肉的造型和色彩，让这道菜有更加诱人的色相和气韵。黄惠明烹饪制作的“红烧肉”在东方美食国际大奖赛获得银奖，得到了全国专家、学者、评委们的一致认可。

第十五章

获中餐华夏之星杰出管理奖

作为厨师长，想管理出品就要管好自己手下的厨师。管理60多人的队伍，对于黄惠明来说是一件非常陌生又具有挑战性的工作，他向徐经理请教管理经验。徐经理是黄惠明的贵人，对他非常信任，告诉他说勤能补拙、技能服人。黄惠明还常去请教李久林师傅，李师傅告诉黄惠明，管人最大的诀窍就是赢得他人的尊重，用诚心去感动他们。

黄惠明开始重视人性化管理，对于家里困难的，就多给他们一些赚钱的机会，正在恋爱或者谈婚论嫁的，就给他们一些灵活的时间。经过不到两个月的调整，大家对黄惠明的管理能力十分佩服。黄惠明总结了厨房管理的难点：一是碍于师徒关系，不看僧面看佛面；二是菜系门派之分，有出品隐患；三是自大者狐假虎威，目中无人；四是裙带关系复杂，想管不敢管。黄惠明认为，要管理好厨房，一是建立规范的用人管理机制；二是厨房管理者要有丰富的临场管理经验和工作热情；三是厨师长要以自身实力赢得他人的尊重；四是思维要清醒，大胆放权，管大放小，管好自己，理顺他人。

黄惠明参加全国旅游饭店厨师长管理专业学习班，除了与全国各地旅游饭店精英厨师长们切磋烹饪技能外，非常重视对厨房管理知识的学习。这些学员都是全国旅游饭店厨师长精英，有丰富的厨房管理经验，黄惠明善于倾听，与同伴的交流极大地拓宽了他的视野。黄惠明将所学总结出来：一是厨师人人平等，工作分配要得当；二是厨师长惩罚下属要讲艺术，罚款不是万能的；三是厨师长要以诚相待，理解和帮助下属；四是晋升机制要设计好，让厨师们看到希望和前途；五是厨师长要鼓励创新，尤其是要多鼓励年轻厨师多学习；六是厨师长要把员工当成自家兄弟，工作、生活上都要关心。厨房管理不只是管理好手下厨师这么简单，它是一个系统工程。黄惠明认识到，厨房是餐饮的核心，厨房的管理是餐饮管理的重要组成部分，厨房的管理水平和出品质量直接影响餐饮的特色、经营及效益。

中国餐饮界有一位名叫沈青的传奇人物，退休前是科技工作者，发明了首例专利菜肴扒猪脸，这道菜使用了现代的加工设备对猪头进行标准化加工，打破了传统中餐做菜要靠专业厨师的概念。这让黄惠明确定了菜品标准化的想法，于是他就此着手菜谱的标准化整理，第一批有48道“天下第十八福地郴州创新地方风味特色菜”和50道“天下第十八福地郴州创新地方风味家常菜”。

华夏之星奖牌

小天鹅展位留影

北京连锁经营博览会参观金三元扒猪脸

2002年秋，中国餐饮研究院联合中国餐饮管理学院、中国餐饮杂志社共同举办2002年度“全国餐饮管理华夏之星”评选活动。活动一经启动，参与申报者甚多。

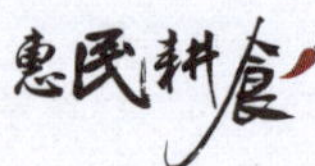

黄惠明把8年的管理经验整理成资料参与报名，被授予“2002年度全国餐饮管理华夏之星杰出餐饮管理奖”，参与授奖的还有山东高青迎宾馆程环先生。

第十六章 获得中国烹饪名师的称号

中国烹饪名师是中国烹饪协会授予行业专业技术人才的荣誉称号，他们厨德高尚，厨艺高超，与时俱进，是当代中国烹饪主要菜系流派的代表人物，是促进行业发展的中坚力量，代表着我国烹饪技艺和文化的最新水平。2002年11月，中国烹饪协会15周年庆典，黄惠明随湖南代表团走进北京人民大会堂授奖。中国商业联合会、中国烹饪协会授予黄惠明“中国烹饪名师”的称号。

黄惠明从1981年在汝城三江口接触烹饪，到2002年11月被授予“中国烹饪名师”称号，这二十余年厨师之路，他从学徒成长为连锁餐饮行政总厨，从只会做家常菜到多次在国际赛事上得奖。这漫漫人生路中的酸甜苦辣咸，只有他自己知道。

人民大会堂请柬、菜单及邀请函等

第十七章 成立惠民厨艺研究中心

只一味地培育技术型人才已经跟不上时代的发展了，创新型人才才能适应未来的需要。2002年初，根据得月楼发展规划，黄惠明做出一个大胆的决定：成立厨政部和技术部，加强技术研究和培训，一是要把团队建在省城；二是要成立饮食研究机构。有了这个思路，黄惠明开始谋划并总结出了“团队发展，立足省城”的理念。他看到了长沙连锁餐饮发力的苗头，便去长沙拜访餐饮前辈，了解连锁店的管理，拓展人脉资源。经过充分的调研后，黄惠明心里有了底。回到郴州之后，他大力培训厨师，鼓励徒弟们去长沙闯业。徒弟们在郴州时只做湘南菜，对其他地方的菜系不熟悉。为解决这个问题，黄惠明成立了实操性研究机构，让徒弟们在理论的指导下操作，同时成立惠民厨艺研究中心，开展湘菜厨艺交流与创新活动。黄惠明认为“柴米油盐酱醋料”是每位厨师的基本功，于是印发了内部资料《识得生活七件大事：柴米油盐酱醋料》，分发给所有的徒弟。

惠民厨艺工作室成员集体合影

得月楼实操培训

识得生活七件大事：柴米油盐酱醋料

一、柴

柴，即柴火，可以点着火的植物原料。柴为七件大事之首，承担着延续人间烟火的历史重任。家中有粮，心中不慌；家中无柴，急得发慌。柴火浑身是宝，用柴火做出来的饭菜特别香甜，烧完后形成的草木灰更是天然的有机肥。现在生活条件改善了，很多人不再用柴火烧水、做饭、取暖了。老人们说，烧柴火烧了几千年，现在突然变了，还真有点不适应。

二、米

米，即稻米，又名大米、嘉蔬。米是农耕文化的产物。稻米中的蛋白质主要是米精蛋白，易于消化吸收，无论是家庭用餐还是去餐馆就餐，米饭都是必不可少的。大米中各种营养素含量虽不是很高，但因人们食用量大，故其也具有很高的营养价值，是补充营养素的基础食物。稻米按照品种类型、粒型、粒质分为籼米、粳米和糯米三类。籼米是我国南方出产最多的一种稻米，以广东、湖南、湖北、江西、四川等省份为主要产区。糯米又叫江米，是家常经常用来做糍粑的米，因其香糯黏滑，常被用以制成风味小吃，深受大家喜爱。逢年过节很多地方都有打糍粑、炸糯米油糍、做腊肉饭、吃年糕的习俗。

三、油

从事厨师行业的人都知道，油有很多种，猪油、茶油、菜籽油、花生油、芝麻油，都可用于烹调菜肴。我特别钟情于猪油，时常用猪油做酱油拌饭，忆苦思甜。猪肉也可补益肾精。

农家茶油

四、盐

民以食为天，菜以盐为本。盐是七滋八味中最基础的味道，盐是“百味之王”之主。在菜肴中加入盐，不仅增鲜提味，还有防腐作用。

五、酱油

酱油是一种色香味俱佳而又营养丰富的调味料。在炒、蒸、煮或凉拌时，按照需要加入适量酱油，会使菜肴色泽诱人，香气扑鼻，味道鲜美。酱油中氨基酸的含量多达17种，还含有各种B族维生素和安全无毒的棕红色素。酱油有独特的酱香味道，口感介于老抽和生抽之间，可以用来给食品着色，红烧、酱爆时用得比较多。

六、醋

醋可以调和菜肴的滋味，软化骨肉纤维，增加菜肴的香气，提高菜肴的营养价值。能够调节和刺激食欲，促进消化吸收。在原料加工中可防止某些果蔬类“锈色”的发生，如煮藕等容易变色的蔬菜时放点醋，可以避免发黑。在炖肉时加点醋，可以使肉类食品更容易熟。酸味不适宜独行，但酸味的最大特点在于它能与多种味道交融组合，左右逢源。食醋味酸而醇厚，液香而柔和，是烹调必不可少的调味品。

七、料

料指食材，巧媳妇难做无米之炊。没有好的食材，就做不出好的菜肴，原料是菜肴的根本，滋味的源头，好食材做好菜，菜品是有魂魄的，食材是魂，厨艺是魄。

剁椒蒸鱼头

第十八章
出版《新派湘菜湘南特色菜》

在黄惠明看来，郴州、衡阳、永州同属一个文化圈，都是瑶族聚集的地方，菜品特点与瑶族人的生活习惯密切相关。黄惠明把这个区域定义为湘南菜区域，把郴州菜叫作湘南郴州菜。

湘南地方风味菜是在湘菜的基础上，吸收粤、川、赣、桂等地的饮食文化精华，形成用料广泛、口味浓郁、质感丰富的菜品，以煮、炒、蒸、煨、抖为烹调方法，口味酸辣、清鲜、鲜辣。湘南地区食材资源丰富，依山傍水，物产丰富，生态食材甚多，归纳起来可以分为十大类：湘南水产东江鱼系列，有东江三文鱼、东江翘嘴鱼等30多个品种；湘南山珍系列，有汝城花菇、桂东黄菌干、脆木耳、玉兰片、圣汤笋等；湘南农家放养禽畜系列，有瑶山花猪、山羊、四黄鸡、麻鸭等；瑶山农户腊制品系列，有临武鸭、清水鱼、淇江沉香鱼、汝城文明腊猪腿等；湘南山区瑶家、客家豆制品、腌菜、干菜、酸菜系列，有大山香干、嘉禾豆腐、汝城豆芽豆腐、虎皮豆干子、坛子菜、五福菜、神仙菜等；湘南辣椒、辣椒制品系列，有红烧辣酱、瑶魅酱、桂阳太和贡辣酱、临武大冲辣椒、嘉禾三味辣椒、江华酸辣酱、珍珠椒、瑶山酸椒等；湘南农家调味品系列，有土茶油、山苍子油、桂东花椒油等；湘南高山蔬菜、瓜果系列；湘南优质谷物系列，有野稻米、冷水米、香米、五谷杂粮；安仁中草药调味滋补系列，有枳壳、栀子、桔梗、玉竹、黄皮杜仲等。

汝城豆芽

油煮豆腐

湘南菜调味质朴，多用本味调味料，如辣椒、茶油、菜籽油、盐、酱油、豆豉等，极少用复合调味品。湘南地方风味融合酸与辣、剁椒与豆瓣等，组合成特殊风味与口感，让人耳目一新。湘南菜善用蒜，菜肴起锅时拍碎蒜撒入菜中，味道别具一格。口味以酸辣、清鲜、鲜辣为主，讲究浓郁开胃和适口，汝城、宜章、临武菜近广东味喜淡，其他县市口味浓郁厚重，偏辣、偏重。食材讲究搭配，荤与素、脆与脆、鲜与嫩、家常原料与外来海鲜原料等有机组合。湘南菜底蕴深厚，菜品丰富，有千款之多，最具特色的有东安鸡、临武鸭、桂阳坛子肉、血鸭、祝师傅板鸭等，还有郴阳古八景宴、汝城古八景宴、安仁古八景宴、桂阳古八景宴、永兴古八景宴、资兴古八景宴、宜章古八景宴、生态翠竹宴等。

黄惠明深入挖掘特色菜品，整理了一本湘南菜谱。他把自己曾经做过的郴州菜都

湘南宴席图

湘南物产图

整理出来，再加上一些永州、衡阳的名菜，就成了一部“湘南特色菜”。为了让读者更直观地学习这些菜品，黄惠明制作了示范性教学视频。最终这本《新派湘菜湘南特色菜》由湖南省食文化研究会、湖南得月酒店管理有限公司、北京中轻生活音像出版社联合录制，由北京中轻生活音像出版社出版发行。出镜人物是中国烹饪名师、湘菜名师黄惠明，菜品有霸王水鱼、鸭肝酱凤尾茄子、鸭肝酱啫青笋、鸭肝酱啫鲍鱼菇、鱼椒焖牛肉、鱼椒金沙虾等20道。

《新派湘菜湘南特色菜》光盘

黄惠明视烹饪为生命，不断努力进取，经过多年的学习和实践，先后研发了郴阳古八景宴等湖南地方风味文化大餐。他的文章《初探湘菜发展新思路》获全国餐饮论文一等奖，其作品在《中国烹饪》《东方美食》等多家媒体上发表。

第十九章
参加湖南省第四届烹饪大赛

进入21世纪，餐饮业的繁荣成为市场兴旺的晴雨表，餐饮业是国民经济发展新的增长点，是扩大内需的重要支柱产业，是吸纳社会就业的重要渠道，也是居民休闲、社交、旅游、日常消费的重要组成部分，是发展市场经济、从事商务活动的重要场所。湘菜作为餐饮业的重要品牌，是湖南餐饮业的集中代表，它作为全国八大菜系之一，积淀着深厚的湖湘文化，是湖南人性情、个性、志气的集中表现。

2003年初，由湖南省政协领导牵头，省烹饪协会等单位及相关专家组成“加快湘菜产业发展”调研课题组，先后到长沙、株洲、湘潭、常德、张家界、岳阳等市商贸主管部门、餐饮企业烹饪学校、省直有关单位进行调研，组成专门班子前往北京、上海、广东、四川等地学习考察，走访了30多家单位、企业，召开了100多人次参加的座谈会30多个，还联合省城市社会经济调查队，对长沙市区500名有代表性的消费者进行了在外就餐的抽样调查，形成了加快湘菜产业发展调研报告，省政协办公厅、省内贸办、省烹饪协会联合召开“加快湘菜产业发展”新闻发布会，向全省报告了湘菜产业化系列活动的目的、进展和目标，全省迅速掀起了一轮“加快湘菜产业发展”的热潮。

黄惠明与石荫祥大师合影

黄惠明与王桃珍秘书长和中国烹饪协会领导合影

惠民厨艺参赛团队合影

黄惠明与许菊云大师蓉园宾馆合影

2003年9月，湖南省第四届烹饪大赛正式开始，吸引了数百名选手参加，有热菜、面点、冷拼、食雕4个项目，产生金牌64枚、银牌77枚、铜牌86枚，其中3人获湖南省技术能手称号，9人晋升为技师。黄惠明及其团队代表郴州得月楼参赛，大获全胜，取得了5块奖牌，自此得月楼酒家在湖南餐饮界名声大振。黄惠明的一道“火焰双脆掌中宝”荣获金奖，“富贵墨鱼桂圆虾”荣获银奖。黄惠明的徒弟谷盛做的“珍珠玉扇”“金沙龙眼鳜鱼球”获得热菜类铜奖。徒弟康满华参加了食品雕刻比赛，以琼脂、鲜花草、胡萝卜、白萝卜为原料，雕刻了一匹在原野上奔腾的碧绿色宝马，底座上刻“马到成功”四个字，栩栩如生，形态真实，名为“一马当先”，荣获铜奖。

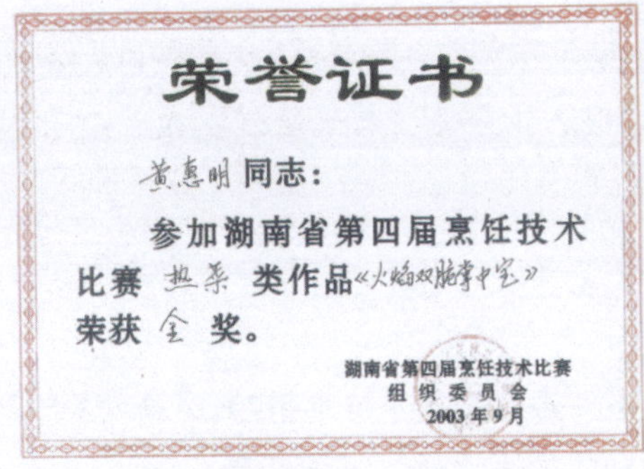

荣誉证书

黄惠明 同志：

参加湖南省第四届烹饪技术比赛 热菜 类作品《火焰双脆掌中宝》荣获 金 奖。

湖南省第四届烹饪技术比赛
组织委员会
2003年9月

黄惠明金奖证书

得月喜宴荣获湖南名宴

- **火焰双脆掌中宝**

原料：掌中宝200克，脆笋100克，黄螺180克，野山椒50克，荷叶1张，锡纸1张，酒精20克，精盐200克，色拉油30克，味精2克，陈醋10克，姜丁20克，葱花30克，湿淀粉25克。

制作方法：①先将掌中宝卤制入味，脆笋、黄螺分别用鸡汤煨好。②野山椒煸炒，放入以上原料炒匀调味，勾芡即可装入荷叶、锡纸包内。③把精盐炒热围在纸包外，酒精淋放在四周，点燃上桌。

成菜特点：造型美观，口味酸辣，质地脆爽。

- **富贵墨鱼桂圆虾**

原料：竹节虾250克，桂圆50克，肥膘50克，墨鱼崽150克，蛋黄5只，鲜鸡蛋

3只，西蓝花100克，面包糠100克，威化纸10张，精盐3克，色拉油1000克（实耗50克），味精2克，姜5克，葱5克，干淀粉50克。

制作方法：①将大虾去壳、头、虾线，与肥膘一起捶成蓉，调味制成虾胶。②虾胶挤成丸子状，包入桂圆肉，滚上淀粉用威化纸包成石榴状，拖蛋液拍面包糠，炸成黄色时捞出。③墨鱼崽焯水酿入虾胶，盖半个蛋黄，蒸熟后分别摆放好，勾透明芡即可。

成菜特点：一菜双味，墨鱼鲜香滑嫩，大虾酥香爽口，别具风味。

• 珍珠玉扇

原料：鱼胶150克，竹笋14根，日本豆腐2块，芦笋14根，菜薹6颗，黑珍珠50克，玉米50克，精盐3克，色拉油30克，味精2克，白糖1克，湿淀粉20克。

制作方法：①竹笋切成长段，用开水泡发，反复焯水冲洗去异味。②竹笋剪开酿入鱼胶整理成扇形，日本豆腐切成厚圆片摆放在其中，入蒸柜蒸5分钟取出。③芦笋、菜薹焯水入味后，摆放在盘中，整理成扇形。④珍珠、玉米烩好，盛于扇子柄上，再勾玻璃芡，淋在竹笋上即成。

成菜特点：色彩悦目，清香滑嫩。

• 金沙龙眼鳜鱼球

原料：鳜鱼600克，肥肉150克，桂圆肉50克，粉丝20克，鲜鸡蛋2只，精盐3克，色拉油1000克（实耗50克），味精3克，面包糠30克，姜、葱、料酒适量。

制作方法：①将鳜鱼取整头尾，姜葱腌制，拍干淀粉，炸至定型备用。②鱼肉去骨，取净肉用姜、葱腌制一下。③把鱼肉与肥膘剁成蓉，调味搅打成鱼胶，入冰箱冷冻半小时。④鱼胶挤成丸，酿入桂圆肉，拖蛋液拍面包糠成鱼球，粉丝先炸好垫在龙船底部。⑤炒锅烧油至四成熟，放入鱼球炸至金黄色捞出，摆放在龙船上，再放鱼头鱼尾。

成菜特点：酥香脆嫩，果香味浓，造型大气美观。

第二十章
制定“天下第十八福地郴州创新地方风味家常菜”

黄惠明制定了50道“天下第十八福地郴州创新地方风味家常菜”。

• **美味鸡** 烹调方法：浸泡

主料：麻仔鸡900克（光鸡重量）。

配料：沙姜粉3克，葱20克，姜10克，红椒米20克。

调料：姜蓉30克，盐焗鸡粉2克，鸡精水2克，红油20克，料酒10克。

工艺流程：选料—挖肚—清洗—焯水—浸泡—冷却—改刀—装盘—浇汁—上桌。

烹饪制作：选光鸡约1.8斤重的麻鸡，从肛门处掏空内脏；将鸡内外清洗干净；烧开水，鸡入沸水中烫至皮硬，捞出沥干水分并清洗表面污秽。汤卤制法：在5斤清水中依次放入沙姜粉、生姜、料酒、盐，待烧开后调好口味，略偏咸；将鸡放入后改小火，保持微开，浸泡15分钟，用竹针插入大腿肉内，无血水流出即熟。然后捞出，刷上香油，冷却。鸡一定要冷却后再改刀，否则成型较差，刀面不整齐。将鸡按拼黄金鸡的方法，摆拼成型并装好盘。浇汁的制作：先将姜蓉放盐焗粉、鸡精水、红椒米、料酒倒入拌匀，再放入红油即成，上菜时浇遍上桌。

制作关键：鸡要浸泡好，不宜大火，否则成型差、口感差；卤鸡的汤水可以长期保留下来，但要注意保管；砍鸡要冷却后，再砍最好进冷柜冰一下，口感更佳。

成菜特点：色泽亮丽，口味咸鲜微辣，质地嫩滑，美味可口。

• **巧烹仔龙鸡** 烹调方法：铁煲

主料：活鳝鱼400克，鸡半只（约400克）。

配料：仔姜50克，葱20克，鲜红椒50克，野山椒20克，紫苏10克，洋葱丝10克，生蒜25克。

调料：鸡精水10克，桂林辣酱10克，茶油100克，陈醋10克，蚝油10克。

工艺流程：选料—宰杀—切配—烹制—装煲—上桌。

烹饪制作：活鳝鱼宰杀去内脏，切成二段；鸡砍成条状，腌制入味；仔姜切粗丝，葱切段，鲜红椒切段，野山椒切粒；锅烧热滑油，烧油至五成热，鳝鱼滑油捞出；锅留底油，将桂林酱爆香，入鳝鱼炒匀调味烹，加入陈醋、酱油、紫苏，炒至鳝鱼酱红色滑嫩时倒在水煮碗内；锅洗干净滑油，烧油至五成热，将鸡条滑油，沥干；锅留底油，将鲜红椒段炒一下，依次下入其他配料，鸡肉翻炒，调味，不放水，煸炒出香味后，烹陈醋，蚝油，放鳝鱼炒匀，淋生茶油，加入生蒜，装在烧热淋油垫有洋葱丝的铁煲内即成。

成菜特点：鲜嫩味美，色泽红亮。

• 开胃猪里脊 烹调方法：汆

主料：猪里脊肉200克，西红柿400克。

配料：青椒20克，干椒粉5克，蛋清粉。

调料：盐5克，味精，3克，陈醋10克，色拉油50克。

工艺流程：选料—清洗—改刀—腌制—烹制—装盘—上桌。

烹饪制作：选新鲜的里脊肉和西红柿；猪里脊肉改刀成1.5厘米宽、0.15厘米厚、4厘米长的片，西红柿改刀成厚片（高档宴席则要求去皮），青椒改刀成4～6片；将肉片漂洗去血污并吸去表面水分，然后用盐、味精、料酒腌制入味，再沥去多余的水分，放入蛋清粉拌匀，再加入干淀粉抓匀，最后加10克油和匀；锅上火，烧热滑油，留底油放西红柿片煎软，然后加入水一勺，放盐、辣椒粉烧开，视其汤浓时，捞出西红柿垫在盘中，再进行调味，放味精、陈醋、青椒片烧开后，离火，放入肉片推进小火汆熟，将肉片捞出盖在西红柿上方堆成小山状，然后将汤注入盘内，青椒点缀其上，上桌。

制作关键：肉片要上好浆；调味要准确，鲜味、酸味、微辣；掌握火候和汤汁的浓度。

成菜特点：咸鲜，酸辣，开胃醒酒。

• 好香骨 烹调方法：炸

主料：猪仔排300克，好香粉5克。

配料：豆豉10克，花椒面5克，辣椒面5克，豆腐乳15克，味精2克。

调料：食盐5克，老姜片10克，葱2根，面包糠150克，色拉油1500克（实耗80克），花雕酒5克，鸡蛋1只。

工艺流程：选料—改刀—漂洗—松肉粉腌制—漂洗—码味—拍面包糠—炸—装

盘—点缀—上桌。

烹饪制作：将猪仔排砍成10厘米长、3厘米宽、1厘米厚的长段，用清水漂去血污备用，豆豉、豆腐乳（南乳）分别压成蓉，加入料酒，调匀放入盘中，排骨入姜汁、葱节、料酒码味约10分钟；把码入排骨内姜、葱去掉，然后放入盐、味精、辣椒面、花椒面、豆豉、豆腐乳汁拌匀，再将排骨拍上面包糠；锅上火烧油至五成热，依次放入排骨浸炸，熟透后起锅装盘即成。

制作关键：排骨必须新鲜，漂去血污和异味；拍粉要均匀，码味时要偏清淡；油温要把握好，先温油浸炸，再慢慢升高至油六成热。

成菜特点：色泽金黄，外酥里嫩，肉脆骨，味奇香，粗犷盛具别具一格。

- **鲜辣煮牛肚** 烹调方法：煮

主料：熟牛肚丝300克。

配料：榨菜丝50克，青椒丝、红椒丝50克，芹菜段30克。

调料：姜丝10克，野山椒50克，陈醋5克，盐6克，味精3克，色拉油50克，干椒粉5克，胡椒粉2克。

工艺流程：改刀—配份—烹制—装碗—上桌。

烹饪制作：将牛肚改刀成粗丝，其他配料改好刀并配份；牛肚在选料时，一定选新鲜的，煮制时不宜过头，牛肚要有弹性，咬得烂。锅上火烧热，滑油，留底油将牛肚爆炒出香味，然后加入清水，快速烧开，滚至汤色浓白色时，加入干椒粉、姜、盐、野山椒煮片刻后，再加入椒丝、榨菜丝、味精、芹菜、陈醋滚10秒钟，撒胡椒粉，淋5克油，装碗上桌。

制作关键：初加工的牛肚要有咬劲，否则口感差；牛肚爆炒出香味，汤汁要滚至浓白再放盐；半汤半菜，太干影响成菜质量。

成菜特点：咸鲜辣，味美可口，质感丰富。

- **船家肉** 烹调方法：炒

主料：里脊肉筋等边料200克，玉米棒1只。

配料：青椒100克，盐菜50克，蒜10个。

调料：料酒10克，剁椒15克，腐乳9克，味精5克，盐3克，酱油5克，色拉油100克。

工艺流程：选料—改刀—烹炒—装饰—上桌。

烹饪制作：肉边料改刀成条状，用腐乳将肉腌制；玉米棒改刀成1厘米厚的圆片，煮熟；干盐菜用开水泡发，青椒切滚刀块，蒜拍扁待用；锅上火滑油，将肉爆香后放酱油、味精，炒到金红色倒在碗内。同时将盐菜炒好，放剁椒炒；锅上火留底油，青椒爆炒入味，与肉盐菜稍炒，放生蒜，翻锅装碗，玉米片围边即成。

制作注意事项：肉不拉油，直接煸炒，不放水；青椒成菜时要翠绿，不能炒至过老；蒜要最后放，直接拍碎放入菜中。

成菜特点：色泽光亮，口味浓郁，为渔夫常食用的家常菜，故名。

- **牙签小鲫鱼** 烹调方法：炸

主料：小鲫鱼500克，牙签适量。

配料：蒜蓉50克，干椒50克，葱花15克，姜米30克，十三香5克。

调料：盐5克，味精3克，酱油5克，陈醋5克，淀粉20克，红油100克，色拉油（实耗50克）。

工艺流程：选料—宰杀—改刀—腌味—串制—炸—干炒—装盘—上桌。

烹饪制作：选用活的小鲫鱼仔；去鳞及头尾，破肚去内脏并清洗干净；将鱼仔对半片开，成2厘米宽、3～4厘米长的带骨块；改好刀的鱼用陈醋、盐腌制，入基本盐味，然后沥干水分，拌入干淀粉；用牙签将鱼串制好，一根牙签串一片；锅洗干净，烧油至六成热，依次将鱼串下锅吞炸，炸至酥香时捞出；锅上火烧热滑油，将蒜蓉、姜末煸香，然后放干椒炒香，依次下入鱼、十三香、味精、红油、陈醋、50克水，继续煸炒，色泽、口味均匀时，撒葱花，起锅装盘。

成菜特点：香酥微软，口感丰富，开胃前菜。

- **开门红（又称满堂红）** 烹调方法：扒

主料：雄鱼头750克，大红椒200克。

配料：五花肉末50克，酸豆角100克，姜葱各10克，料酒10克，剁椒20克。

调料：陈醋5克，精盐8克，味精4克，酱油5克，色拉油75克，胡椒粉2克，湿淀粉5克，泡椒水50克。

工艺流程：选料—初加工—腌制—烹制（炸及蒸）—炒酱汁—爆红椒—装盘—上桌。

烹饪制作：选用新鲜雄鱼头和肉较厚的红椒；雄鱼头去鳃和黑膜，清洗干净，红椒清洗去籽，改刀成大片，酸豆角切米；葱、姜、料酒、盐挤压成汁，雄鱼头腌制

10分钟；零餐点菜和酒席均使用先炸后蒸再扒汁的方法，锅烧油至六成热时，将腌制的雄鱼头拉油半分钟，捞出摆放在13寸浅式平盘内，入蒸笼蒸5～8分钟，熟透为度；锅烧热留底油，五花肉爆香入酱油炒上色，放酸豆角、剁椒炒好，加水100克，调味勾芡，浇在鱼头上；将红椒片四成油温拉一下油，留底油放盐、醋和泡椒水，稍炒进味，倒出拼摆在鱼头上，点缀香菜，即可上桌。

制作关键：鱼头腌制拉油味更香醇；红椒脆爽，色泽红亮。

成菜特点：色泽红亮，美味可口，气氛热烈。

• 白椒炒脆肠 烹调方法：炒

主料：白椒100克，脆肠（崽肠）300克。

配料：红椒条30克，葱段20克。

调料：盐3克，味精3克，陈醋2克，酱油2克，色拉油50克。

工艺流程：选料—初加工—配份—烹制—上桌。

烹饪制作：白椒要选用色白的，崽肠要新鲜无异味；白椒过咸后要先漂洗部分盐，再改刀成1厘米、3厘米长的段，崽肠改刀切0.8厘米宽、4厘米长的条，用盐、姜、葱、料酒腌制；按以上要求分品配好份；锅烧热滑油，再烧油至四成热，放入白椒炸至酥脆，捞出沥油，用一半围边；锅留底油，将崽肠爆炒调味，再放红椒条、葱段稍炒，放入剩下的一半白椒炒匀，装盘上桌。

制作关键：白椒要脆，崽肠要爆炒入味。

成菜特点：鲜辣脆爽，美味可口。

• 农户豆腐渣 烹调方法：煮

主料：鲜豆腐渣200克。

配料：十三香粉3克，青菜100克，肥瘦肉末100克。

调料：剁椒10克，鸡精水5克，蚝油5克，色拉油50克。

工艺流程：选料—改刀—烹制—上菜。

烹饪制作：选用新鲜的豆腐渣，无异味；青菜改刀成0.8厘米长的段；炒锅洗净，上火烧热滑油，留底油炒剁椒，放入豆腐渣稍炒，加骨头汤100克，烧煮后调味，放青菜炒匀，即可装盘上桌。

制作关键：剁椒及豆腐渣的质量要好；盐味把握好；成菜不干不湿。

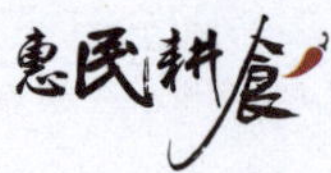

成菜特点：农家乡土风味，别具特色，口味咸鲜微辣。

- **豆花素蟹黄** 烹调方法：烩

主料：豆腐脑100克，盐鸭蛋黄2个。

配料：鸡蛋清2个。

调料：鸡精水10克，湿淀粉10克，鸡油10克，香菜叶5克。

工艺流程：选料—蛋黄蒸熟—研碎—烩—撒蛋黄—上桌。

烹饪制作：蛋黄要选金红色的，豆腐花要鲜嫩无异味的；盐蛋黄蒸熟，冷却后研碎成粒状；锅洗干净，放入清水150克，烧开调好盐味，豆腐脑烧开后放入鸡油，勾芡，离火淋入蛋清，用手轻轻搅动，使蛋花均匀；用大玻璃盅盛蛋花豆花羹，撒蛋黄粒，中间点缀香菜上桌。

制作关键：锅刷洗干净，保证在制作时边沿无烧焦状，否则会导致色泽较差，口味有焦味；装盘及搅动时要轻轻操作，保持成型美观。

成菜特点：咸鲜滑嫩，清热去火，美味可口。

- **芹菜黑山羊** 烹调方法：煮

主料：带皮黑山羊300克。

配料：芹菜60克，小红椒30克，姜20克，干椒10克。

调料：盐5克，味精2克，茶油10克，色拉油50克，胡椒粉1克。

工艺流程：选料—改刀—烹制—上桌。

烹饪制作：羊肉改刀成不规则的片状，芹菜改刀成4厘米段，小红椒改刀成条状；羊肉下入滑油的锅中煸炒，去异味、增香味，注入清水，大火烧开滚至汤水发白后，放干椒烧出辣味。将部分干椒捞出，调味，放芹菜煮熟即可装盘上桌，淋少许生茶油。

制作关键：煮制羊肉至汤白时不能放盐，否则肉质较老；煮羊肉注入清水要足，不能中途加水。

成菜特点：半汤半菜，色泽艳丽，咸鲜辣并重，营养丰富。

- **铁板素三丝（银丝卷）** 烹调方法：铁板烧

主料：魔芋丝1盒，胡萝卜丝100克，韭黄50克。

配料：野山椒50克。

调料：鸡精水5克，色拉油50克，陈醋10克。

工艺流程：选料—初加工—配份—烹制—上桌。

烹饪制作：魔芋丝脆，胡萝卜丝嫩、脆，韭黄嫩，野山椒色泽黄亮。魔芋丝漂洗焯水待用，萝卜丝为5厘米长的中丝，韭黄改刀成5厘米长段，野山椒切成米；按以上要求分别配好份；炒锅上火滑油，煸炒魔芋丝、萝卜丝、野山椒，烹少许醋，调味，放少许汤稍焖，待汁快焖干时放韭黄，炒匀倒在加热的铁板上。

制作关键：烹制时要掌握火候，保持成菜的质地脆嫩。

成菜特点：色泽亮丽，质地脆爽，口味鲜香微辣。

• 外婆鸭 烹调方法：煲或煮

主料：洋鸭或仔鸭400克。

配料：饭筋300克，仔姜片30克，红椒片、青椒片50克。

调料：芹菜30克，野山椒30克，盐5克，味精2克，茶油65克。

饭筋是瑶山的一种民间小吃，用蒸软的白米饭加红薯淀粉捣烂和成团后，用擀面杖压实上劲，再搓成长条形，改刀成4厘米的条状或切片状，可用甜酒糟鸡蛋烩制成小吃，也可用来烹制菜肴。

工艺流程：选料—初加工—烹制—上桌。

烹饪制作：用鸭一定要新鲜，饭筋要口感有劲；饭筋改刀成0.3厘米的大片，鸭砍成长条块，饭筋煮熟漂水；锅上火烧热滑油，加生茶油煸炒鸭块，倒水以盖过鸭片1厘米为准，大火烧开焖煮，滚成白色浓汤时放入砂煲内，继续煲约5分钟，放入调味品，依次放入姜、青红椒、野山椒、饭筋、芹菜，烧开，点缀香菜，即可上桌。

制作关键：煸炒鸭要中火进行，以免锅烧得大红而产生异味，造成口味不纯正；原料的投放要严格按程序；成菜标准是半汤半菜，汤汁蛋白，鲜味十足，质感丰富。

成菜特点：色泽鲜亮，美味可口，绿色食品，风味独特。盛器为土钵子。

• 天仙配 烹调方法：炖

主料：羊肉200克，鱼块600克。

配料：青椒20克，姜片10克，蒜50克，西红柿100克。

调料：盐3克，味精2克，色拉油50克。

工艺流程：选料—改刀—配份—漂洗—烹制—上桌。

烹饪制作：羊肉改刀成薄片，青椒切滚刀块，鱼块去龙骨改刀成骨牌状，头尾留用，西红柿改刀成橘瓣状，蒜拍碎；按照以上用料配份；鱼肉、羊肉用清水漂洗去净血污；鱼头、鱼尾及背脊骨先煎一下，加清水大火滚成奶汤后，捞出鱼渣，调好口味，依次加入西红柿、鱼块、青椒，小火浸煮至熟入味后，放入羊肉汆煮，放生蒜，装在锅仔内上桌。

制作关键：掌握下料的先后次序，使鱼肉及羊肉鲜嫩又入味；汤汁的盐味重一点，肉质口味才鲜美。

成菜特点：汤鲜肉嫩，清香味美。

- **田园素食** 烹调方法：干炒

主料：荷塘莲藕500克，芝麻100克。

配料：干椒20克，葱段20克，鸡蛋1个，淀粉30克，鲜椒丝10克。

调料：精盐3克，香油5克，花椒油3克，鸡精水3克（香辣味）。

工艺流程：选料—初加工—切粗丝—盐腌—上浆拍芝麻—炸定型—干炒—装盘上桌。

烹饪制作：莲藕去皮洗干净，切成4厘米长的段，再改刀成粗丝；藕丝用清水漂洗，用盐腌5分钟，沥干水分，挤干，加入鸡蛋、干淀粉拌匀，再沥干，撒入芝麻拌匀；锅上火烧油至五成热时，依次将藕抖撒入锅中炸至成型，表皮硬脆呈金黄色时捞出；锅留底油炒葱段，煸出葱油后去掉葱，入干椒丝煸炒，再依次放入鲜椒丝、鸡精水、香油、花椒油、藕丝炒匀，撒几根葱段，点缀即可。此为香辣味做法。香甜味则放蜂蜜、白糖炒溶化，放少量水，然后放藕丝拌匀即可。

成菜特点：香辣味型香辣脆鲜，色泽艳丽，口感丰富；香甜味型甜香脆嫩，老少皆宜。

- **巧烹爽滑球** 烹调方法：烹

主料：茄子250克，肉蓉75克。

配料：鸡蛋2只，淀粉50克，面粉50克，姜、葱、红椒丝50克，清汤100克。

调料：鸡精水10克，猪油5克，蒜蓉50克，色拉油750克。

工艺流程：选料—去皮—拉油—拌蓉—制球—炸—烹—上桌。

烹饪制作：茄子去皮切大块，拉油浸炸至熟，捞出沥油；将茄子抖成蓉，依次下入鸡蛋、肉蓉、淀粉、面粉拌匀；蛋清打成蛋泡糊与茄蓉搅拌成馅蓉；锅上火烧油至五成热，依次将茄蓉挤成2.5厘米大小的球形，放入油锅炸至定型，捞出摆放在鲍鱼盘中；清汤烧开，调味，淋在茄球上，撒上金蒜蓉和葱姜丝即成。

成菜特点：爽滑香鲜，味美可口，夏令佳肴，老少皆宜。

• **荷包瑶家肉（又名瑶家香包肉）** 烹调方法：蒸

主料：三层五花肉0.8斤，荷叶3张。

配料：籼米粉60克，卜豆角50克，豆豉10克。

调料：五香粉5克，酱油5克，姜粒10克，葱花20克，味精2克，干椒粉3克，盐3克。

工艺流程：选料—初加工—切配—腌制—包扎—蒸—上桌。

荷包瑶家肉

烹饪制作：五花肉烙去皮面残毛，刮洗干净，改刀成6厘米长、3厘米宽、0.3厘米厚的长方片，用盐抓匀入味，放入米粉、干椒米、酱油、姜、葱、味精、五香粉、豆豉调好味，待用，荷叶煮软，用刀均匀分成3片/张；把荷叶摊开，中间放一片肉，上放6根豆角，再放一块肉盖好，包扎起来，依次包完，码放在碗中；用扣碗入蒸笼蒸1小时，即可端出扣在13寸腰碟品竹排上，点缀花卉上桌。

制作关键：花香味突出，选用质量上乘的荷叶，鲜荷叶更好；拌制米粉肉时盐味要足，否则香味不浓。

成菜特点：肉质鲜香，软糯可口，肥而不腻，瑶山风情。

• **辣炒干小笋** 烹调方法：炒

主料：干小笋100克。

配料：红椒丝50克，干椒粉5克，葱段10克，五花肉丝100克。

调料：盐5克，味精3克，猪油75克。

工艺流程：选料—浸发—摘洗—手撕—焯水—烹调—装盘—上桌。

烹饪制作：小笋放在开水盘中浸泡6小时至软；再煮泡发的小笋，用手撕成长丝，去掉老的部位，炒锅上火，烧水至沸，放入盐、料酒，小笋焯水，捞出沥干；炒

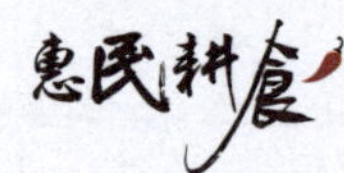

锅洗净，滑油，放入猪油，放入五花肉丝煸香酥，放入干笋煸炒，依次放干椒粉、盐、味精、红椒丝炒匀，烹入50克汤回润，放葱段炒匀，装在7寸玻璃鲍鱼盘中。

制作关键：一定要保证小笋的质量嫩，用手撕成丝。

成菜特点：家常口味，小笋质嫩无渣，下酒下饭均宜。

- **盐菜烧工程鲫鱼** 烹调方法：烧

主料：鲫鱼1条，约500克。

配料：干盐菜100克，干椒30克，葱段50克，干淀粉20克。

调料：盐5克，味精3克，色拉油500克（实耗75克），料酒5克，胡椒粉2克，酱油3克。

工艺流程：选料—初加工—拉油—焖—炝干椒及葱—上桌。

烹饪制作：鱼宰杀破肚，去内脏及黑膜，肉厚处剞柳叶花刀；盐菜提前水发至软；鱼用葱、姜、料酒腌5分钟后，再抹少许干淀粉；锅上火烧油至六成热时，放入鱼高温浸炸至外酥里嫩；盐菜煸炒至香后放入汤300克，鱼焖约3分钟，调好味，起锅放在鱼形盘中，盐菜放四周，汤汁注入盘内；另起锅将干椒炝锅，放于鱼身上，青椒段放在最上方，摆放整齐，将油淋在葱上即成。

制作关键：鱼生腌后待下锅炸时，再抹少许淀粉，便于炸制；鱼要烧透入味，用桂东干盐菜制作，风味尤佳。

成菜特点：咸鲜辣香，独具风味。

- **干豆角煲酥鱼** 烹调方法：煲

主料：鲩鱼1条（约600克）。

配料：干豆角100克（水发备用），鸡蛋1只，葱5克，姜丝5克。

调料：剁椒50克，干椒3克，盐3克，酱油3克，干淀粉20克，色拉油75克，胡椒2克。

工艺流程：选料—初加工—配份—烹制—煲—上桌。

烹饪制作：干豆角要精选质脆、咸味适中的，鲩鱼要鲜活；鱼宰杀去鳞和内脏，清洗干净，改刀成瓦块厚片，然后将鱼腌制入味；干豆角水发不宜过头，以脆嫩为度；按要求分别配份；锅烧油至五成半热时，将鱼块沥干水分放入蛋液和淀粉拌匀，浸炸至酥香，色呈金黄和浅黄时捞出；锅留底油，把干豆角炒香入味，倒出待用；锅中下油煸香剁椒，放入汤汁500克，放入鱼调好味，稍焖入味，鱼肉条软时，下入干豆角煲片刻，倒入煲内，烧热上桌。

制作关键：掌握火候，鱼块成型完整。

成菜特点：口味咸、鲜、辣，食欲诱人。

- **爆炒顺风** 烹调方法：爆炒

选用地道的高原牦牛耳朵，经涨发改刀，爆炒而成，其质感丰富，脆嫩爽口。

主料：水发牦牛耳朵200克。

配料：芹菜50克，姜片10克，艳红椒（红野山椒）30克。

调料：鸡精水3克，陈醋2克，色拉油40克。

工艺流程：选料—初加工—炒—装盘—上桌。

烹饪制作：精选干制的牦牛耳朵，色泽浅黄；将牦牛耳朵温水清洗一遍，用热水泡软，沥干水分，入锅中煮发，原汁浸泡2小时，再沥干水分，清洗干净，再煮至沸，端离火源浸发，再煮再浸发，直至浸发至牦牛耳朵有弹性、无硬块。待其脆嫩即可进行加工，按照要求改刀成薄片，先用油盐水焯水漂尽碱味；锅上火烧热滑油，牦牛耳朵拉油，锅留底油，放姜片、泡椒炒香，再放蚝油耳朵爆炒，调好味，放芹菜炒熟即可装盘上桌。

制作关键：牦牛耳朵泡发到位，又不能过度；爆炒时不宜加水，直接爆炒成菜。

成菜特点：色泽亮丽，脆嫩香辣，美味可口。

- **香汁上海青** 烹调方法：炒

南岭瑶族地区盛产霉豆腐，通常喜用白菜或青菜垫底来制作这种菜品。

主料：上海青400克。

配料：蒜蓉10克。

调料：霉豆腐3块，猪油50克。

工艺流程：选料—清洗—改刀—炒—上菜。

烹饪制作：用粗大的上海青及本地的霉豆腐乳；用盐水浸泡15分钟，再清洗干净；上海青改刀成1厘米长的段；锅洗干净，将腐乳置于锅中放油和水搅匀研碎，下入上海青炒熟，调好味即可装盘上桌。

制作关键：选用好的腐乳，带少许汤汁上桌。

成菜特点：咸鲜浓郁，嫩脆可口，地方风味浓郁。

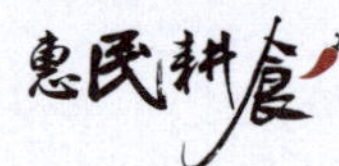

• 风味菜薹 烹调方法：炒

红菜薹、白菜薹是人们经常用的时令小菜，常使用清炒的方法，但此菜改良了传统口味。

主料：菜薹500克。

配料：姜、葱、蒜米各5克。

调料：剁椒6克，豆瓣酱10克，白糖5克，白醋10克，鸡精2克，猪油50克。

工艺流程：选料—初加工—炒—上桌。

烹饪制作：用新鲜脆嫩的本地菜薹；将菜薹折成6厘米长的段，清洗干净；锅洗净放入猪油，煸炒姜、葱、蒜米、剁椒、豆瓣酱至香，放入菜薹炒匀至熟，调好味，装在荷花碗内上桌。

成菜特点：咸鲜辣酸，回甜，别具风味。

• 荷香豆豉米粉鱼 烹调方法：扣

小鲫鱼价廉，据汝城县制作小干鱼的烹饪方法加以改良，开发了这道具有地方色彩的风味菜。

主料：鲫鱼1条500克，修边荷叶1张。

配料：米粉30克，姜、葱各20克，干椒10克，五香粉1克，黑豆豉30克，骨头汤50克。

调料：生抽3克，料酒5克，鸡精水3克，色拉油50克。

工艺流程：选料—宰杀—去内脏—腌制—炸—扣蒸—反扣上桌。

烹饪制作：小鲫鱼仔去内脏、头尾，腌制入味，沥干腌渍汁；锅烧热油，鱼拌米粉、五香粉，入油锅浸炸至浅黄色，酥香时捞出。鱼扣入垫有荷叶的碗内，将豆豉、姜粒、干椒用茶油爆香，盖在鱼上面，上菜时再入蒸笼蒸20分钟至酥软为度，从蒸笼拿出，反扣在浅式多角碗内，点缀香菜上桌。

制作关键：米粉不宜过多，否则不清爽；油炸时油温保持在五六成温度，过高、过低均会影响质量；蒸时要蒸透软，临时加工用高压锅蒸。

成菜特点：口味浓郁，酥软可口，地方特色浓，风味独特。

• 瑶家风味鸭肝（又名祝师傅鸭肝、汝城迷你肝） 烹调方法：炒

鸭肝经风吹日晒精制而成，有奇特的香味，加上制作方法的特别，先蒸后炒，保

证原汁原味和口感丰富，别具一格。

主料：风鸭肝150克，干椒50克。

配料：青蒜（蒜）50克，姜粒10克。

调料：酱油3克，味精1克，茶油50克。

工艺流程：选料—清洗—改刀—蒸—炒制—上桌。

烹饪制作：风干的板鸭肝开水浸洗1分钟；鸭肝改刀成3厘米的薄片，青蒜切1厘米的段，按配份标准配好份；鸭肝用盛器装好，入蒸笼蒸熟再取出备用；锅上火滑油，煸炒姜粒、鸭肝，放入酱、料酒，焗香入味，倒出。锅中下入茶油，煸炒青蒜、干椒，调好味，下鸭肝炒均匀，即可装盘。

制作关键：选料要准确，不宜咸。

成菜特点：奇香扑鼻，美味可口。

• 雷公山美食伞 烹调方法：煲

雷公山风景秀丽，盛产黑花色、个大、厚肉、色深、味浓的伞状香菇，被人们称为“黑美食伞”，其富含氨基酸达18种之多，有润肺生津等多种功能。

主料：雷公山野生干香菇60克。

配料：冬笋100克，鸡肉丁50克。

调料：鸡精水3克，淀粉10克，猪油50克。

工艺流程：洗料—涨发—改刀—烹制—上桌。

烹饪制作：厚实的汝城野生干香菇温水浸泡至软；香菇去脚，大个的改刀，小个的不改刀，冬笋改刀成厚片，鸡肉改刀成小块；冬笋焯水待用，鸡肉煸炒，入香菇稍炒，加肉汤烧开，放冬笋，调好味，起锅装入煲仔内，烧开煲1分钟即可。

成菜特点：滑嫩爽口，美味咸鲜。

• 软炒大禾糍 烹调方法：炒

主料：大禾糍200克，白菜秆150克，腊肉丝50克。

配料：红椒丝20克，葱段10克。

调料：鸡精水5克，色拉油30克，湿淀粉10克。

工艺流程：选料—改刀—烹制—上菜。

大禾米糍

烹饪制作：用桂东三洞乡生产的糍粑；糍粑改刀成0.5厘米见方、4～5厘米长的条状；白菜秆切成同等大的条状；肉丝用鸡精水及淀粉上好浆；将大禾糍粑飞水至软，肉丝拉油，再炒白菜秆，放入所有原料调好味，勾少许芡即成。

制作关键：此菜粗料精作，讲究刀工，软炒时注意火候。

成菜特点：感香软滑。

• 酸辣黄菌 烹调方法：炒

酸辣是郴州人喜欢的口味。黄菌香味浓郁且脆爽，营养价值高，与酸萝卜同炒别具风味。

主料：黄菌80克。

配料：酸萝卜100克，红椒6片20克。

调料：鸡精水3克，蚝油2克，猪油30克，剁椒5克。

工艺流程：选料—涨发—清洗—改刀—烹制。

烹饪制作：选质量好的黄干菌，温水泡发；将黄菌清洗干净，挤干黄色水分；大块的黄菌改刀，小块不改刀；锅上火烧热滑油，煸炒黄菌，再放入红椒片、剁椒、酸萝卜炒匀，调好味，起锅装盘即成。

成菜特点：酸辣脆嫩，爽口开胃。

• 西红柿烧蛋 烹调方法：烧

口感丰富，主配料原味更突出。

主料：西红柿400克，鸡蛋4只。

调料：鸡精水5克，猪油75克。

工艺流程：选料—初加工—烹制—上桌。

烹饪制作：西红柿用开水烫过，去掉外皮，改刀成大块，鸡蛋去壳搅散；将蛋炒散出锅待用，锅留底油将西红柿炒熟，注入少许汤，依次放入鸡蛋，同烧制片刻，调味装盘即成。

制作关键：炒蛋时注意火候，不宜炒得过老；烧制时鸡蛋充分吸取汤汁。

成菜特点：色泽亮丽，口味香浓。

• 奶香薯仔 烹调方法：烹

乡土原料，西洋风味，别具一格。

主料：寿薯400克。

调料：盐4克，白糖30克，奶油30克，色拉油30克，干淀粉5克。

工艺流程：选料—去皮—清洗—改刀—腌制—炸—烹汁—上桌。

烹饪制作：将寿薯去皮洗净，改刀成2厘米大的长方块；寿薯用盐先拌匀，腌制10分钟；锅上火烧油至五成热时，将寿薯拌干淀粉，炸至熟透时捞出；锅放入清水和白糖，溶化后炒成糖液，加入奶油，烹制成菜即可。这种操作方法也可制作奶香土豆、奶香红薯、奶香香芋等菜品。

制作关键：炸时要炸透；炒糖时使用小火。

成菜特点：奶香四溢，土洋结合，风味犹存。

• 家乡排骨 烹调方法：煸炒

大量使用地方口味原料，更能适应家乡食客的口味，还能满足其他地域食客的猎奇需求。

主料：猪小排350克。

配料：红椒20克，野山椒20克，洋葱粒10克，葱白粒20克，干萝卜丁75克。

调料：鸡精水2克，料酒5克，十三香1克，酱油2克，茶油50克，豆瓣酱5克。

工艺流程：选料—改刀—漂洗—煸炒—调味—装盘上桌。

烹饪制作：猪小排漂去血水，挤干水分，从排骨的骨头处下刀，对半砍成条再改刀成约1.5厘米的见方块状；锅上火烧热滑油，留底油将排骨放入，煸炒至九成熟时，再放豆瓣酱、酱油、十三香、料酒、鸡精水、红椒粒、野山椒、洋葱粒、干萝卜丁炒香入味，淋茶油即可装盘上桌。

制作关键：干萝卜丁要选脆嫩的，涨发不宜过头。

成菜特点：排骨鲜嫩，湘南风味，口味浓郁。

• 卤水花豆 烹调方法：卤

相见人夸桂东美，多情莫忘花豆香。花豆通常用来炒肉或水煮，但卤制风味尤佳。

主料：花豆3000克。

配料：卤药1包，猪骨头1个（1000克）。

调料：精盐、鸡精适量，白糖少许。

工艺流程：涨发—卤制—分装上桌。

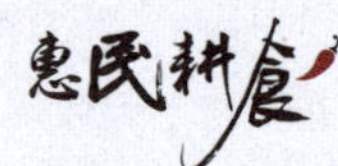

烹饪制作：将卤料放入桶内，加入清水，骨头熬制卤水并调好味，捞出骨头备用。卤水保持微沸，放入花豆卤制20分钟，捞出即可食用。

制作关键：卤水要熬制好；卤花豆时不宜大火。

成菜特点：咸香味美。

• 鱼椒墨鱼花 烹调方法：炒

墨鱼丸一般滚汤用，改刀炸制的墨鱼丸与鱼椒烹制，体现了海菜湘做的特色。

主料：墨鱼丸10个。

配料：鱼椒50克，姜10克，葱5克，蒜蓉5克，十三香1克。

调料：酱油2克，陈醋3克，鸡精水3克，色拉油50克，料酒5克。

工艺流程：选料—改刀—炸—炒—装盘上桌。

烹饪制作：墨鱼丸剞十字花刀，每个改刀成3片，拍淀粉使花刀分开。锅上火烧油至六成热，放入墨鱼炸成花状时捞出。锅留底油炒鱼椒、蒜蓉、姜蓉、十三香至香浓，放入墨鱼花调好味，炒匀即可。

制作关键：花刀要剞好，炸至定型。

成菜特点：香辣浓郁，口感丰富。

• 坛子肉烧香干 烹调方法：烧

坛子肉是湘南一大特产，被誉为郴州四件宝之一，口味香辣浓郁，与香干配伍，别具风味。

主料：坛子肉60克，香干150克。

配料：芹菜50克。调料：盐1克，味精2克，茶油20克。

工艺流程：选料—改刀—烧—装盘上桌。

烹饪制作：香干改刀成大片状。锅烧热滑油，香干走油。把香干与坛子肉同烧，调好口味，撒芹菜入砂锅内即可。

制作关键：选料要好，香干不宜多放盐，坛子肉偏咸，烧制时香干会充分吸收盐分。

成菜特点：香干软嫩，香辣适口。

• 鱼椒鸡 烹调方法：焖

得月飘香鸡的延伸创新菜品，用活鱼与老盐水浸泡而成的鱼椒，香辣浓郁，开胃醒酒。

主料：土仔鸡1斤。

配料：鱼椒60克，姜10克，葱3克，精卤水适量。

调料：鸡精水3克，豆瓣酱10克，茶油50克，料酒5克。

工艺流程：选料—鸡入卤水卤制—冷却改刀—焖制—装盘上桌。

烹饪制作：将土鸡用卤水卤好，改刀成条状。鱼椒改刀成段，姜、葱切成粒状。锅上火滑油，把鱼椒、豆瓣酱煸炒出红油，放姜粒、鸡块煸炒，烹料酒，少许汤调好味，焖干水分，装入盘中，点缀葱花上桌。

制作关键：精卤水卤制鸡时需慢火浸泡，使其入味。

成菜特点：油重色浓，口感香、辣、鲜，回味悠长。

- **新怀胎豆腐** 烹调方法：酿

主料：水豆腐3块。

配料：粉丝100克，肉末50克，马蹄50克，香菇粒30克，红椒粒30克，鸡蛋2只。

调料：鸡精水3克，蚝油2克，色拉油30克，干淀粉20克。

工艺流程：改刀—炸—翻皮—酿馅—挂粉浆—炸—烹汁—上桌。

烹饪制作：水豆腐改刀成四方大块，每块约3厘米见方。豆腐放入七成热油锅中浸炸，外皮硬挺时捞出，浸泡在冷水中回软，粉丝改刀成4厘米长的段，马蹄切成粒状。豆腐挖去内心，翻过来，里朝外待用。锅上火烧热滑油，下肉末及其他配料，炒入味，即成馅料。鸡蛋与淀粉搅拌均匀，再把馅料酿入豆腐内，挂蛋液，入五成热锅中炸至定型，即可摆放于盛器中。锅上火留底油，炒红椒粒，放蚝油、鸡精水及少许汤，调好味，勾玻璃芡烧在豆腐上即成。

制作关键：保持豆腐内馅料的爽滑。

成菜特点：外酥里爽，口味咸鲜。

- **野山椒鸡嗉煲** 烹调方法：煲

主料：净鸡嗉（食袋）250克，野山椒米20克。

配料：西红柿150克，红椒块10克。

调料：鸡精水10克，白醋5克，茶油75克，姜、葱各10克，香菜10克。

工艺流程：选料—初加工—煲—点缀上桌。

烹饪制作：鸡嗉大个的改一刀，小的不改刀，焯火搓干净。西红柿改刀成大片，垫煲底。锅上火滑油，煸姜、葱出香味，放入鸡嗉爆炒，烹料酒去腥味，加入野山椒米，汤烧开调好味，倒入煲内。将煲放火上烧开1分钟，撒香菜，淋10克生茶油上桌。

制作关键：原料量不多，要合理使用，如量太少，可与鸡杂共同制作，菜名为野山椒鸡胗煲。

成菜特点：酸辣开胃，鸡嗉脆嫩，风味独特。

• **开胃鸭肝（鸡肝）酱** 烹调方法：熬

用作味碟。

主料：鸭肝（鸡肝）500克，干贝100克，五花肉末100克，海鲜酱1瓶，香麻油50克。

配料：桂候酱1瓶，芝麻酱50克，番茄酱50克，红色辣椒面100克。

调料：盐10克，味精10克，鸡精5克，蚝油50克，料酒20克，茶油150克，姜葱各30克。

工艺流程：选料—漂洗—剁蓉—熬制—成品—包装。

烹饪制作：选无病菌的色泽鲜亮的好鸭肝（鸡肝），用刀剞去苦胆和筋膜。把鸭肝（鸡肝）用盛器装好，放入流动水中，浸泡20分钟，至无血水后，漂洗干净，沥干水分。将沥干水的鸭肝（鸡肝）用绞肉机绞碎成蓉，或者用刀剁成蓉备用，五花肉也绞成蓉。铁锅洗净烧七成热，冷油滑锅后倒出，烧锅至六成热，放茶油100克，姜、葱煸炒出香味，捞出姜、葱不要。将鸭肝（鸡肝）、五花肉蓉倒入，煸至酥香，烹入酒，依次放入干贝丝、辣椒面、酱料、盐、鸭肝等熬5分钟，转小火熬30分钟，不停搅拌，最后放味精、鸡精搅匀，倒在盛器内冷却，包装。

成菜特点：色泽棕红，味香浓辣鲜，开胃。

• **辣酱鸭下巴** 烹调方法：焗

主料：鸭下巴14个。

配料：辣妹子酱、蚝油各10克，十三香粉5克，料酒10克，生抽10克。

调料：淀粉10克，色拉油400克（实耗50克），姜、葱各20克。

工艺流程：收集—清洗—白煮—焗—装盘上桌。

烹饪制作：将鸭下巴清洗干净。锅上火爆香姜、葱，加入水和盐，将鸭下巴煮透。煮透的鸭下巴用生抽腌一下，拌少许淀粉。锅烧油至六成热，下入鸭下巴炸至外酥里嫩，沥油。锅烧热用葱煸香，捞出不用，依次放入辣妹子酱、蚝油、鸭下巴、十三香焗1分钟，即可装盘上桌。

成菜特点：香辣浓郁，色泽红亮。盛器为花篮。

• 迷你鱼仔 烹调方法：煸炒

主料：鲤鱼仔200克，松子100克。

配料：野山椒米100克，红椒米50克，葱米、姜米各20克。

调料：鸡精水10克，色拉油400克（实耗65克）。

工艺流程：选料—拉油—煸炒—成菜上桌。

烹饪制作：锅洗净滑油，将鱼仔沥干水分，走油至熟。松子炸好备用。再将椒米、姜米煸炒，放鱼仔炒匀调味，撒葱花、松子炒匀，装盘点缀上桌。

制作关键：鱼仔一定要煸至干香。

成菜特点：鲜辣咸香，口感丰富。盛器为10寸浅式平盘，黄瓜片围边。

• 风味麒麟鲜 烹调方法：冻

主料：鲤鱼600克，猪手250克，羊脚200克，香粉5克。

配料：姜葱各10克，干椒10克，料酒10克，西红柿150克。

调料：鸡精水10克，酱油5克，醋3克，胡椒粉3克，色拉油50克。

工艺流程：选料—初加工—烹制—装碗—冷藏—上桌刷香油。

烹饪制作：将鲤鱼去鳞，破肚冲洗干净，去背骨、头、尾，改刀待用。两边鱼肉带腰骨头改刀成3厘米见方的块，用葱、姜、料酒、盐腌渍待用。猪手、羊脚刮洗干净后，过油炸香，加水2000克入高压锅，熬成浓汤，沥渣待用。锅上火烧热滑油，留底油，将鱼头、鱼骨煎过，加少量水烧开熬出味，放浓汤和配料等调味，再小火熬香浓，过滤去渣。香浓的汤保持微开，依次将鱼块浸泡熟，倒出装入模具内。将模具入冷冻柜结冻，食用时翻扣于盘中，刷香油上桌。配醋、姜汁上席。

成菜特点：色泽晶莹明亮，微辣微酸，鲜美无比。佐以醋、姜汁上桌，是一道夏令佳肴。

• 开胃鱼片 烹调方法：烩

主料：草鱼750克。

配料：西红柿250克，鸡蛋1个，野山椒50克。

调料：鸡精水10克，料酒10克，葱、姜各10克，干淀粉20克，色拉油500克（实耗100克）。

工艺流程：选料—宰杀—去骨—肉切片—腌制—炸—烩—上桌。

烹饪制作：将草鱼宰杀去鳞，鱼肉去骨切片，腌渍上浆。西红柿去皮切丁备用。锅上火滑油，烧油至五成热，依次将鱼片炸成金黄色捞出。锅留底油炒野山椒、西红柿，加汤放入鸡精水，烧开定好酸辣味，加入鱼片滚一下，起锅装盘即成。

制作关键：鱼片上浆时要先将水分沥干，放入蛋清，加干淀粉拌匀。炸制鱼片时要酥透，口感更佳。

成菜特点：鱼肉酥化，酸辣开胃，色泽红润，营养丰富。

• 罐子煨笋衣 烹调方法：煨

主料：干冬笋尖嫩衣100克。

配料：五花肉片50克，骨头汤500克。

调料：鸡精水5克，猪油5克。

工艺流程：选料—水发—漂洗—煨制—上桌。

烹饪制作：笋衣用开水浸软，然后清洗干净。用开水把笋衣煮10分钟，漂去异味。锅上火，把五花肉煸炒出香味，放笋衣稍炒，放骨头汤煨至软嫩，调好味，入瓦罐煨制成熟，上桌。

制作关键：笋衣要水发并漂洗好，去除异味。

成菜特点：鲜嫩味美，营养丰富。

• 锦绣螺蛳肉 烹调方法：炒

色彩艳丽，美观大方，口感香辣脆嫩，是一道风味创新特色菜。

主料：小嗦螺肉200克。

配料：鱼椒50克，腊八豆20克，姜粒20克，葱花10克。

调料：鸡精水3克，酱油2克，陈醋3克，茶油30克。

工艺流程：选料—剞刀—腌制—煸炒—装盘上桌。

烹饪制作：把田螺肉改成花刀，并用醋盐腌制入味。鱼椒改刀成段，其他原料准备好。锅上火烧热滑油，将鱼椒、腊八豆煸炒出香味，放入螺蛳肉继续煸炒，烹料酒、酱油，调好味，撒葱花即可装盘上桌。

制作关键：掌握煸炒的火候，田螺肉要进盐味。

成菜特点：色泽艳丽，香辣浓郁。

- **扁豆焖鸭** 烹调方法：焖

在湘南特色菜芋荷鸭的基础上进行创新的一道家常菜。

主料：土仔鸭500克。

配料：扁豆200克，干椒10克，姜片20克，沙姜粉2克。调料有酱油3克，鸡精水3克，豆瓣酱5克，茶油50克，料酒5克。

工艺流程：选料—改刀—配份—煸炒—焖制—上桌。

烹饪制作：把鸭改刀成1.5厘米厚的长方块待用，扁豆用手摘成片。炒锅滑油，将扁豆煸炒至软，倒出待用。炒锅留底油，将鸭块爆炒出香味，烹料酒，放姜片、干椒、豆瓣酱等调味品，焖至汤汁浓郁，放入扁豆焖1分钟，淋入茶油，起锅装盘即可。

制作关键：鸭肉爆炒注意不要粘锅，要尽量爆出香味，再烹入料酒焖制；否则味不浓郁，鸭腥味重。

成菜特点：家常口味浓郁。

- **卜豆角黑山羊** 烹调方法：煸

卜豆角与羊肉配伍，体现了湘南民俗风情。

主料：带皮黑山羊肉250克。

配料：卜豆角50克，姜丝10克，干椒10克，十三香粉2克。

调料：酱油2克，鸡精水3克，豆瓣酱5克，茶油30克。

工艺流程：选料—改刀—配份—煸炒—装盘上桌。

烹饪制作：卜豆角水发片刻，清洗干净，先煸炒调味。黑山羊肉改刀成丝状待用。炒锅上火，滑油煸炒姜丝，豆瓣酱炒香，放入羊肉炒熟。放酱油炒上色，下豆角炒匀上桌。

制作关键：煸炒羊肉不能过火，但要入味、上色，否则口感差。

成菜特点：色泽红润，香辣味浓，别具风格。盛器为多边浅式盘。

黄惠明把“天下第十八福地郴州创新地方风味家常菜”菜谱整理完后，给得月楼酒家的厨师们人手一份，作为学习资料和做菜的标准。除了以上菜品，他又自己研发了鱼椒、鸭肝酱、鱼子酱等食材，并且在得月楼酒家普遍使用，成为菜品调味的独特原料。黄惠明在得月楼酒家工作了10年，实现了自己“惠民耕食”团队的建设，为企业和社会培养、输送了600多名厨师。

鱼椒即鱼香辣椒，选小红干椒或灯笼干椒10斤、鲜鲫鱼1公斤、带皮大蒜子1公斤、老姜1公斤、花椒0.5斤、新盐水10公斤、老盐水（泡萝卜酸水）10公斤、红糖0.5斤、白酒0.5斤。将泡菜坛子清洗干净，选用密封性能好且吹干水分者待用。小鲫鱼放入鱼池，用清水静养两天后，捞起沥干水分。取10公斤老盐水和10公斤新盐水倒入坛内，加入老姜、大蒜、花椒、鲫鱼、红糖、白酒密封，盖上坛盖。选色泽红亮、无虫伤、无杂物、大小均匀的干辣椒，直接倒入坛内，用手压实，使盐水淹没辣椒，盖上坛盖即可。约泡1个月，急用者10天亦可，越陈越香。装坛时一定压实；中途用料时注意不要进生水和沾油腻，以防变质；及时掺足坛沿水，以保持密封良好；盐水要偏咸一点。成品鱼椒色泽深红，鱼香浓郁，味道厚实。

鱼子酱是鲜鱼子提炼后，与茶油、糍粑辣椒、江珧柱、海米（金钩）、香葱头、大蒜及天然中草药精制而成。色泽红亮、味道咸鲜、香辣浓郁。吃法多种多样，可单独食用，也是佐面下饭的开胃酱菜；用作调料可调拌冷菜，如拌豆腐皮、拌茄条、拌鸭丝、拌牛肉等，用作热菜可炒素、荤系列菜肴。鱼子酱入菜，冷热皆可，荤素两宜。

第二十一章
喜获“中国烹饪名师”荣誉称号

2002年底，黄惠明接到香港“华夏美食”杯海鲜菜点大奖赛的邀请，参加2003年香港的比赛。黄惠明曾用海鲜创作过一道“鱼椒墨鱼花”，他从这道菜上得到一些启发，开始探索海鲜新菜，最终做成一款海鲜菜品“翡翠浓汤墨鱼仔”。后来，黄惠明又将“银丝盐菜蒸圣子皇”改良为“孔雀圣子皇”。

2003年8月10日，黄惠明一心想把“翡翠浓汤墨鱼仔”“孔雀圣子皇”这两道菜做好，他心无旁骛地做菜，当菜品呈现在评委面前，一下子就从所有菜品中脱颖而出，成为现场的焦点，绚丽夺目。最终黄惠明的“翡翠浓汤墨鱼仔”荣获金奖，“孔雀圣子皇”荣获银奖。

黄惠明的勤劳和执着，在郴州的烹饪界尽人皆知，他是爱湘菜、爱劳动的厨师典范，让人敬佩。郴州得月酒店支持黄惠明申报中国烹饪名师。5月，中国烹饪协会特意派员到长沙当面考察，黄惠明顺利通过。7月，中国烹饪协会发布公示。12月，中国烹饪协会授予黄惠明“中国烹饪名师”的荣誉称号。

2002年北京人民大会堂中国烹饪名师颁奖典礼及合影

第二十二章
梳理湘菜发展新思路

黄惠明在惠民厨艺工作室

黄惠明从进入月楼担任行政总厨开始，他一直在抓两件事，一是菜品与菜谱的标准化、统一化，让得月楼所有分店的菜品都处于同等水平；二是探索湘南菜郴州地方风味菜的历史文化，从地方志文献中寻找那些地方名菜，从东江湖水库、五盖山猎场、仰天湖大草原、莽山森林公园及桂东原始森林等地寻找食材，开发适合当下食用和城市餐桌的湘南地方风味菜品。黄惠明将这些研究进行了归纳、总结，形成理论性的文章。于是，他花了两三个月的时间写成了这篇《浅谈以郴州为代表的湘南地方风味菜的形成与特点》。

浅谈以郴州为代表的湘南地方风味菜的形成与特点

湘南即郴州、永州、衡阳等地市。郴州不仅以丰富的自然生态与历史人文景观闻名遐迩，还以其“粤港澳”后花园的区位优势独占鳌头。随着市委、市政府提出的营建生态旅游城市战略方针的实施，餐饮作为第三产业也得到了促进和发展。以前，郴州因交通不便而没有得到发展，现经过历代厨师的辛勤耕耘，郴州菜逐步走向成熟。

一、郴州的地理地位

郴州位于五岭山脉之中，平均海拔700米，亚热带季风湿润气候。这里气候温和，雨量充沛，无霜期长，冬无严寒，夏无酷暑，从山区到平原四季常绿。湘南居民历来以大米为主食，红薯、苞谷、小麦次之。菜肴必有辣椒，喜做坛子菜，如酸芋荷、干豆角、萝卜条、盐菜、豆腐乳等。富者还腌制腊制品，如鸡、鸭、鱼、肉等。

二、湘南菜在湘菜中的地位

湘南地方风味菜作为湘菜的重要组成部分，可以说是“养在深闺人未识”。在清末，郴州城区较大的酒家有仙鹤楼、正一楼、春华楼、福星楼、永康楼、四海郴、天星阁、五洲、林顺记、富贵酒家等。民国时期，有曲园、紫园、聚园、竞园、西园等名酒家，号称“五园”，经营以湘菜为主的名菜名点。

郴州市传统名菜有酸芋荷炒血鸭、虎皮肘子、虎皮扣肉、麻仁香酥鸭（鸡）、大烩海参、北湖汆鱼、黄焖鱼、酿豆腐、粉蒸全鹅、酿辣椒、糯米鸡、红烧水鱼、爆炒肚花、雪花汤等数十种，名点有周义记饺子、德发记包子、吴滑记汤圆、廖麻子米豆腐等。其中酸芋荷炒血鸭被列为湖南地方名菜，用仔姜炒仔鸭配上酸芋荷秆及鸭血先烧后炒制作而成，具有色鲜、气香、味浓、辣中带甜、酸度适中、油而不腻等特点，为郴州人最喜爱的一道家常菜，久吃不厌，开胃醒酒。虎皮肘子颜色红亮，皮皱如虎纹，肥而不腻，香味浓醇，松软可口，鲜中回甜，为地方筵席中常有的一道特色菜。米粉肉橘黄油亮，香气扑鼻，鲜嫩味醇，为地方酒宴必食的特色菜。

另外，酸辣菜是湘南瑶汉居民喜宴中必备的菜，也是居家常备的开胃菜。湘南传统风味菜还有汝城祝师傅板鸭、桂阳子龙郡坛子肉、临武鸭等，都是古时候的贡品。

三、湘南菜的特色

湘南地方风味菜以色、香、味、养俱全为特色，以浓郁酸辣风味为主体，同时又讲究原汁原味（鲜辣味、清鲜味）、特殊味型（茶油味、豆油味），这是一种饮食养生文化的体现。

“郴”字古写由“林”“邑”合成，意为“林中之城”，生活在平均海拔700米山区的人们常受寒湿之邪的侵袭，自古被称为“卑湿之地”。发汗、祛湿、开郁的辛辣味型成了必然的选择，嗜辣之习甚于湘北和湘东，亚于湘西。开放的辣与收敛的酸相互制约，暗合养生之道，使山区人民得以在这片土地上休养生息。郴州的酸辣有别于湘北与湘中，湘南人嗜酸从得月宴中足以证明，每家酒席均有一个酸辣菜。没有酸辣菜就等于没有开胃菜和下饭菜，尤其百姓家中的干豆角、干萝卜、干茄子、白辣椒、盐菜、老卤酸菜等，就连剁辣椒都带酸味，可以说湘南人不可一日无酸辣。湘南的酸辣很特殊，这酸主要是素菜浸泡及发酵的酸，不同于醋，酸而醇厚，质感脆爽，柔和开胃，与辣椒、大蒜、姜及所有荤菜、素菜等组合形成一种特殊的风味，让食客胃口大开，一饱口福。

湘南的厨师们擅长于驾驭酸辣，根据宴席、零餐服务的不同对象，以及气候、季节、原料、菜式等因素综合设计，使酸辣层次分明，恰到好处。湘南菜巧妙地运用辣味来调和百味，烹制湖鲜、鲜（干）笋、鲜野菜系列，乃至具有湘南特殊风味的调味品，如茶油、豆油（一种特殊香型的古老膏状酱油，属郴州地方酱香味调味品）、汝城臭豆豉、柴火腊味等。

四、新时代湘南菜的发展趋势

随着郴州改革开放步伐的加快，郴州的餐饮业飞速发展，给湘南风味菜的发展营造了广阔的市场空间。得月楼酒家作为一家体现湖湘饮食文化的餐饮店，以“打造民族喜宴品牌，烹制地方特色佳肴”为经营宗旨，以振兴湘菜为己任，致力于挖掘、继承、发扬民族（民间）特色，追求内涵精当、自然天成、绿色的消费理念；充分利用现有的自然生态资源，为进一步地开发与创新湘南地方风味菜奠定了良好的基础。酒店为实现这一远大理想，派出了技术骨干深入民间考察。

得月楼酒家学习湘南地方风味菜肴；寻找高山食品和乡土原料及生态系列原料，进一步了解民俗风情，研究地方特色佳肴。注重开发绿色、营养、健康的食用原料，尤以四大生态原料为主体的系列菜品。一是东江湖及莽山系列清水鱼菜品；二是宜章莽山、汝城、桂东山珍、野菜系列菜品；三是仰天湖高山草原家禽、家畜系列等黑山羊、香猪菜品；四是高山农户有机肥料培植的时蔬系列及坛子干菜等土、特、新、优名贵特产系列菜品。

湘南地方风味菜有着鲜明的地方特色，具体表现在以下几个方面：一是选料广泛。湘南地区物产丰富，在选料方面提供了可靠的物质条件。二是口味浓郁、爽口。湘南地方风味菜之所以能独树一帜，与其丰富的口味密不可分。由于郴州与广东相邻，地理位置特殊，湘南菜吸收了粤菜和川菜的很多特点，滋味交汇融合，注重口感，要有嚼头、爽口。三是刀工精湛。厨师们在长期的烹饪实践中，运用湘菜的基本刀法，因料而异，演化参合，切批斩剁，游刃有余，使菜肴千姿百态，变化无穷。四是菜品精美别致。使用湘菜的煨、㸆功夫，并注重快速小炒，以缠、包、扎、焖、蒸、烧等技法见长，通过巧妙的盘饰使菜肴精美别致。如安仁的抖菜，风味独特，粗料精做，适口性强。

总之，湘南地方风味菜源于民间，素以原汁原味，喜浓郁、好酸辣为特征，在把握以上传统优势的基础之上，要进一步研究、开发好湘南地方风味菜，从而提高湘南地方风味菜的地位和声誉，为湘菜的发展添砖加瓦。

第二十三章

参加第五届全国烹饪技术大赛

全国烹饪技术比赛创办于1983年，是具有权威性和影响力的重大赛事，得到了社会和餐饮行业的广泛关注和认可。经过赛事选拔，涌现出一大批新的烹饪人才，为我国餐饮业的繁荣发展做出了积极贡献。

第五届全国烹饪技术大赛坚持“继承、发扬、开拓、创新”的方针，在继承发扬传统的基础上，突出开拓创新，提高烹饪的科技含量和文化品位；同时，坚持以市场为导向，赛场与市场紧密结合，讲求实用价值；坚持以大众化为主，兼顾高档，满足不同消费层次的需求。大赛提出了“讲营养、讲口味、讲卫生”的要求，强调在讲究营养美味的同时，保障食品安全，提倡绿色餐饮，促进健康发展。激励餐饮行业的广大员工立足本职岗位，钻研技术，增长才干，勇于创新；对促进餐饮企业上水平、创名牌，开拓市场，拉动内需，更好地为广大消费者服务；对进一步加强厨艺交流，弘扬中华饮食文化，倡导科学文明餐饮，推动烹饪事业发展，促进餐饮市场繁荣等，都起到了积极作用。

2003年9月开始，大赛先期举行个人分区赛和清真烹饪、快餐、西餐、职校院校、民航系统等5场专项赛，分别在哈尔滨、昆明、徐州、广州、武汉、西安、杭州、石家庄、南京、拉萨等10个赛区进行12个赛场比赛，共吸引3208名选手参加，规模和影响创下历届之最。2003年11月，湖南代表队个人分区赛在武汉举行，黄惠明参加了武汉赛区的个人赛，他的菜品得到评委们的一致好评并顺利进入总决赛。总决赛在北京举行，全国各地推荐了80多个参赛团队，在北京民族文化宫展示参赛100多台特色宴席，包括1500多款经典和创新菜点。200名各赛区个人赛金牌得主是从各个人赛区中挑选出的佼佼者，黄惠明便是其中之一。黄惠明带着他的湘菜来到北京，他准备了几道有特色的湘菜，在反复权衡之后，最后决定做“御笔圣旨”这道极其复杂的菜品。黄惠明一个人独立完成了雕刻、蒸炒、拼盘、构图，菜品得到了评委们的好评。

赛后，中国烹饪协会编辑了一套《第五届全国烹饪技术比赛优秀作品精选》，黄惠明的菜品被收录其中。这道“御笔圣旨”用料讲究，制作复杂，设计巧妙，造型美观，营养丰富。黄惠明的这一战，从郴州打到了全国，让他声名鹊起。

2004年，惠师门郴州第一届年度聚会胜利举办。

第二十四章

追溯历史，创五道典故菜肴

黄惠明在研究湘南菜的时候，对地方志、文史资料、文献碑刻、神话传说、民间故事很感兴趣，并有了做文化挖掘的想法，他发现很多学者研究的古代菜品并没有具体的做法，觉得非常遗憾。当他读到写三皇五帝、汉代的苏耽、唐代的韩愈、宋代的周敦颐等书时，就想要把这些历史典故做成菜品。他将炎帝神农氏在安仁境内尝百草、治百病的故事加以演化，便有了这道“神农福手”的菜品。

神农福手

相传炎帝神农氏在安仁境内尝百草、治百病，教化乡民。安仁一带受炎帝恩泽，托炎帝的灵气，百草皆药，方圆千百里的人都慕名来安仁采药、求医。明清两代，朝廷派大臣去炎帝陵祭祖，大臣途经安仁县城突发重病，生命垂危，安仁县令束手无策，便请县城一草药郎中到山上抓了把看似柴叶子的草药，用猪脚做药引子煎汤给大臣服用，病情即见好转。康复后，消息传开，都说安仁的草药带有神农的灵气，随便采用就可治百病。“神农尝百草，灵药在安仁”“药不到安仁不齐，药不到安仁不灵，中医不到安仁不出名”之说不胫而走，流传至今。黄惠明受典故启发，为弘扬神农“作耒耜教农耕，尝百草泽万代”的精神，研究具有农耕文化的风味系列菜品，“神农福手”是其中之一。菜品选用安仁草药与瑶乡家养猪前脚配伍，垮炖而成。经过反复试制，不断改进，使其更符合现代人的口味。成菜汤鲜味美，浓香醇正，质地软糯，原汁原味，具有补肾益精、滋肝养血、强身健体之功效。

黄惠明根据郴州市永兴县龙王岭、橘叶救疫两个民间故事里的“神鳖”“橘井”的典故，开发了“神鳖卧江”“橘井泉香”两道菜。

神鳖卧江

相传远古时代的一年春天，突然风狂雨暴，山崩地裂，洪水猛涨。洞庭湖中的一只神鳖为了躲避灾难，从湘江入耒水，逆流而上，来到永兴便江，原居这里的蜈蚣神怕神鳖占去它的地盘，于是垒土成山，挡住神鳖的去路。神鳖与蜈蚣斗法，不久双方又怕惹怒了天公，失去立足之地，神鳖便先停下来，横卧在便江与西河之间，变成了一座大山，这就是离永兴县城不到2千米的龙王岭。根据这一神奇的传说，黄惠明采用现在的焖、垮炖手法，选团鱼与蜈蚣腰花配伍，用辣椒和陈醋调味，使菜具有酸辣开胃、浓郁可口的特点，并具有益气提神的功效。菜品上市后深受顾客好评。

橘井泉香

传说苏耽升天时，嘱其母云“明年郡有疫，可取庭前井水、橘叶救之”。苏母用老鸭做药引子，施以水、叶，立瘥。黄惠明根据这个美丽的传说，结合湘南地方风味菜品的特点，用永兴四黄鸡与橘皮配伍，用汽锅烹制而成。成菜特点，橘皮清香，汤汁鲜美，质地滑嫩，橘皮富含维生素B_1、维生素C、胡萝卜素等多种营养成分。四黄鸡富含蛋白质、维生素A、维生素B_1、维生素B_2、维生素C、维生素E、钙、铁等。二者结合使成菜具有消食、清热、解渴、生津等功效。

郴州人都知道这个传说，苏耽母亲未婚怀孕遭宗族势力迫害逃入白鹿洞生下苏耽，天寒地冻、大雪封山中，白鹿哺乳他，白鹤以羽绒为他御寒，致大难不死。黄惠明据此开发了“鹿鸣福地”及“十八福地文化宴”。

鹿鸣福地

唐代杜光庭所著的《洞天福地记》将郴州苏仙岭列为“天下七十二福地”中的“天下第十八福地”。西汉文帝年间，苏仙岭下的山麓潘家湾有位美丽善良的村姑在郴江洗衣，忽从江面飘来一朵异香扑鼻的红花，她见了非常喜爱，捧于鼻下吮吸花香而未婚怀孕，遭到宗族势力的残酷迫害，逃入白鹿洞里生下苏耽。当时天寒地冻、大雪封山，苏耽困在洞中，危难时有白鹿给他哺乳，白鹤以羽绒为他御寒，致大难不死。黄惠明有感白鹿、白鹤对人类的友爱和帮助，想以烹调之法开发苏仙飞天、鹿鸣福地、仙母浣纱等一批具有浓郁苏仙福地文化的风味菜肴。鹿鸣福地是以湘南仰天湖牧场饲养的马鹿仔蹄*12个和汝城花菇（水发）600克为食材，经过煨制而成，加上栩栩如生的盘饰，充分体现了湘南风味菜品的生态风格。成菜造型美观，色泽红润，质地软糯，味厚微辣。鹿蹄富含胶质，花菇有补中益气、养血美容等作用。

“十八福地文化宴”细分为山珍文化宴、海味文化宴和山珍海味文化宴。看盘“福地山水秀天下”为天下第十八福地郴州，山清水秀，风景优美。看盘集中郴州三个有代表性的风景区：莽山、东江湖、苏仙白鹿洞。凉菜采用五种湘南地方风味食材精制而成，名为五福临门。热菜十道。

十八福地山珍文化宴菜谱

看盘：福地山水秀天下。

凉菜：五福临门：湘南脆爽王、莽山野蜂蜜马蹄、馋嘴花豆、楚南野小笋、萝

注 * 为可食用人工养殖品种。

卜皮。

热菜：山之灵（山珍佛跳墙）、鹿鸣福地（鹿蹄*扒花菇）、圆泉香雪（木瓜汁烩雪蛤*）、品超莲荷上（濂溪鱼丸）、苏仙飞天（原味天鹅肉*）、福如东海（刺身北极贝拼三文鱼）、闯王举鼎（郴阳一品龟*）、神鹿衔福（日本青瓜扒梅花鹿*）、南禅上素（上汤野菜烩芋仔）、一帆风顺（清蒸鳜鱼）。

随菜：鱼椒酸白菜、上汤海味苦瓜、青椒榄菜炒长豆角。

点心：雪花豆腐脑、鹅肝酱贡米饭。

茶水：莽山野枸杞茶。

售价：1399元。

十八福地海味文化宴菜谱

看盘：福地山水秀天下。

凉菜：五福临门：湘南脆爽王、莽山野蜂蜜马蹄、馋嘴花豆、楚南野小笋、萝卜皮。

热菜：海之韵（海味佛跳墙）、鹿鸣福地（鹿蹄*扒鱼唇）、圆泉香雪（浓汤鸡煲金钩翅）、品超莲荷上（濂溪鱼丸）、苏仙飞天（原味天鹅肉*）、福如东海（刺身北极贝拼三文鱼）、闯王举鼎（郴阳一品龟*）、神鹿衔福（日本青瓜扒梅花鹿*）、南禅上素（上汤野菜烩芋仔）、一帆风顺（清蒸鲟龙鱼）。

随菜：鱼椒酸白菜、上汤海味苦瓜、青椒榄菜炒长豆角。

点心：雪花豆腐脑、鹅肝酱贡米饭。

茶水：莽山野枸杞茶。

售价：1899元。

十八福地山珍海味文化宴菜谱

看盘：福地山水秀天下。

凉菜：五福临门：湘南脆爽王、莽山野蜂蜜马蹄、馋嘴花豆、楚南野小笋、萝卜皮。

热菜：山水之灵韵（山珍海味佛跳墙）、鹿鸣福地（鹿蹄*扒裙边）、圆泉香雪（雪

注*为可食用人工养殖品种。

蛤*烩碎燕）、品超莲荷上（濂溪鱼丸）、苏仙飞天（原味天鹅肉*）、福如东海（刺身象拔蚌拼三文鱼）、闯王举鼎（郴阳一品龟*）、神鹿衔福（日本青瓜扒梅花鹿*）、南禅上素（上汤野菜烩芋仔）、富贵有鱼（清蒸风顺鱼）。

随菜：鱼椒酸白菜、上汤海味青瓜、青椒榄菜炒长豆角。

点心：雪花豆腐脑、鹅肝酱贡米饭。

茶水：莽山野枸杞茶。

售价：2699元。

黄惠明根据韩愈贬潮州刺史，路过郴州下船换马落难的故事，开发了“文公鸡”及系列菜品。

唐宪宗元和十五年（820年），韩愈升任刑部侍郎，因谏阻劳民伤财的“迎佛骨”一事被贬岭南潮州刺史，第五次路过郴州下船换马，要翻五岭去潮州赴任。当时韩愈51岁，已是“视茫茫，发苍苍”。他骑马出城行至郴县坳上，日已西斜，人困马乏，不意上坡时马蹄一滑，便歪着身子摔落到地上，爬不起来，眼睁睁看着受惊的马逃向山林。村民闻讯赶来，听说他是为百姓说话的韩大人，便赶紧把他背到村里，替他揉伤敷药，帮他找回走失的马，并用魔芋、米椒、醋、鸡同炖，做菜款待韩公。韩愈尝过此菜，顿觉精神焕发、胃口大开，伤口迅速愈合，歇息了几天，人们方依依不舍送他上马出村。后来，郴州人便称这个地方叫“走马岭”，还立了块“文公走马”的石碑，建了一座“韩公亭”。乡民们把此菜叫作“文公鸡”，一直流传至今。

黄惠明开发了文公系列菜肴，有文公鸡、文公牛肉、文公羊肉、文公鸭、文公乳鸽、文公鱼、文公肉、文公排骨、文公上素等系列菜品。

• 文公鸡 烹饪方法：焖

原料：走地仔鸡1只（约750克），魔芋250克，米椒10克，香粉2克，鸡油20克，精盐3克，鸡粉3克，茶油10克，陈醋5克。

制法：鸡砍成块状，魔芋豆腐改刀成大片状，煨好。枸杞泡发备用。把鸡肉煸炒至熟，放魔芋片、米椒、香粉同焖1分钟，放调味品调好味，装入双龙锅中即成。

成菜特点：鲜辣纯正，质感丰富，风味独特。

注 * 为可食用人工养殖品种。

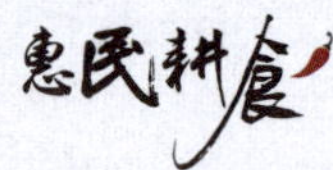

盛器：双龙锅。

文公牛肉 烹饪方法：烧

原料：牛肉300克，魔芋豆腐350克，姜片5克，奇怪酱10克，鸡精水10克，茶油50克，红烧酱油5克，湿淀粉10克，陈醋5克，豆油1克。

制法：牛肉切大片，用淀粉、料酒等腌制并用油封面，腌2个小时后使用。魔芋豆腐改刀成大片状。先将牛肉入开水锅中焯熟，沥干水分备用。魔芋用盐水煮透入味并浸泡，备用。上菜时先将魔芋入炒锅干炒片刻，依次放入茶油、奇怪酱、牛肉、水，烧制片刻，放其他调味品即成。

成菜特点：香辣红润，浓郁开胃。

盛器：浅式碗或窝盘。

文公羊肉 烹饪方法：炒

原料：鲜羊肉300克，魔芋豆腐250克，姜片10克，奇怪酱20克，鸡精水5克，茶油50克，青蒜50克，豆油1克。

制法：鲜羊肉切大片，青蒜切马耳朵片，魔芋片打干锅，放盐水煮透入味。炒锅上火烧热滑油，将羊肉炒熟，放入奇怪酱等调料和魔芋同炒，撒青蒜炒均匀，勾少许芡，淋生茶油即成。

成菜特点：家常味道，富有湘南风味，鲜辣浓郁。

盛器：浅式碗或盘。

文公鸭 烹饪方法：红煨

原料：仔麻鸭一只1000克，卜豆角100克，姜片5克，奇怪酱20克，八角、桂皮各6克，干辣椒5克，茶油50克，植物油（色拉油）50克。

制法：将鸭肉改刀成大块，留头、翅、腿，鸭肠扎成节，鸭肝、鸭心清洗干净，一起用姜、葱、料酒、盐腌制片刻。炒锅烧宽油至七成热，依次放鸭头、鸭腿，先炸片刻，放鸭肉炒至外酥里嫩、金黄色时捞出沥油。卜豆角炒香，调好味。鸭肉放调味料、水等一起红煨，酥软备用。上菜时，卜豆角与鸭肉同烹即成。

成菜特点：色泽红润，浓郁鲜辣。

盛器：双龙锅或浅式盘。

• 文公鱼 烹饪方法：烧

原料：鲫鱼一条500克，魔芋豆腐250克，姜丝10克，酱油5克，酸豆角粒50克，黄辣椒酱10克，陈醋5克，鸡精10克，色拉油50克，葱丝10克，猪油10克。

制法：鲫鱼宰杀治净，斜剁十字花刀，腌制片刻。魔芋豆腐改刀成薄片，用精盐腌制片刻，再打干锅。炒锅烧宽油至六成热时，放鲫鱼炸至外酥里嫩、金黄色时捞出。要浸炸透，否则肉质不鲜嫩、口感差。炒锅留底油，放魔芋炒片刻，放酸豆角粒、黄辣椒酱、酱油、水、姜丝和鱼同烧，起锅时放陈醋、猪油，勾少许芡即可。装盘时，把鱼先捞出放在底部，魔芋放在鱼两侧，原汁淋在上面，葱丝点缀在鱼上，淋少许热油即成。

成菜特点：鱼肉鲜美，魔芋润滑，独具湘南风味。

盛器：12寸长方盘。

• 文公肉 烹饪方法：熟炒

原料：三层五花肉（熟）400克，汝城盐菜、白辣椒各20克，精盐4克，味精2克，酱油5克，陈醋2克，色拉油20克。

制法：将五花肉改刀成约1.5厘米见方的块。盐菜用开水泡发至软，沥干水分，放盐入蒸柜蒸软，备用。炒锅上火滑油，入五花肉丁煸炒出油，放精盐、陈醋、酱油烧入味，放盐菜、白辣椒同炒即成。

成菜特点：风味地道，开胃可口，不可多得的民间佳肴。

盛器：10寸异形盘。

• 文公排骨 烹饪方法：酿烧

原料：仔排骨500克，油豆腐12块。

馅料：小笋、腊肉、糯米饭200克，酱油20克，精盐5克，味精3克，色拉油50克。

制法：排骨改刀成5厘米的段，用姜黄汁腌入味；油豆腐改3厘米见方的块，入高油温中炸至金黄色。排骨炸酥后，用调味料煨好。糯米饭加辣酱炒成酱油饭。油豆腐挖空里面的豆腐后酿入酱油饭蒸熟备用。上菜时把排骨摆放盘中，酿豆腐围边摆放即成。

成菜特点：一菜双味，鲜美浓郁。

盛器：12寸正德盘。

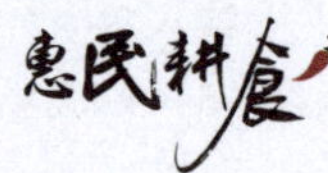

• **文公上素** 烹饪方法：煮

原料：水发黑木耳100克，白菜帮50克，油炸水发腐竹50克，酸辣椒20克，莴笋秆50克，胡萝卜50克，清水200克，鸡精水10克，鸡油10克。

制法：以木耳、腐竹为主料，用酸辣椒提味，其他原料可以另配。各种不同的原料改刀成片、条等形状，水烧开后分别入不同的素菜焯水。调味、淋鸡油即成。

成菜特点：清香可口，去油解腻。

盛器：8寸碗。

黄惠明根据宋代理学鼻祖周敦颐的典故，开发了菜肴“元公植莲”。

周敦颐是郴州近邻道县人，因故里有泉名“濂溪”，世称“濂溪先生”。他在郴州为官三任，曾任郴县县令、汝城县令、郴州知州。作为宋明理学的开山鼻祖，周敦颐创作了《通书》《易说》《太极图说》等各种思想、哲学、文学著作，形成了湖湘文化源头“濂学”，曾追封为“汝阳伯”“道国公”，世称“周子”。周敦颐政务之余，喜欢在城内荷塘、城郊北湖与南湖赏荷，并在官署亲辟莲池栽种藕荷，写下千古美文《爱莲说》，倡导贫贱不移、富贵不淫的风骨，智慧其中，刚直其外的品格及蕴含的洁身自爱，不为环境屈服、抵御外物侵扰的精神力量，成为古今中外的做人准则。

中国人都爱植莲、食藕、赏荷花。黄惠明根据这个典故，挖掘郴州地方饮食文化，结合元公食藕的古方，精心配制，使用莲子、藕及荷叶巧妙组合，制作出这道典故佳肴。

第二十五章
瑶山七道地方风味菜

2004年，湖南省商务厅、湖南省烹饪协会联合组织考核了一批“湘菜名师”，参加考核的便有黄惠明等人，黄惠明被授予“湘菜名师”的荣誉称号，正式进入湖南省湘菜名师行业，在湘菜厨师中占有一席之地。

黄惠明出生在大瑶山，对故土有着深重的感情，这种乡愁具象化为一道道家乡的菜肴，吃上一道家乡的美食，就犹如回到了大瑶山。黄惠明离开大瑶山已20多年了，他的事业在郴州，还想拓展到长沙去，他一直行走在全国各地。黄惠明认为他应该为家乡做点事，为大瑶山做点事，把大瑶山独特的美食推广出去。

黄惠明找到了大瑶山的一味神奇药草——野生薄荷。传说远古时候在蚩尤部落、炎帝部落都有应用，常用于去除瘴气，也是消毒杀菌的天然草药。李时珍的《本草纲目》认为“薄荷，辛能发散，凉能清利，专于消风散热。故头痛、头风、眼目、咽喉、口齿诸病、小儿惊热及瘰疬、疮疥为要药”。黄惠明用野生薄荷开发了一系列的山野菜肴。

- **野生薄荷烧鳅鱼**

原料：炸鳅鱼150克，野生薄荷30克，豆瓣酱10克，干辣椒6克，鸡精水5克，五花肉50克。

制法：鳅鱼去头尾炸酥备用；五花肉切粒；将五花肉煸出油，加豆瓣酱煸香，放干辣椒、鳅鱼同烧，汤稍宽一点，调味放一半薄荷，烧制片刻，装入碗内，剩下的薄荷点缀在上方，浇热油即成。

成菜特点：骨酥肉软，香鲜浓郁，风味别具。

- **野生薄荷烧盘龙**

原料：小鳝鱼300克，野生薄荷30克，酸辣酱60克，干辣椒6克，鸡精水5克，五花肉50克。

制法：小鳝鱼炸酥香备用；五花肉切粒；将五花肉煸出油，放豆瓣酱煸香，放干辣椒、小鳝鱼同烧，汤稍宽一点，调味放一半薄荷，烧制片刻，装入碗内，剩下的薄荷点缀在上方，浇热油即成。

成菜特点：形似盘龙，骨酥肉嫩，香鲜味美。

- **野生薄荷盘龙鸭**

原料：鳝鱼300克，野生薄荷30克，剁辣椒酱50克，干辣椒6克，鸡精水5克，五花肉50克，鸭肉200克。

制法：鳝鱼炸酥香待用；五花肉切粒；鸭肉切粒；将五花肉、鸭肉煸出油，放豆瓣酱煸香，放干辣椒、小鳝鱼同烧，汤稍宽一点，调味放一半薄荷，烧制片刻，装入碗内，剩下的薄荷点缀在上方，浇热油即成。

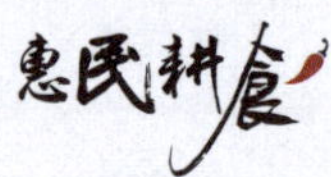

成菜特点：形似盘龙，鸭肉酥香，香鲜味美。

• 纸锅薄荷虾

原料：去头基围虾450克，野生薄荷10克，野山椒10克，纸锅1个，红辣椒10克，鸡精水10克，鸡汤150克，色拉油20克。

制法：保鲜基围虾去头后从背部片一刀；基围虾用姜葱汁腌制片刻，拉油断生捞出，与鸡汤、野山椒同烧制片刻，调好味，放薄荷煮片刻即可装锅上桌。

成菜特点：鲜香味美，海菜湘作，独具一格。

• 野生薄荷田螺鸡

原料：田螺500克，土鸡肉块500克，野生薄荷50克，色拉油30克，鲜红辣椒50克，盐6克，茶油30克，鸡精水20克，青葱10克。

制法：田螺剪去一点，保持完整，使肉不掉出来，注意清洗干净；鸡肉先煨好。将炒锅烧热滑油，放姜、蒜片煸锅增香；放田螺，烹料酒，盖上盖10秒钟，放鸡汤、鸡肉煮2分钟，加盐调味，使其充分入味，装盘时薄荷稍煮即可。成菜时汤汁要多。

成菜特点：半汤半菜，鲜香味美。

• 野生薄荷鱼椒蟹

原料：花蟹500克，鱼椒20克，精盐3克，野生薄荷30克，姜葱2克。

制法：花蟹宰杀清洗，改刀成块。蟹拉油至熟，放鱼椒煸香，加汤烧开调味，放野生薄荷装盘上桌。

成菜特点：香、鲜、辣，营养丰富。

每当大瑶山进入夏季，溪边、池塘边、田边都有一簇簇的黄花菜盛开，艳丽多姿，叶似兰草，翠绿丛生，花如蛱蝶，红黄点点，摇风弄影，风韵可人。大瑶山人视黄花菜为珍宝，他们把那一朵朵开放的黄花菜采摘下来，用筛子盛放，端到太阳底下晒干，储存起来，作为珍贵的食材。黄惠明小时候就跟随母亲采摘过黄花菜，也和母亲晒过黄花菜，还吃过母亲做的黄花菜菜肴。

黄花菜因花蕾色泽金黄而得名，学名萱草，古名忘忧草，原产于中国。萱草古代多用以表达伟大的母爱。中医学认为其性味甘凉，有清热利尿、凉血止血、安神明目、健脑抗衰功能。明代李时珍《本草纲目》载，“萱，宜下湿地，冬月丛生，叶如蒲蒜辈而柔弱，新旧相代，四时青翠，五月抽茎开花，六出四垂，朝开暮蔫，至秋深乃尽……今东人采其花跗干而货之，名为黄花菜”。黄惠明创造了一系列黄花菜为主要食材的菜肴。

• 乾坤鲈鱼

原料：鲈鱼1条约500克，鸡精水10克，姜、葱各3克，沙拉酱60克，料酒5克，淀粉20克，西芹20克，色拉油50克，鲜黄花150克。

制法：鲈鱼宰杀去鳞，从背脊下刀取肉，保持鱼头、鱼尾完整。黄花菜炒好垫底。鱼骨漂洗干净，吸干表皮水分，用鸡精水腌制，拍粉炸酥即可。鱼肉改刀切成厚片状，用鸡精水、蛋清腌制，拌淀粉，过油炸熟，放鱼骨上，将沙拉酱挤在鱼片上即可食用。

成菜特点：一菜双味，中西合璧，酥香鲜嫩。

• 鲍汁金针

原料：邵东鲜黄花菜350克，鲍汁10克，鸡汁5克，鸡汤500克，湿淀粉20克，色拉油20克。

制法：黄花菜用清水漂洗干净。黄花菜用鸡汤煨过，捞出沥水，摆放在盘中成鱼翅形状。炒锅上火，将鲍汁、鸡汤烧开，勾芡，淋明油，扒在金针上。

成菜特点：成型美观，口味鲜香，质地脆嫩，营养丰富。

• 米粉黄花菜（菊花金针）

原料：鲜黄花菜250克，农家细米粉100克，鸡精水20克，猪油10克。

制法：黄花菜用清水漂洗干净。黄花菜用汤煨过，捞出沥水，将1/3摆放在扣碗内呈放射状。炒锅上火滑油，煸香葱段、蒜片（去掉）再入汤，黄花菜烧开调味。入米粉熬制成浓糊状，扣入碗内，反扣盘中，点缀黄瓜片即可。

成菜特点：形似菊花，清雅味美。

大瑶山深处沟壑连绵，山峦起伏，溪流不绝。每到春季，山野中最不缺的就是楠竹笋、小笋子，瑶民劳作之余，随手拔几根小笋子，带回家就可以做一碗菜。楠竹笋、小笋子其实也是山珍，在瑶人手里可以做成很多的美食，有酿笋子、干笋子、腌笋子、干笋子、米粉笋子等。这些美味佳肴，一直在黄惠明的心中，每每想到这里，就想立刻回到大瑶山，去寻找那些小笋子。黄惠明受此启发开发了系列菜肴。

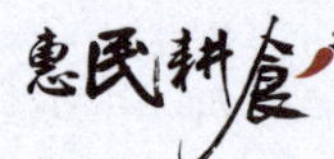

鱼子酱笋丝

原料：春笋丝350克，鱼子酱[1] 50克，茶油20克，豆油3克，鸡精水3克，猪油50克。

制法：笋丝切牙签粗细的丝。将烧热的炒锅滑油，入春笋煸炒，烹料酒，放鱼子酱、骨头汤同烧制片刻，调味，放豆油、茶油，盛装在煲仔内，烧热上桌。

成菜特点：鲜、香、辣、嫩、脆。茶香浓郁，富有地方特色。

一桶鲜

原料：春笋片400克，文蛤250克，鸡汤500克，精盐3克，野山椒20克，猪油30克，湿淀粉50克。

制法：春笋切成5厘米×2厘米×0.2厘米的片。野山椒切段。文蛤清洗干净。文蛤带壳破开，清除内脏。春笋片事先用鸡汤煨好。炒锅烧热滑油，放文蛤煎一下，下入鸡汤中烧开，放笋片、精盐稍烩片刻，即可起锅装桶内，带酒精炉上桌。

成菜特点：鲜、脆。

海参山珍大烩羹

原料：海参粒150克，小笋粒50克，香菇粒40克，鸡腿菇粒50克，榨菜粒20克，白木耳粒40克，鸡汤1000克，鹰粟粉10克，精盐4克，鸡油10克。

制法：所有原料分别掉水，然后烩成羹，分别以个人盅上桌，配上1小碟浙醋。

成菜特点：味道鲜美，滑嫩爽口。

旺火鱼子酱干笋丝

原料：春笋（楠竹笋）300克，鱼子酱50克，猪油50克，料酒5克，鸡精水5克。

制法：笋子横刀切中丝。将笋丝焯水，打一下干锅，然后放猪油煸炒，烹入料酒，加入鱼子酱、骨头汤烧片刻，即可装入盛器中，点燃酒精上桌。

成菜特点：鲜、嫩、脆、辣，口味浓郁。

鲜笋麒麟蒸鲈鱼（翘嘴鱼）

原料：鲈鱼1条，菜胆8颗，鲜笋尖150克，鸡蛋清1只，鸡精水2克，胡椒1克，蒸鱼豉油50克。

制法：鲈鱼去中骨，头、尾整齐取下，鱼肉改成厚片状，用蛋清、鸡精水拌匀。

---

[1] 鱼子放入菜油中炒香后，加入干辣椒粉、姜蒜末、盐、蚝油熬制成鱼子酱。

把鱼与鲜笋相隔摆好，成麒麟状，入蒸柜蒸5分钟取出，原汁倒出，勾芡浇在鱼肉上，菜胆焯水围边即可，蒸鱼豉油用味碟盛放。

成菜特点：色泽鲜艳，口味鲜美。

蕨，《尔雅》称其为蘼，崔禹锡《食经》称为蕨菜，李时珍《本草纲目》称其蕨萁。可清热、滑肠、降气、化痰，治食隔、气隔、肠风热毒。大瑶山山林茂密，背阴的山体有很多灌木林。春天刚刚出土的蕨芽鲜嫩无比，从手板长到筷子长都可以采摘。大瑶山的山民们，在大雪封山的时候，喜欢去山里挖蕨，把一两米深的蕨根挖出来，洗净泥土，用锤子捣烂，清水冲洗，沉淀后就得到了蕨根粉。黄惠明受此启发开发了系列菜肴。

- **铁板香辣蕨菜**

原料：鲜蕨400克，洋葱粒50克，醋5克，太和贡剁辣椒30克，五花肉粒50克，味精2克，淀粉5克，油50克。

制法：鲜蕨焯水后手撕，改刀成段。蕨菜焯水，打干锅，放油炒匀入基本味，装入锡纸袋中。五花肉煸香，入洋葱、太和贡剁辣椒炒匀调味。勾芡浇在蕨菜上，封袋口，入烧红的铁板上即可。

成菜特点：鲜嫩香辣，美味可口。

- **鸭肝酱嗜蕨菜**

原料：鲜蕨400克，鸭肝酱50克，鸡精水2克，葱段5克，猪油50克。

制法：鲜蕨焯水手撕，摘成小段。铁煲或者砂煲直接放火上烧热，待其达到七成熟时，放油，蕨菜嗜熟，趁热放鸭肝酱[1]、鸡精水、葱段焗片刻，起锅原煲上桌。

成菜特点：气味芳香，口感脆爽，美味可口。

- **地锅腊鸡蕨菜**

原料：干腊鸡300克，鲜蕨菜200克，干辣椒段20克，精盐2克，味精2克，茶油20克。

制法：腊鸡改刀成块，蒸熟备用，鲜蕨菜切段。鲜蕨菜打干锅，放油和剁椒炒入

---

[1] 鸭肝切小丁状，放茶油经小火煎香，再加入干椒粉、蒜蓉、姜末、蚝油熬制出来的一种酱，叫鸭肝酱。

味，垫底。炒锅上火，将干辣椒煸香，放入鸡块、茶油炒香，加汤焖煮，装在蕨菜上即成。

成菜特点：鲜辣咸鲜。

大瑶山讲究“吃春”，会摘椿芽做菜。各家都有拿手的椿芽菜肴，椿芽炒蛋、椿芽炒腊肉都是大瑶山的经典菜品。黄惠明小时候吃过妈妈做的椿芽炒蛋，也吃过叔叔做的椿芽炒腊肉。

- **椿芽虾粒蒸蛋**

原料：椿芽20克，虾仁粒30克，鸡蛋4只，精盐2克，猪油10克。

制法：将椿芽切成粒状。将鸡蛋磕在碗中，加入少量温水和盐，入蒸柜内蒸成水蛋。将椿芽粒及虾仁粒撒在蛋上方，蒸熟即可。

成菜特点：清香鲜美，营养丰富。

- **飘香椿芽塔**

原料：椿芽尖约50克，全蛋糊150克，飘香鸡粒150克，炸面包糠25克，蒜蓉15克，鸡蛋4只，色拉油75克。

制法：椿芽尖摘洗成6厘米长的段，多余的切成粒状，与飘香鸡粒拌好。炒锅烧油至五成热时，把椿芽拖全蛋糊入油锅中炸酥，捞出沥油摆放在四周。炒锅将炸面包糠、蒜蓉炒匀，撒在炸椿芽上。中间用炒好的蛋拌上飘香鸡粒，扣成塔形摆在圆盘中间。

成菜特点：外酥里香，口味鲜香，一菜双味。

大瑶山四处是茂密的森林，古木参天，一年四季均盛产蘑菇。黄惠明小时候跟随叔叔去采蘑菇，在三江口也做过很多新鲜蘑菇的菜，到郴州之后，就很少能够遇到那么多新鲜的蘑菇了。黄惠明一直想做些大瑶山才有的蘑菇菜肴，让客人记住大瑶山的味道。

- **米粉春菇**

原料：春菇（香菇、袖珍菇等春天的鲜菇类）300克，农家米粉100克，生五花肉粒50克，鸡精水5克，色拉油20克，胡椒粉1克。

制法：春菇分别改成条状和丝状，几种菇混合烹制。炒锅上火滑油，将五花肉粒煸炒出香味，放春菇炒熟，烹骨头汤烧开，调味，入米粉推匀，撒胡椒粉即可上桌。

成菜特点：鲜嫩滑爽，美味可口。

- **汽锅鸡汁茶树菇（鸡腿菇）**

原料：茶树菇250克，火腿肠丝30克，鸡汤250克，精盐2克。

制法：茶树菇焯水改刀，码放在盖盅或汽锅内。把鸡汁调好味，注入菇内，上面撒上火腿肠丝，蒸约15分钟。

成菜特点：汤清味鲜，质感脆嫩。

- **水煮鲜菌（蟹黄鲜菌）**

原料：香菇150克，全蛋糊150克，蛋黄2只，干辣椒10克，汤250克。

制法：香菇改刀成片状焯盐水，用干净毛巾挤干水分备用。把香菇拖全蛋糊炸酥，金黄色时捞出。把蛋黄煸香后放入汤烧沸，依次放入炸好的香菇，稍煮。炒锅烧油，干辣椒炸红、酥香时，盖在菜上方。

成菜特点：鲜香微辣，风味地道。

- **时菜双耳**

原料：菜胆300克，白木耳10克，黑木耳10克。

制法：木耳水发并焯水备用。菜胆焯油盐水，捞出摆放盘中，呈螺旋式。木耳用鸡汤煨好，勾少许芡，装入盘中即可。

成菜特点：色彩艳丽，口味清鲜。

大瑶山到处山岗林立，沟壑溪流交错，田野里一年四季都有野菜生长，春夏两季最多。大山里的瑶民，他们在父母的教导之下，认识了那些可以食用的野菜，也学会了烹饪这些野菜的方法。黄惠明对野菜有着浓厚的兴趣，他应用自己的技术烹饪野菜。

- **花蟹煲野菜**

原料：花蟹150克，野菜300克，蒜片5克，猪油20克，胡椒粉1克。

制法：花蟹清洗治净，改刀成块状。将猪油烧热煸香蟹，注入汤，烧开调味，然后放野菜煲至熟，把蟹摆放在上方上桌。

成菜特点：鲜嫩可口，清香鲜美。

- **野菜煲粥**

原料：野菜200克，精盐1克。

制法：选用清雅味型的野菜。野菜切成粒状，与白粥同熬，煲至浓香时即可。

成菜特点：清白分明，清肠健胃。

• 开水野菜

原料：野菜嫩芽取300~400克，过滤上等鸡汤300克，精盐2克，味精1克。

制法：过滤上等鸡汤放盐和少许味精调味，入蒸柜保温。时令野菜焯水，放入浅式盘中，注入过滤的上等鸡汤上桌。

成菜特点：清汤见底，半汤半菜，鲜美可口，制作精良。

• 铁板三结义

原料：芦笋或莴笋150克，西芹100克，百合50克，野山椒12克，鸡精水3克。

制法：芦笋切菱形，西芹切菱形厚片。把芦笋、西芹、百合三种原料焯水，与野山椒同炒入味，勾芡，带少许汁装入烧热的铁板内上桌。

成菜特点：清鲜微辣，口味适众。

第三篇

辉煌在

势如破竹

2005—2024年，这二十年间，我从郴州走向长沙，再走向世界，不仅见证了湘菜的蓬勃发展，也亲历了个人职业生涯的巅峰时刻。

2005年，我乘风破浪，勇夺中华金厨奖，这是对我烹饪技艺的极高认可。那一刻，我深感自己的努力得到了回报，同时也意识到肩上的责任更加重大。这个奖项不仅是对我个人的肯定，更是对湘菜文化推广和传承的鼓励。从那时起，我更加坚定了要将湘菜发扬光大的决心。2021年，我荣获了全国技术能手的称号，这是对我多年来在烹饪技术领域不断探索和创新的肯定。这个奖项让我更加坚信，只有不断创新和提升技艺，才能让湘菜在激烈的餐饮竞争中脱颖而出。2023年，我荣获了国务院政府特殊津贴专家的荣誉，这是对我为湘菜事业所做努力的极高认可。我深感荣幸，同时也明白这份荣誉背后承载的责任和期望。

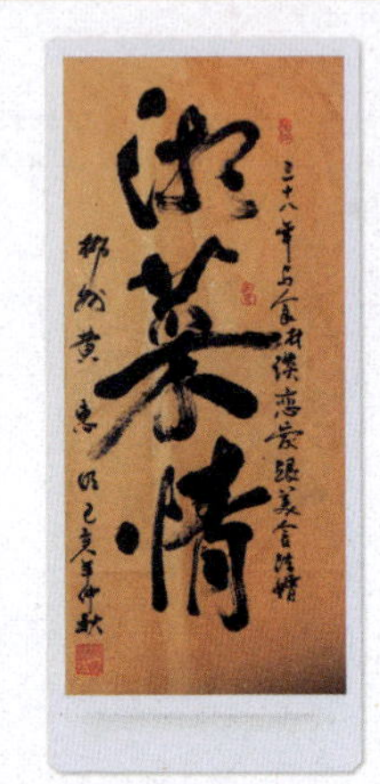

黄惠明“没精神不湘菜”书法

在追求烹饪艺术的道路上，我始终保持着对食材的敬畏和对技艺的精益求精。我兴趣广泛，摄影、书法、旅游、访学、浓缩EMBA盈利模式课程学习等都为我提供了不同的灵感来源，让我能够从多角度去理解湘菜和创新湘菜。如今，我已经走过了40多年的烹饪之路，但我对湘菜的热爱和追求从未改变。从汝城到郴州，再到长沙，乃至走向世界，每一步都充满了挑战和收获。未来，我将继续秉承“精益求精、创新发展”的理念，为湘菜的传承与发展贡献自己的力量，让更多人领略到湘菜的独特魅力和文化底蕴。

黄惠明“龙”书法作品

第二十六章
入选《世界名人录》

2005年，黄惠明举家迁居长沙。黄惠明的厨师事业得到了长足的发展，他致力于推动厨师行业的进步。黄惠明受到世界人物出版社、世界华人交流协会编辑的大型国际交流系列丛书《世界名人录》的邀请，想把黄惠明的传记载入其中。

《世界名人录》是世界上第一套多卷本中文版大型人物辞书，由世界华人交流协会、世界文化艺术研究中心编辑，世界人物出版社、中国国际交流出版社在香港出版。自1997年出版第一卷，在海内外各界的关心、支持和帮助下，至2004年已经成功地出版、发行了十大卷，在国际上产生了积极、深远的影响，有力地促进华人界，特别是中国内地人士的对外交往，加强了与世界各国、地区、民族的人民交流与合作，宣传了华人的艰苦奋斗、积极向上、始终不渝的奉献精神，铸就了扬帆大海、勇立潮头的当代英才丰碑，起到了存史资治、激励后人为民族复兴而奋斗的作用。2005年1月，《世界名人录》第十一卷中国卷出版，黄惠明拿着这本《世界名人录》，心里久久不能平静。

入編證書

黃惠明 先生/女士：

由於您致力於社會進步，貢獻突出，影響較大，傳記被編入大型國際交流系列《世界名人錄》。

特頒此證

世界人物出版社
世界華人交流協會
二〇〇五年 香港

Certificate

Mr./Ms. *Huang Hui-ming* :

Due to your great achievement to society, your biography brief has been edited into // *Who's Who in The World* //, which is large international interchange series.

We hereby award you this certificate

World Person Press
World Chinese Interchange Association
Hong Kong, 2005

《世界名人录》入选证书

黄惠明，男，1964年12月出生，湖南省汝城人。大专学历。国家烹饪技师、特一级烹调师、国家评委、中国烹饪名师。现任湖南省郴州市得月楼酒店管理有限公司技术总监、行政总厨、中国烹饪协会会员、湖南烹饪协会理事、湖南食文化研究会常务理事。曾获“湘菜名师”“绿色厨艺大使”“华夏之星”“技术能手”“东方美食三星记者”等荣誉称号。擅长于生产技术管理，并编制了各岗位管理手册和生产工艺流程及标准。以炒、煨、烧、泡、蒸、炖等技法见长。研发出湘南地方风味菜文化大餐，如：郴州古八景宴，汝城、桂阳、宜章、永兴等古八景宴。开发出富有地方特色文化的南洞庭东江湖生态鱼系列、民间钵子菜、山珍菌等系列生态湘菜，深受各界好评。曾获“香港杯”海鲜大赛金奖一枚、银奖三枚；东方美食国际大奖赛银奖一枚；湖南省烹饪大赛金奖和银奖；全国烹饪大赛优秀奖，论文《初探湘菜发展新思路》获全国饮食论文赛一等奖，主编《得月美食》刊物，代表作品得月飘香鸡、福地香鸭、得月竹香手、鱼子酱牛蛙钵等获湖南名菜，其作品在《中国烹饪》和《东方美食》等多家杂志发表。个人业绩收入《中国名厨技艺博览》《中国烹饪大师》等书。

名厨格言：细节决定成败，努力定会成功。

第二十七章
乘风破浪，勇夺中华金厨奖

中国厨师节是由中国烹饪协会主办的高规格餐饮业大活动，每年举办一届，目的是弘扬中华饮食文化，展示主办城市风貌及餐饮业新风采，交流提高烹饪技艺水平，促进中国餐饮业更好更快发展，提高中餐在世界餐饮界的地位，为中餐界同仁们提供展示成果、交流经验、互相学习的平台。2005年中国厨师节在武汉举办，由中国烹饪协会、武汉市人民政府主办。旨在以厨师为本，提高我国厨师的地位和影响，以“塑造知识型厨师，引导品牌健康消费”为主题，真正办成“世界厨师的节日，中国餐饮业的盛会”。期间颁布全国年度行业大奖——中华金厨奖。

中华金厨奖是由中国烹饪协会主办的全国烹饪饮食界最高荣誉奖项，表彰在美食管理、烹饪技艺等方面做出突出贡献的组织和个人，经省烹饪协会评选推荐，由中国烹饪协会评定，是烹饪界优秀人才表彰的较高荣誉。中华金厨奖的评选条件是在为社会公益事业、环境保护等方面做出过突出贡献，在职业教育领域成绩突出，在烹饪理论和烹饪技艺研究方面有创新建树，即在烹饪技术创新方面；在企业管理、厨房运营、成本控制、营销业绩、菜品制作、服务规范、企业文化、诚信道德建设方面；在烹饪理论与烹饪技艺研究、烹饪技术教育、行业培训方面做出重大贡献者。黄惠明被授予“中华金厨奖”。

第十五届中国厨师节首届全国中餐技能创新菜大赛以“美味、营养、新颖、实用”为指导思想，设定了热菜、凉菜、面点、雕饰和餐厅服务五个比赛项目，共有来自28个省、自治区、直辖市和港澳台地区以及韩国、美国、新加坡、马来西亚等国家的600多名选手参赛，黄惠明是湖南代表团的参赛者之一。黄惠明参赛的“酸辣鱿鱼卷”菜肴，获得了第十五届中国厨师节最佳技术创新奖。

中华金厨奖证书

第二十八章
手艺精湛，被评为国家烹调高级技师

中式烹调高级技师要求精通一个菜系的全部制作技术，能根据市场需求对传统名肴进行改良创新；能旁通两种以上其他菜系的烹调技能，会制作旁菜系的中、高档菜肴；全面掌握稀有烹饪原料的品种鉴别、保管、涨发、运用等制作技术；能组织、设计大、中型高档筵席菜单并能制作菜肴；具有中式面点师的中级技能水平；具有大、中型饮食业的经营管理和技术管理工作能力；能培训高级技工，带领技师进行技术攻关，解决本岗位高难度的操作技术问题；具有胜任本职工作的外语知识。

黄惠明根据中式烹调高级技师考核要求，温习了烹饪理论综合知识，熟悉掌握中国烹饪史、烹饪概论，了解客源国的风土人情、宗教信仰、饮食习惯，复习稀有烹饪原料的产地、特点、营养等，掌握菜点制作的原理、方法及解决技术，根据饮食对象、总人数、要求、季节、价格标准等设计多款大型筵席菜单，让冷菜、热菜、点心的数量、菜品结构、烹饪方法等科学合理，又做了几套花色冷盘、传统名肴、创新菜肴、名点、食品整雕，准备了专业答辩论文。黄惠明参加了中式烹调高级技师考核，无论是烹饪理论、筵席菜单、烹饪实操还是论文答辩，都取得了很好的成绩。

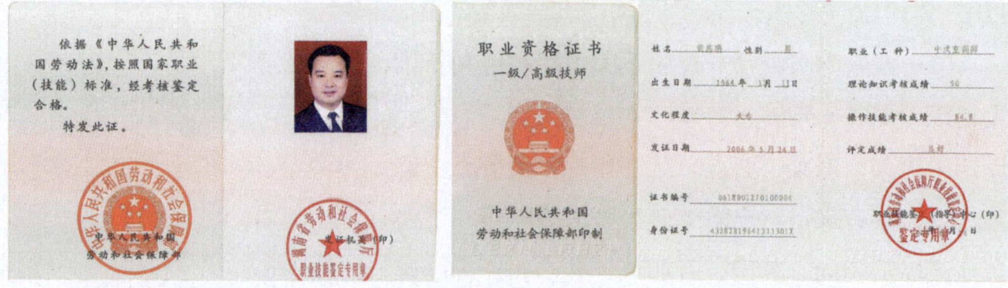
依据《中华人民共和国劳动法》，按照国家职业（技能）标准，经考核鉴定合格。

特发此证。

中华人民共和国劳动和社会保障部

发证机关（印）

职业资格证书

一级/高级技师

中华人民共和国劳动和社会保障部印制

姓名

性别 男

职业（工种）

出生日期 1964年

理论知识考核成绩

文化程度

操作技能考核成绩 84.8

发证日期 2006年5月24日

评定成绩

证书编号

身份证号

职业技能鉴定（指导）中心（印）

年 月 日

鉴定专用章

黄惠明高级技师证书

2005年，湖南省烹饪协会主办湖南省首届“辣之源”杯湖湘文化烹饪创新大赛，旨在弘扬湖湘饮食文化，引导湖南餐饮行业健康有序发展，聘请黄惠明等为湖南省首届湖湘文化烹饪创新大赛评委，评选出全省各市州宾馆、酒楼的龟羊汤、爆炒牛肚等30余道创新湘菜为金牌奖。

第二十九章
追溯潇湘与郴州古八景做名宴

黄惠明一直在湘南寻找食材，挖掘饮食文化，又对地方志有些研究，他一直想把那些美丽的风景转化成漂亮的菜品，将一个地方的八景、十景做成一桌宴席，成为当地古文化、古风景宴席。

自2004年开始，黄惠明针对潇湘八景等进行研究，开发了一系列的潇湘古八景宴、汝城古八景宴、宜章古八景宴、桂阳郡古八景宴、永兴观音岩八景宴、万华岩万华宴，受到食客的欢迎和喜爱。

八景宴展台

黄惠明的潇湘古八景宴以湘江中下游流域八处极富诗情画意的胜景为题材，利用现代的创新思维和生产工艺，独创以古八景对八大菜的模式，一菜一典故，以乐侑食的独特格调呈现在世人面前。用洞庭君山野针王为茶。取湖南各地民间地道的乡土原料制作八道风味不同的凉菜。第一道菜“洞庭秋月”，湘阴北去便是一望无际的洞庭湖，秋天的夜晚月色如银，天空和湖面相互映照，月光和湖光相互交融，泛舟湖上别有一番情绪，登上君山或者岳阳楼又是一种情怀。第二道菜“潇湘夜雨”，此景在永州零陵城东，潇水与湘水汇合为潇湘，雨落潇湘的夜景是文人借以寄情的著名景观，寄情于山河和钟情于心灵的夜雨，情意浓浓，设计成相思鱼翅羹，用山珍与海味搭配，更合肴相，更富营养，更切主题，寓意情深意切，缠绵相思。第三道菜“平沙落雁”，此景在衡阳市回雁峰，北方天气转冷，雁阵南行至此，好一个秋雁戏沙图，设计金沙双鸽，雁为飞禽用飞鸽替代，用酥炸和金沙炒的手法制作，加以雁雕造型装盘，衬托主题，栩栩如生。第四道菜“远浦归帆”，此景在湘阴县城江边，每当黄昏远山含黛，岸柳似烟，归帆点点，渔歌阵阵，等待归船的渔妇在晚风斜阳中衬托出一片温馨展望的繁忙景象。设计为刺身红龙双吃或南非鲍鱼，主题是满载而归，用鱼虾贝类制作，用龙船盛装。第五道菜“江天暮雪”，此景在橘子洲，当大雪纷飞白雪江天浑然一色，世间万物静无声，江中商船落帆泊岸，雪光上的暮色烟雾漂浮不定，人的心情格外清冷，思想随着雪花飘舞，那种清凉的悠闲是最接近冬雪本质的悠闲，设计为芦荟湘莲炖雪蛤*，用湘莲做菜，菜托情思，口味甘美，有抗衰老的保健作用。第六道菜“山市晴岚”，此景在湘潭昭山，紫气缭绕、岚烟袭人、云蒸霞蔚，一峰独立江边，秀美如刚出浴的仙子，设计为坛香驴肉，用罐中罐做菜，揭盖闻香，幽香扑面，似山中雨后云雾，乡土风味浓郁，鲜辣味美。第七道菜“渔村夕照”，此景在西洞庭桃源武陵溪，武陵人捕鱼发现桃花源，世人居住的渔村成了文人墨客憧憬的地方，白天渔人撒网洞庭，傍晚收拾渔网，提着肥美的鲜鱼在夕阳的晚照中踏着渔歌回家，设计为双味野生鲶鱼，双色双味，鲜辣味美。第八道菜“烟寺晚钟”，此景在衡山清凉寺，晚来风急，万物入眠，唯寺内报时的古钟不时敲出悠扬洪亮的声音，江舟中的旅行者在钟声中系舟或者远行，设计为南岳佛珠上素，佛教圣地善作斋菜，上素闻名中外。除此八菜，还有五道随菜，有传统湘菜，也有创新湘南风味菜。潇湘古八景宴分2880元/桌和6180元/桌。6180元/桌的潇湘古八景宴菜单，茶为洞庭君山野针

注 * 为可食用人工养殖品种。

王；特色看盘为洞庭秋月；凉菜为八围碟，有鼎福竹香手、郴州莽山清水鱼、沅陵土家晒兰肉、邵阳猪血丸、浏阳白干子、岳阳芦蒿、洞庭桂花糖藕、长沙脆萝卜皮；热菜有潇湘夜雨相思鱼翅羹、平沙落雁金沙双鸽、远浦归帆南非鲍鱼、江天暮雪芦荟湘莲炖雪蛤*、山市晴岚坛香山竹鼠*、渔村夕照双味野生鲶鱼、烟寺晚钟南岳佛珠上素；随菜有发丝百叶、临武沙田牛巴、武陵茶油石耳、大奎山榨笋酸菜、花菇菜葆；点心有香煎桂东黄糍、飘香榴莲酥；主食有永州竹筒瑶山饭、蕨根煲粥；水果拼盘。2880元/桌的潇湘古八景宴菜单，茶有洞庭君山野针王；特色看盘为洞庭秋月；凉菜为八围碟，有鼎福竹香手、郴州莽山清水鱼、沅陵土家晒兰肉、邵阳猪血丸、浏阳白干子、岳阳芦蒿、洞庭桂花糖藕、长沙脆萝卜皮；热菜有潇湘夜雨相思鱼翅羹、平沙落雁金沙双鸽、远浦归帆刺身红龙双吃、江天暮雪芦荟湘莲炖雪蛤*、山市晴岚坛香驴肉、渔村夕照双味野生鳜鱼、烟寺晚钟南岳佛珠上素；随菜有发丝百叶、临武沙田牛巴、武陵茶油石耳、大奎山榨笋酸菜、花菇菜煲；点心有苗家竹叶糕、灌汤芝麻球；主食有永州竹筒瑶家饭、桂东花豆煲粥；水果拼盘。

黄惠明根据汝城古代八景，制作了汝城古八景宴。六围碟是汝城特产地方小吃，有白椒淇江干鱼、美人伞香菇、拌小笋、卤花豆、腌萝卜干、盐煎豆腐。第一道菜“云山春望”，会云山春望层峦，光景葱茏。设计为冷拼，图案是山石与葱茏的树木，山石用卤菜拼砌而成，菜松点缀成山。第二道菜“寿江奇石”，寿江在县南门处，江中有龟鹤二石，惊涛奔浪，别有情趣，设计龟鹅合炖，草龟*与山区家养仔鹅配汝城特产花菇合炖，鲜美无比，有滋阴降火的功效。第三道菜“君子朝阳”，君子岭绝顶望诸处了然在目，设计吊烧脆皮鸡，用仔母鸡加五香料腌制入味，焯水烫皮，刷脆皮水，风干表皮水分，淋炸即熟，改刀时去粗骨，码放整齐，边围虾片即可。第四道菜“桂岭秋香”，桂枝岭在县城西，一名金字岭，岭上有塔，多桂花树，秋天桂花盛开芬芳扑鼻，设计桂花炒鱼翅，用鱼翅与蛋黄炒制而成，用塔装盘。第五道菜“东冈览胜”，东冈岭山势雄峻，茂林飞泉，无限烟霞，设计泉水山菌，用十八泉矿泉水与山野菌同烹，老母鸡清炖取汤用汽锅盛装，分别放入真姬菇、鸡腿菇、滑仔菇、玉兰片、茶树菇蒸制而成。南瓜山盘饰，汽锅盛菜。第六道菜“独秀晴岚”，独秀峰又名

注*为可食用人工养殖品种。

孤山，有“孤峰挺秀涌晴云”“登峰自觉众山低”等诗句，设计宝塔南瓜拼方肉，用汝城高山南瓜用宝塔模型扣好，中心扣芋泥，蒸好反扣盘中，淋薄芡，下方围小西红柿，四周摆放用稻草扎好煨制的红烧肉，盘边围黄瓜片。第七道菜“苏山春色”，苏仙山在县东，苏耽得仙道，邑人慕之，祠于山巅，绿树流莺，春色宜人，设计韭菜汁扒脆皮豆腐，鲜嫩水豆腐改刀成条状，挂脆糊浆炸至焦黄色，摆放于16寸腰碟中，韭菜搅成蓉制成鲜汁，扒在脆皮豆腐上。第八道菜“长湖渔唱”，长湖陂扁舟泛泛，沧浪一曲，别具诗情画意，设计龙舟载宝，鲈鱼去中骨，肉厚部位剞刀，腌制入味，拖蛋后拍粉，一手抓鱼头，一手抓鱼尾，把鱼做成龙舟状入油锅中炸制定型，复炸，装盘点缀，用橙汁烩水果球装在龙舟内即成。随菜为茶油鱼椒小炒肉、吊锅汝城豆腐丝。点心有煎红薯、甜酒板筋。水果有水果拼盘。

汝城自然景观予乐湾太极图

黄惠明根据宜章古代八景制作了郴州宜章古八景宴。第一道菜“黄岑叠翠”，黄岑山在县城南部，山上古松挺拔，空山新雨后，树叶苍翠欲滴。冷拼设计山石、花草、古松树、云彩，山石用卤菜及蛋黄糕、火腿拼摆而成，花草用香菜、葱叶、红李子点缀，古松树用香菇做树干、菜松做树叶呈迎宾松样，云彩用菠菜汁调琼脂溶化，注入16寸盘中。配八小碟宜章风味小吃，有山野菜、油淋菌、清水鱼、小笋、泡萝卜、仔姜豆豉苦瓜、蕨根粑。第二道菜“玉溪春涨”，玉溪河在县城南，春夏水涨，奔湍势迅，澎湃声喧，若万窍雷霆鸣石罅。设计鲍鱼菇海参羹，鲜美可口，呈浅红色。第三道菜“蒙洞泉香”，蒙泉、友泉在县城东，二泉汇合成涓涓细流，泉水煮茗甚甘，微风吹来似阵阵茶香。设计茶香大虾，绿茶泡发取茶叶、茶水，用茶水腌制开背部大虾，茶叶炸酥香捞出沥油，大虾拉油至外酥里嫩，焗入味至收汁时放入茶叶煸炒，起锅装盘，大虾摆放四周，茶汤半杯装入高脚红酒杯中，放在13寸盘中，茶叶堆放在杯脚旁，用6个大虾倒挂在杯边缘，茶香虾酥、意境合一。第四道菜“艮岩龙隐”，艮岩一泉自岩边涌出，深不可测，传说有龙藏仙洞内。设计汽锅仔龙，鳝鱼去头去尾去内脏，放入汽锅内，野山椒切成粒状与红椒米拌匀放在鳝鱼上，淋入豉汁，撒葱丝淋热油，鲜辣味美。第五道菜“榜山晴旭”，榜山山上向东处有一巨大光滑平坦的石岩，在阳光照射下如金榜一样。设计金榜题名，酥软浓郁，红润味美。第六道菜“宝刹云幡”，宝云寺有云气冠其上，夕阳映照，烟雾缭绕，犹如一张黄色的古幡在晚风中飘荡。设计古塔拼竹香手，古塔饰盘边，点缀花卉，脆黄瓜炒熟垫底，竹香手摆成长方形，脆爽可口，美景美味。第七道菜“白水垂虹”，宝云山瀑布从悬崖绝壁间飞泻而下，雨天看去像一条长长的白练，晴天则像一束五彩缤纷的长虹。设计山石与瀑布盘饰，装刺身三文鱼，取16寸腰盘1个边饰假山瀑布，冰块用保鲜膜包好成长方形，鱼切成薄片叠放其上，形似长虹，配味碟，美观大方，爽口去腻。第八道菜“普化晚钟”，普化寺有一口大钟，晚祷烧香敲钟，声音悠扬。设计冬瓜刻成钟状，形象逼真，鲜香浓郁。随菜宜章大杂烩、宜章芋荷鸭、得月坛子菜。水果有水果拼盘。点心有冰镇葛根凉粉、蒸饺。

黄惠明根据桂阳郡古八景制作了桂阳郡古八景宴。第一道菜“仰高夜月”，又名高亭夜月，高仰亭月夜天垂旷野、月桂重檐，“双塔云中瘦，千峰烟处低”，景色迷人。菜品设计象形大拼带六小吃，四道菜砌成山石、绿草点缀，石山顶有二座塔，塔上方及左右挂白云，右上方为半边月，14寸圆盘装。第二道菜“锦湖秋水”，能仁寺旁湖水擅秋色，“锦湖秋水澈，苍以拥清流”，令人“欲买瓜皮艇，长年此钓游”。菜品设计碧绿银鱼菜叶羹，色泽绿油油，清新爽口，鲜味十足，用汤羹盅装。第三道菜“西寺朝霞”，蒙泉今名八角井，水甘宜煮茗，是桂阳县第一泉，井旁有宋“蒙泉”石碑一方。菜品设计酥盒茶香虾，面点房烤腰形酥盒，高脚杯泡茶，反扣14寸盘中间，乌龙茶先泡发，取其茶叶，基围虾从背剞刀，稍腌入味，拍少许干粉炸酥，茶叶炸酥与虾同炒，尔后分别装入酥盒内，剩余茶叶放盘中，盘边围黄瓜片。第四道菜“芙蓉雪霁”，又名宝山积雪，芙蓉山诸峰苍秀。菜品设计雪中藏宝，蛋清糊盖鸡丁甜玉米，形似宝山积雪，寓意雪中寻宝，用12寸扇形盘装。第五道菜“能仁烟雨”，能仁寺地广敞秀，诗曰“山雾空蒙连远天，拟图春色入鸾笺”。菜品设计汽锅魔芋鸭，鸭肉改刀成大长方块，用葱、姜、料酒、盐腌入味，生炸至金黄色入汽锅内，桂阳特产魔芋改刀成块焯水，调制香辣浓郁的汁，装汽锅内垮炖而成。第六道菜“七曲朝霞”，又作古刹朝霞，诗云“宝岭央前七曲祠，晚霞灿烂绚晴晖”。菜品设计九转醋烧肠，用回廊风景装饰。第七道菜“鹿峰晚照”，也作东峰晚照，鹿峰山有七层佛塔，塔北有鹿峰庵，每岁夕阳含山，霞光万道，交相辉映。菜品设计香煎鱼饼，用南瓜山石及佛塔盘饰。第八道菜“龙流晴云”，龙渡山云聚则雨，诗云“山拥游云势若飞，光射金乌度影迟”。菜品设计铁板烧鱿龙，上桌后鱿龙推入铁板内成形，淋汁即可。随菜为清淡型卜豆角炒干笋、鱼椒小炒茶油肉。点心为象形雪梨果、秋叶蒸饺。水果有水果拼盘。

黄惠明根据永兴县观音岩八景制作了永兴观音岩八景宴。永兴县观音岩巧夺天工，天然八景别具一格。永兴观音岩八景宴手法古相典雅，用自然天成的原料结合永兴茶油之乡特有的风味研发，以飨顾客。六道风味小吃有永兴腐竹、便江小干鱼、花豆、大头萝卜、贡菜、泡菜。第一道菜“象鼻负石”，委岩下一石突出，状如象头，宛若象鼻负石。菜品设计象形拼盘，猪头去骨酱制冷却，改刀拼成象鼻形，配太和辣酱，用腰盘盛装。第二道菜“卧江石狮”，岩在便江之中，一石突出水面，形似雄狮。菜品设计汽锅狮子头，肥六瘦四的五花肉细切粗剁，调味，搅打上劲，拌入荸荠粒制成直径6厘米的肉球，裹蛋清入90℃的水中浸煮，浸煮至挺身后捞出放入汽锅中，清汤调味注入汽锅内蒸1小时，上来时放入烫过的绿色小菜心，每个狮子球点缀小块蛋黄。第三道菜“观音在洞”，观音岩七层楼阁有奇异石洞，内有一石乳似观音。菜品设计钟乳水晶虾，用冬瓜雕刻成一个大的钟乳石放在16寸的圆盘左上方，基围虾去壳、去虾线，用盐、蛋清腌制拌匀，入冰柜冷藏1小时，取出后泡嫩油，配少许西芹红椒指甲片熘制而成。第四道菜“石猿税途”，观音岩后面山上有一石似猿在路旁休息。菜品设计鲍汁猴头菇，干猴头菇水发漂水洗净，挤干水分改成大片状，用老母鸡汤煨好入鲍汁中㸆入味，收浓汁勾少许芡，依次摆放成一座小山状，用日本豆腐斜刀切椭圆形厚片，炸成金黄色，酿肉胶，盖上咸蛋黄半个，蒸熟围边即成。第五道菜“甘露神泉”，正殿左侧过道外有石泉。菜品设计神泉鱼，选便江生态鱼约1千克去粗骨，鱼头及鱼肉改刀成大长方厚块，用清炖母鸡汤汆制，淋生茶油而成，半汤半菜，鲜美无比，土碗装，汤要偏咸，味才足。第六道菜“梳妆有台”，又名石屏拥翠，观音岩对面便江西岸有石如屏风，传说是观音梳头的石镜。菜品设计鱼椒梳头牛百叶，牛百叶切成梳子状，用鱼椒炒制而成，盘饰为一个仙女对着镜子在梳头，14寸腰盘装。第七道菜“深潭无底”，小南海前靠江中有深潭，水深莫测。菜品设计海誓山盟，海参片与野山菌烩制，10寸圆盘装。第八道菜“石僧拜佛”，对岸凤凰山腰有一石形状如和尚打坐，面朝县城。菜品设计罗汉上素，草菇、橄榄萝卜、板栗、菜心分别炒制，摆成四份拼好盘，勾芡淋在上面即成。随菜为茶油豆油鱼椒肉、白椒牛皮。点心为麦香番薯烙、火夹面包。水果有水果拼盘。

黄惠明根据郴州万华岩风景制作了一桌万华宴。郴州万华岩溶洞有个美丽动人的传说，明代刘汝南诗云“鸟道斜通一罅天，仙人遗廪尚依然。四时不断洞中雨，百亩谁开石上田？紫雾汉文宜豹隐，碧江嘘气有龙眼。悬流倒影光相映，薄幕流连欲放船”。万华岩位于郴州西南方向17千米处，总面积约6.3万平方米，洞内空气畅通，气温在20℃左右，四季宜人。洞中各类次生化学沉积物达30多种，占国内种类的90%以上，以“水下晶锥”最为珍贵，乃世界罕见。传说万华岩洞乃玉帝所造，他见人间多灾多难，黎民百姓苦不堪言，便动了恻隐之心，特令山神土地造成此洞给百姓避难。岩洞依山傍水，冬暖夏凉，在洞内造石田、石池，从天庭引来甘泉方便百姓耕种五谷、放养鱼羊。黄惠明设计思路由包厢布景、背景音乐、景区展盘、主题菜品、导游解说等五大版块组成，菜品运用拌、炖、焖、炒、烩、炸、蒸、汤浸、冰镇等烹调手法，展现给食客一幅绝妙的溶洞景区图，让人对大自然的鬼斧神工叹为观止。通过对万华岩传说的挖掘和厨师的精心制作，表达人们对“真、善、美”的崇尚。布景由巨型泡沫雕装饰包厢门口，包厢顶装饰由泡沫雕刻的钟乳石点缀包厢。餐前上果汁1杯，餐中播放背景音乐。景区展盘由岩洞、假山、瀑布、麒麟、劝农碑、花草等景物组成。万华岩地理位置和由来做简单的介绍。对逐个菜品的传说、景点、成菜特点详细解说。万华宴主题菜品有：一是六小围碟的开胃凉菜，有鱼冻、盐水花生、开胃藕粉、泡仔姜、拌贡菜、圣女果。二是天水隔人间，为麦冬金菇炖老鸭。三是神农降恶蟒，为青椒焖蛇段*，玉帝将洞造好后派神农氏“南巡”，发现耕牛被洞内巨蟒残害，

注 * 为可食用人工养殖品种。

神农氏便用自己的头巾将巨蟒缠住，使它永世不得为害人间。菜品香辣翠绿，家常地道。四是冰川在玉壶，为冰爽猪肚，万华岩主洞穴1100米深处的景点有座冰川赫然兀立在壶肚中央，像一堵万仞晶体，烹调方法为冰镇，盛器为寿司盘，冰凉爽脆、醒酒开胃。五是镇妖神针，为桂花炒翅，岩洞1270处的石笋在河左岸拔地而起如银箭直指洞天，石笋浑身似玉石一样洁白、光滑，像王母娘娘留下镇守洞府的神针，烹调方法为炒，盛器为14寸圆盘，海味湘做，爽脆可口。六是天生仙女洞，为酸辣贝壳肉，广寒宫的仙女来到万华洞玩耍，被石景所陶醉，宁愿失去容颜也要留在洞中嬉戏，从此华光四射、仙气飘逸，烹调方法为炒，盛器为13寸圆盘贝壳盛装，造型别致、佐酒下饭。七是洞顶奇观，为汤浸羊肉，岩洞主洞道930余米处洞顶石景仿佛走进一个大羊圈，烹调方法为汤浸，盛器用12寸汤盘，皮爽肉紧，酸辣开胃。八是水下晶锥，为水晶凉粉，烹调方法为煮，盛器为13寸窝盘，晶莹剔透、生津止渴。九是天下黄金池，为金瓜赛雪蛤*，万华岩主洞道1250米处右坡有个36万年点滴沉积的石池，深度超过3.5米，居全国溶洞石池之首，烹调方法为烩，盛器为13寸圆盘装南瓜盅，色泽金黄、嫩香爽滑。十是天降宝麒麟，为麒麟翘嘴鱼，烹调方法为蒸，盛器为13寸鱼盘，清淡细腻、形似麒麟。十一是大雪压青松，为冰镇西蓝花，冰爽翠绿、构思巧妙。随菜有时令抖菜、农家小炒肉。点心有红萝卜酥、西瓜粥。水果有时令水果拼盘。

第三十章
赏郴州风光，创生态翠竹宴

黄惠明喜欢大自然，深山里的食材让他爱不释手，总想把它们做成菜品、做成宴席。黄惠明熟悉一年四季的菜品，深入了解一年四季不同的养生理念，经过多年的努力，在完成潇湘古八景宴等一系列古代风景宴席之后，他开创了“春之韵”“绿之

注 * 为可食用人工养殖品种。

韵”“丹桂飘香”“冬季养生”等宴席。

孔子认为“不时而不食”，告诫我们要崇尚自然，回归生态，注重营养。黄惠明秉承五千年华夏美食文化传统，立足于春季林邑餐饮风情，尽采五岭之绿的椿芽、清明花、野菊花等野菜，以民间技法与创新工艺烹饪出精美大菜，道道清香鲜嫩，充满浓郁的春天气息，有清新的果汁、清醇的香茶，让人全方位地感受春的惬意与诗韵。看盘以高超的技艺与独特的手法逼真地再现北湖公园的明媚春光，群山披绿，百花争妍，碧水荡漾，垂柳婆娑，春燕呢喃。涉及的景点桥为白玉桥，亭为叉鱼亭。凉菜均为郴州地方春季的野菜原料所做，味型香辣，开胃爽口。热菜有十道。第一道菜春江水暖，菜品设计为菊花蟹味菇炖老鸭，主料为老鸭块，配料野菊花1朵/盅、蟹味菇10克，汤色清澈、鲜美。有诗云“春江水暖鸭先知”，冬去春来经历了一个漫长的冬季消耗，体内邪火滋生，菊花可清肝明目，老鸭属凉降火，两者炖汤，可排毒养颜，保持人体生理合理平衡。第二道菜阳春三月，菜品设计为凤尾金沙虾扣花菇，主料为桂东花菇，配料虾片12块，美观大气、色泽悦目，一菜两味，酸甜酥脆，滑嫩鲜浓，阳春三月，阳光明媚，修竹青翠，大虾翘尾，各种山珍耐不住寂寞悄悄地探出了头。第三道菜春归大地，菜品设计为郴阳一品龟，主料乌龟*1250克，配料牛鞭、鸡腰各100克，鹑蛋12个，秘制酱10克，工艺讲究，味道香辣浓郁、鲜美，壮阳补肾。春回大地，春风荡漾，万物复苏，牛鞭、鸡腰与长寿龟秘制可助长阳气，强身健体。第四道菜春雷阵阵，菜品设计为桑拿墨鱼仔，主料墨鱼仔300克，配料鱼椒150克，鱼香味浓，口感脆爽，气氛热烈，有强烈的视觉和听觉效果。俗话说“春天是小孩子的脸”，说变就变，刚才还是阳光明媚，现在已是春雷阵阵，快要下雨了，雷声是春天的号角，雷声是春天的歌谣。第五道菜雨后春笋，菜品设计为栖凤米粉菌，主料野生菌150克，配料乡村米粉100克，小笋尖50克，将煨入味的小笋尖插入米粉中，口感爽滑，形象逼真，具有浓郁的乡村气息。第六道菜春色满园，菜品设计为牡丹蛋卷，主料蛋卷，配料荸荠和烤紫菜，斜刀状蛋卷摆放成牡丹花形状，味道清鲜，质地脆爽，造型美观。春天是花的世界，百花争妍，最艳莫过牡丹，雍容华贵。第七道菜春意盎然，菜品设计为桂花香椿鱼翅，主料鱼翅，配料鸡蛋和香椿，香味独特，档

注*为可食用人工养殖品种。

次高贵，搭配新颖。三月的春天，充满了勃勃的生机和希望。第八道菜春意缠绵，菜品设计为笼仔竹香骨，主料排骨75克/根，配料糯米300克，鱼椒1只/根，粽叶10片，口感软糯，具有淡淡的竹叶清香。三月正是郊游踏青的日子，到处是红男绿女，情意绵绵，如淅淅沥沥的雨丝缠绵不绝。第九道菜春日叉鱼，菜品设计林邑古法烤鱼，主料鲈鱼片500克，配料哈密瓜片、西蓝花，香辣可口，开胃下饭，宜佐酒。本菜由郴州北湖韩愈叉鱼亭的典故演化而来，春天邀三五好友叉鱼烧烤饮酒不亦乐乎。第十道菜春的召唤，菜品设计为上汤豆苗拼高山娃娃菜或其他高档素菜，主料高山娃娃菜、黑豆苗，调料清汤，清淡素雅，半汤半菜，生态绿色。走进春天，将拥有一个崭新、绿色、健康的美好世界。随菜味型香辣浓郁，开胃爽口，都是下饭菜。点心有清明粑、豆腐脑儿。主食有泰国贡米蒸制而成质地软糯的香米饭。春茶有宁夏谷雨枸杞芽，清心解火，理肝明目。果汁以芦荟、黄瓜等春季时令果蔬榨取的汁水，清新可口，美容养颜。

郴州一品龟

黄惠明又创作了“绿之韵”宴席，以独有的方式邀请客人在餐桌上感受绿的韵味，细品大自然的美好时光。第一道菜六味迎宾，有折耳根拌清水鱼、青豆雪里蕻、凉拌芦笋、凉拌野韭菜、凉拌小笋、茄子拌皮蛋，口感脆爽，有清热解毒、利润化痰的功效。第二道菜碧绿翡翠海鲜盅，营养丰富、咸鲜味美，色泽清澈，有养血润燥、延缓衰老的功效。第三道菜野薄荷口味鸡，淡淡的薄荷香吸引味觉，不由自主地陶醉在野薄荷带来的清爽和鲜嫩，口味鸡香辣浓郁、开胃爽口。第四道菜圆贝鱼翅，营养丰富，有补养五脏、健腰益气、除痰开胃的功效。第五道菜纸锅薄荷虾，香辣浓郁、营养丰富。第六道菜香炸野菊花，口感脆香、味道鲜美，具有祛热、化痰、润喉的功效。第七道菜野薄荷菊花鳝。第八道菜碧绿三角鲂，味道鲜美，鱼肉滑嫩。第九道菜百子千孙，由麦子、芹菜茎、松子做原料配制而成，口味清淡爽口。第十道菜开水灰灰菜，纯真本色，清火润喉。第十一道菜香椿宝塔蛋，有消风、解毒、健胃、理气的功效。第十二道菜金玉满堂，即木瓜炖雪蛤*，营养丰富，香甜味美，有补肾、润肺、养颜的功效。第十三道菜清炒鸡肉，清热解毒，清肝明目。随菜野山椒肉末，酸辣开胃，酱香味浓，适宜下饭。主食有野菜粥、野菜粑、菠萝饺。水果有水果沙拉。

金秋十月，丹桂飘香，黄惠明与徒弟李学斌及团队共同研究挖掘林邑饮食风俗文化，民间传统佳肴，全力打造“丹桂飘香宴”。看盘是五谷丰登，将农家煮花生、板栗、卤水花豆、红枣、爆米花等五种土特产拼制在一起，象征事业丰收、五谷丰登。凉菜是月是故乡明，家常地道，爽口开胃。汤羹紫气东来，为郴阳一品盅，将牛鞭、鸡肾、红枣、枸杞等多种名贵药材组合，形成一道强身健体、益气补身、档次高贵的汤品。第一道菜丹桂飘香，菜品为桂花鱼翅，取桂花清香融入高档鱼翅，创意新颖，构思巧妙，档次华贵，整套宴席中画龙点睛之笔。第二道菜鸿运当头，菜品为宫廷鹿蹄筋*，鹿蹄质地柔软，舒筋活络，用烹制好的面饼围上鹿蹄筋，口味浓郁、造型美观。第三道菜喜气洋洋，菜品新疆烤羊排，选用黄河故道羔羊为原材料，采用新疆秘制烧烤方法烹饪，味道焦香可口。第四道菜秋月无边，造型美观，色泽靓丽。第五道菜翡翠海中宝，将蒜蓉元贝拼上粉丝花篮，装入烧好的芦笋、海螺片，格调高雅，档次高贵。第六道菜硕果累累，秋季带来丰收的喜悦，用野猪肉烧水鱼，味道香浓醇厚，意味深长。第七道菜赛龙肉，俗话说“天上龙肉、地下驴肉”，菜品为平锅茄子扒驴肉，茄子和驴肉的味道缠绵在一起，相辅相成，奇鲜无比。第八道菜竹影蟾宫，菜品为飘香龙山粉丝，将龙山粉丝加得月楼金牌菜“得月飘香鸡”一起烹制，更加清爽宜人，具有飘香鸡特殊的香味，装盘上以黄瓜摆放月光竹影、竹子下静卧两只蟾蜍，充满诗韵，带来别种风情。第九道秋菜的私语，菜品为荷香翘嘴鱼，郴州有无鱼不成席之说，将肉质细嫩的资兴东江翘嘴鱼加入荷叶一起清蒸，味鲜清淡、喷香爽口。第十道菜月上柳梢头，菜品为白灼广东菜心，鲜上鲜的时蔬，托着一轮皎洁的明月。随菜有口味腊牛肉、干锅芽白。面食有桂花千层糕、雪梨果，水果为什锦大果拼。

冬季寒冷，适宜进补。苏仙宾馆特色宴文化研究中心秉承“药食同源”传统中华饮食理念，邀请黄惠明根据冬季人体膳食平衡的科学原理，开发了系列营养、健康的

注 * 为可食用人工养殖品种。

冬季养生美食。看盘四季常青，菜品设计以岁寒三友松、梅、竹组成，青松坚毅翠绿，翠竹挺拔多姿，寒梅傲雪报春。凉菜瑶家风情，菜品设计四种瑶家凉菜乳香大头萝卜、江华仔姜丝、瑶家扎鱼、花生拌腊牛丝，原生态原料、开胃爽口、宜佐酒下饭。第一道热菜玄武益寿，菜品设计为蛇骨龟肉盅*，主料龟肉、蛇骨各100克，辅料花旗参10克、红枣10克，传统益寿佳肴，营养丰富、养颜健体。第二道热菜沛公狗肉，菜品设计为童子狗煨水鱼，主料乡村童子狗肉300克、野生水鱼500克，辅料小红椒20克，香辣鲜美、质地软糯。第三道热菜清心润肺菜，菜品设计为雪梨扒鱼唇，主料鱼唇200克，辅料雪梨200克，档次华贵、清心润肺、色彩艳丽，雪梨与鱼唇有清热解火、润肺的功效。第四道热菜喜来乐狮子头，菜品设计为山珍烩肉丸，主料肉丸6个约250克，辅料菌子、小笋多种约300克，虾仁30克，口感酥烂、鲜美、老少皆宜。第五道热菜养生长寿菜，菜品设计为雪蛤*木瓜扒牛骨髓，主料牛骨髓200克，辅料雪蛤*100克、木瓜100克，口感滑嫩，色泽洁白，生精益髓。第六道热菜健身钙中钙，菜品设计为筒子骨煲黄豆，主料筒子骨10根约1000克，辅料黄豆100克，汤鲜味美、高钙食品，对骨质疏松和促进骨骼发育大有裨益。第七道热菜补血益气菜，菜品设计为怀山当归煲驴胶，主料驴肉300克，辅料怀山100克、当归50克，补血益气，软糯可口，驴胶是补血佳品，当归、怀山有行气血的功效。第八道热菜乾隆贡鸭，菜品设计为山珍祝师傅板鸭，主料祝师傅板鸭300克，辅料桂东花豆、香芋各100克，风味独特。第九道热菜美味鲜上鲜，菜品设计为锅仔银丝鱼，主料东江大鲫鱼约750克，辅料嫩白萝卜丝200克、芥菜10克，汤汁奶白，鱼肉鲜嫩，营养价值高，民间素有“秋鲤冬鲫”的说法。“冬吃萝卜夏吃姜，不用医生开处方”，萝卜号称“小人参”，两者配伍和中补虚，除湿利水，实为冬季养生佳肴。第十道热菜群英荟萃，菜品设计为黑豆苗并芥蓝，主料绿色黑豆苗150克、芥蓝150克，绿色素食，生态营养。随菜冬笋牛肉丝、五彩瑶家酸。茶水麦冬参须枸杞茶。

黄惠明受长沙鼎福楼郴州旗舰店的邀请，携弟子李学斌、梁华博等研发蟠桃宴席。以“万福汤”为头菜，以长生一品龟（潇湘一品龟）为主菜制作了一席“蟠桃宴”。用生态原料山珍与地方特产组合，更具有膳食平衡、养生保健的功效。看盘意

注＊为可食用人工养殖品种。

境是“福如东海，寿比南山”。有四凉碟，为养生保健、清淡素雅的风味小吃。第一道菜万福汤，菜品设计为花旗参煨竹丝鸡，主料竹丝鸡（乌鸡）750克，辅料花旗参5克，质地软烂、汤味鲜美、养生益寿，档次高贵，花旗参补中益气，强身健体。也可以用汉鼎菌王汤、海景佛跳墙。第二道菜带子上朝，菜品设计潇湘一品龟，主料草龟*肉，辅料鹌鹑蛋、黄豆、牛鞭，味道香浓醇厚，造型美观。第三道菜仙鹤拜寿或花仙拜寿、鲍汁扒花菇，菜品设计十三朝乳鸽，主料乳鸽2只，辅料虾片，色泽红亮，外酥内嫩，食之喷汁。第四道菜一掌乾坤，菜品设计鲍汁扣鹅掌，主料鹅掌10个，辅料西蓝花、魔芋卷，质地酥烂、鲍汁味浓，鹅掌舒筋活络。也可以用外婆鸡汤蛋卷、鼎福竹香手。第五道菜群龙贺寿，菜品设计铁观音茶香虾，主料基围虾400克，辅料铁观音茶叶10克，色泽美丽、清淡宜人、口感香脆。第六道菜寿比南山，菜品设计蟠桃宝塔肉，主料宝塔扣肉，辅料寿桃包10个，造型逼真、口感酥烂、香浓开胃。第七道菜五福和合，菜品设计干锅驴肉或干锅山珍虾燕，主料名古屋虾燕16个，辅料杏鲍菇，味型咸鲜清淡、清香怡人、品种丰富。第八道菜添福添寿，菜品设计喜气洋洋（酸辣羊肚）或香姜土鱿丝，主料土鱿鱼，辅料香姜，鲜辣香浓、开胃爽口。第九道菜富贵有余，菜品设计清蒸翘嘴鱼或清蒸鳜鱼、清蒸多宝鱼，主料鱼，辅料豉油汁，清鲜滑嫩、豉汁味浓。第十道菜四季常青，菜品设计自灼菜心，主料高山菜心，咸鲜脆爽、高山绿色食品。随菜为潇湘鸡汁脆笋、脆黄瓜炒脆骨、临武沙田牛巴、大奎上榨笋酸菜。点心为灌汤香芋球、一碗福寿面。主食为黄金炒饭。

黄惠明带领惠师门传人团队秉承“以味为核心，以养生为目的”与“药食同源”的饮食理念，以草龟*为主要原料，辅以灵芝、长白山人参等多种名贵药材，采用独特的烹调手法，精心研制开发一套营养养生宴席“蟠桃龟寿宴”，取长生不老的美好祝愿。看盘福如东海。蓬莱仙境是茫茫东海之中的三座岛屿，传说中的人间仙境，藏有长生不老药，秦皇、汉武都曾派人前往求取。南极仙翁又称寿星，执掌人间生命寿夭的天界神仙，视作长寿之神，是吉祥长寿的象征。看盘意境是南极仙翁伴着寿龟从蓬莱仙境带着长生不老药和吉祥祝福而来。凉碟中为松鹤延年，四围碟为养生益寿、清淡素雅的风味小吃。第一道菜益寿延年，菜品设计灵芝龟煲翅，主料草龟*1只、鱼

注 * 为可食用人工养殖品种。

翅，辅料灵芝、长白山人参，质地软烂、汤味鲜美、养生益寿，档次高贵。第二道菜一掌定乾坤，菜品设计鲍汁龟掌扒猴头菇，主料龟掌、猴头菇，辅料冬瓜，质地酥烂、鲍汁味浓，猴头菇是名贵菌类，能助消化，龟掌有舒筋活络的功效。第三道菜仙鹤拜寿，菜品设计脆皮乳鸽，主料乳鸽2只，辅料蜜汁酱料，色泽红艳，外酥内嫩。第四道菜带子上朝，菜品设计双龙煲龟肉，主料草龟*肉，辅料鹌鹑蛋、黄豆，味道香浓醇厚，造型美观。第五道菜金玉满堂，菜品设计金玉脆皮虾，主料脆皮虾，辅料桂东甜玉米、松子，色泽美丽、清淡宜人、口感香脆。第六道菜寿比南山，菜品设计龙眼宝塔扣肉，主料宝塔扣肉，辅料龙眼豆腐，造型逼真、口感滑烂、香浓开胃。第七道菜龟呈祥瑞，菜品设计笼仔荷香龟，主料草龟*肉，辅料红枣、蟹味菇、白果、枸杞，味型咸鲜清淡、清香怡人、品种丰富。第八道菜添福添寿，菜品设计石锅龟杂，主料龟杂，有龟肝、龟肠、龟心，辅料得月鱼香辣椒，酸辣鲜香、开胃爽口。第九道菜富贵有余，菜品设计清蒸福寿鱼，主料福寿鱼，辅料豉油汁，清鲜滑嫩、豉汁味浓。第十道菜四季常青，菜品设计上汤豆苗，主料高山豆苗，辅料上汤，咸鲜脆爽、高山绿色食品。随菜均是开胃、适口、下饭菜，点心为蟠桃包，养身益体，延年益寿。龟苓膏用龟板、土茯苓、红枣、枸杞等熬制而成，有去火养生、美容驻颜之效。主食为福寿面。水果为什锦人参果拼。茶水为人参乌龙茶。

东江湖号称湘南洞庭，湖周高山林海，湖面风光旖旎，水源充足，水清可鉴。黄惠明的东江湖全鱼宴选用十多种有机鱼，多种技法烹制而成，有浓郁的湘南特色。凉菜为东江五福水晶鱼：倒刺耙鱼冻、湘云鲫冻、鲥鱼冻、青鱼冻、鱼鳞冻。热菜有鲍鱼菇鳜鱼羹、虹鳟鱼五吃、米汤氽鮰鱼、茶油蒸风干翘嘴鱼、三角鲂鱼汤煮米饺、三味东江鱼头王、栖凤米粉熬鱼泡、银鱼酸菜煎蛋饼、东江鱼米香、鱼子浸时蔬。点心栖凤渡鲜鱼粉。东江五福水晶鱼是由五种不同的鱼熬制成的不同风味的浓汤，调味后制冻成鱼的形状，拌以陈醋和调料汁食用，鲜美可口，入口即化。鲍鱼菇鳜鱼羹选用东江湖的野生鳜鱼取肉蒸熟，撕成小块与杏鲍菇丝和鱼头尾及骨熬制的汤烩成羹，放入少许香菜粒提味，清香滑嫩，鲜美润口。虹鳟鱼五吃，一吃刺身、二吃皮凉拌、三吃骨椒盐、四吃鱼杂煎蛋饼、五吃头尾煲粥，一菜多味，具有肉多刺少、细嫩鲜美的

注＊为可食用人工养殖品种。

特色。米汤余鮰鱼，粗粮制成汤，放鮰鱼片余熟，肉质鲜嫩可口，营养丰富，无土腥味，浓郁的民间风味。茶油蒸风干翘嘴鱼，翘嘴鱼生活在水质清澈、急流水的大水体中，性急猛烈，以鱼虾为食，肉洁白鲜嫩如豆腐，有淡水鳓鱼之称，鲜鱼和腌制风干均宜，配以本土的茶油烹制，清凉降火，滋味绵长。三角鲂鱼汤米饺，三角鲂鱼体大肉厚，肌间刺少，肉质嫩滑有浓郁香味，淡水鱼中珍品，鱼头尾熬成浓郁的鲜汤，煮取肉做成的鱼饺助益养身。三味东江鱼头王取东江胖鱼头制作成三种口味特色，三种吃法，三色米饺烹制，文化底蕴丰富，风味独具，浓郁的民间风情。栖凤米粉鱼泡，由农家米粉与鲜美软糯脆爽的鱼泡熬制而成，老少皆宜。银鱼酸菜煎蛋饼，用土鸡蛋与银鱼、酸菜搅匀，煎制成蛋饼，色泽金黄，鲜美可口。东江鱼米香，取肉质肥美的鲈鱼切成米，辅以玉米、马蹄、芦笋米、松子等炒制而成，装入雀巢中，鲜、甜、脆爽可口。鱼子浸时蔬，鲜鱼子煸炒出香味后加入清水滚成浓汤，浸时蔬成菜，鲜香清雅。栖凤渡鲜鱼粉，用鲜鱼煮粉，是湘南的名小吃。

以民间百姓家山野鲜美之味，圆现代都市人复归自然之梦。得月楼搜集湘南地方风味菜品300多道，菜品取材于资兴东江湖、宜章莽山、桂东八面山、汝城瑶乡等高山和无污染食用原料，其中尤以生态鱼、山珍菌、笋、野菜、坛子菜系列为特色，鲜美、酸辣、可口、绿色、营养、健康，力图营造一种风味菜品的饮食文化氛围。

黄惠明利用湘南食材开发了端午宴。普通端午宴，看盘端阳赛龙舟，意境有湖水、龙舟、假山、花草、屈原像。凉菜四凉碟为清水鱼、坛子肉、柿子黄、老南瓜拌红枣。热菜有端午吉祥（菊花人参艾叶鱼翅羹）、龙舟载宝（刺身双鲜）、神农伏蟒（岭南口味蛇*）、一飞冲天（艾叶山珍天鹅肉*）、五谷丰登（甜玉米拼宝塔扣肉）、六畜兴旺（白椒风吹肉）、龙腾四海（菖蒲汽锅白鳝）、竹报平安（烟笋酱肚或小笋爆驼峰*肉）、年年有余（清蒸鳜鱼或清蒸翘嘴鱼）、田园上素（黄酒沙煲韭黄）。随菜为开胃脆耳丝、乡里牛巴。点心为香米粽子、红萝卜酥。水果为水果拼盘。酒水为雄黄酒。乡韵端午宴，看盘端阳赛龙舟，意境湖水、龙舟、假山、花草、屈原像。凉菜四凉碟为清水鱼、凉拌韭黄、坛子肉、老南瓜拌红枣。热菜有端午吉祥（菊花艾叶冬蓉海参羹）、龙舟载宝（黄酒醉基围虾或黄酒焖基围虾）、神农伏蟒（岭南口味蛇*）、

注 * 为可食用人工养殖品种。

一飞冲天（端午鸭）、五谷丰登（艾叶蒸香骨）、家业兴旺（蒜蓉粉丝蒸圆贝）、仙母浣纱（菖蒲汽锅四黄鸡）、竹报平安（烟笋酱肚或石锅爽肚）、年年有余（清蒸黄丫鱼）、田园上素（鸳鸯南瓜花或高汤汉菜）。随菜为湘西脆脆香、农家小炒肉。点心为香米粽子、葱油饼。水果为水果拼盘。酒水为雄黄酒。

黄惠明利用湘南独特的盛夏食材和海味，开发了夏日风情宴，分两个等级。788元/席夏日风情宴，看盘夏日风情，水果组合拼盘。凉碟甜酒马蹄、千层脆耳、脆爽瓜青、爽口泡菜。热菜有瓜爽捞鱼翅、宫廷焖水鱼、夏日小炒皇、山珍捶虾片（基围虾）、冰镇墨鱼鲜、白玉蛋黄蒸扇贝、夏日风情鸭、金瓜汁雪蛤*扒玉脂、孔雀开屏回头鱼、高山上素。随菜为脆脆香排骨、姜田鸡、农家糊菜。点心为甜玉米棒、凉爽绿豆稀。茶水为菊花茶。988元/席夏日风情宴，看盘夏日风情，水果组合拼盘。凉碟甜酒马蹄、千层脆耳、脆爽瓜青、爽口泡菜。热菜有雪蛤*烩豆花、宫廷烧草龟*、夏日小炒皇、岭南口味蛇*、白玉蛋黄蒸圆贝、冰镇墨鱼鲜、夏日风情鸭、鲍汁西兰扒鹅掌、孔雀开屏油追鳝或白鳝、高山上素。随菜为沙田牛巴、仔姜田鸡、农家糊菜。点心为甜玉米棒、凉爽绿豆稀。茶水为菊花茶。

黄惠明从小生活在竹海边沿，对竹笋类的食材也非常熟悉，便开发了生态翠竹宴，分三个等级。688元/席菜单，看盘翠竹长青。凉菜为卤笋拼盘。热菜有竹荪金菇鱼肚羹、玉兰捶虾片（金沙凤尾虾）、仙母浣纱（汽锅竹荪飘香鸡）、牡丹富贵（蛋卷扒山珍）、雨后春笋（米粉笋尖）、鱼子酱春笋肚丝、小笋爆驼峰*肉、竹网酒香鱼、白灼小笋拼芥蓝。随菜为油焖烟笋、小笋炒脆皮肉。点心为香笋煎饼、水晶香笋包。主食为竹筒贡米饭。水果为什锦大果拼。888元/席菜单，看盘翠竹长青。凉菜为卤笋拼盘。热菜有鲜笋鱼翅羹、玉兰捶虾片、明炉飘香笋尖白灵菇、竹荪蟹黄扒鱼肚、铁板双脆、笼仔竹香骨、雨后春笋、桑拿酸笋泥蛙*肚、白灼小笋拼芥蓝。随菜为烟笋酱肚丝、剁椒酸笋炒蛋。点心为竹香红萝卜酥、水晶香笋包。主食为竹筒贡米饭。水果为什锦大果拼。1288元/席菜单，看盘翠竹长青。凉菜为卤笋拼盘。热菜有竹荪鲍翅肚羹、笼仔竹香大闸蟹、竹香扒鲍、鲍汁酿竹荪扒鹅掌、雨后春笋、花开富贵（牡丹蛋卷）、春笋爆驼峰*肉、竹香多宝鱼、白灼小笋拼芦笋。随菜为烟笋酱肚

注 * 为可食用人工养殖品种。

丝、鱼子酱小笋炒山芽菜。点心为竹香粽子、水晶香笋包。主食为竹筒贡米饭。水果为水果拼盘。

黄惠明根据郴州等湘南地区的习俗，制定了一系列的风俗宴席。迎春纳福宴，特色果盘、凉菜大吉大利（林邑卤拼）。热菜有迎春纳福（山珍海味全家福）、开门红（泡椒烧童子狗肉）、金鸡报喜（栖凤渡回锅鸡）、喜气洋洋（新疆烤羊排）、竹报平安（鸡汁桂东笋尖）、五谷丰登（桂东玉米拼肘子）、财源滚滚（银丝飞燕）、福禄双全（永兴酿豆腐）、四季常青（白灼小菜）、年年有余（干锅黄花鱼）。随菜有锅仔腊香萝卜、大菜豆油炒牛肉。主食为林邑米豆腐。茶水为红枣玉米汁。售价599元/席。合家欢乐宴，特色果盘、凉菜大吉大利（林邑卤拼）。热菜有迎春纳福（山珍海味全家福）、开门红（泡椒烧驴子肉）、金鸡报喜（栖凤渡回锅鸡）、喜气洋洋（烤羊腿）、竹报平安（鸡汁桂东笋尖）、鸿运当头（蒜蓉粉丝扇贝扣猪手）、群龙贺喜（鲜辣基围虾）、福禄双全（永兴酿豆腐）、四季常青（白灼小菜）、年年有余（豉椒野生滑鲢）。随菜为青椒炒酸菜、大菜豆油炒牛肉。主食为林邑米豆腐。茶水为红枣玉米汁。售价666元/席。幸福吉祥宴，特色果盘、凉菜大吉大利（林邑卤拼）。热菜有迎春纳福（山珍海味全家福）、开门红（泡椒烧童子狗肉）、金鸡报喜（栖凤渡回锅骟鸡）、喜气洋洋（新疆烤羊半只）、竹报平安（鸡汁桂东笋尖）、乾坤福手（红扣猪手）、群龙贺喜（白灼基围虾）、福禄双全（永兴酿豆腐）、四季常青（白灼小菜）、年年有余（锅仔野生滑鲢鱼）。随菜为银丝飞燕、大菜豆油炒牛肉。主食为林邑米豆腐。茶水为红枣玉米汁。售价799/席。金玉满堂宴，特色果盘。凉菜大吉大利（林邑卤拼）。热菜有迎春纳福（山珍海味全家福）、开门红（泡椒烧麂子肉）、金鸡报喜（栖凤渡回锅骟鸡）、喜气洋洋（新疆烤全兔）、竹报平安（鸡汁桂东笋尖）、乾坤福手（红枣肚片扣猪手）、财源滚滚（香辣基围虾）、福禄双全（永兴酿豆腐）、四季常青（白灼小菜）、年年有余（庞统栖凤翘嘴鱼）。随菜为瑶家五彩酸、大菜豆油炒牛肉。主食为林邑米豆腐。茶水为红枣果汁。售价888/席。恭喜发财宴，特色果盘。凉菜大吉大利（林邑卤拼）。热菜有迎春纳福（山珍海味全家福）、开门红（泡椒烧童子狗肉）、金鸡报喜（栖凤渡回锅骟鸡）、喜气洋洋（新疆烤全羊）、竹报平安（鸡汁桂东笋尖）、乾坤福肚（蒜蓉粉丝扇贝扣拼猪手）、财源滚滚（白灼基围虾）、福禄双全（永兴酿豆腐）、四季常青（白灼小菜）、年年有余（锅仔长江野生珍珠鱼）。随菜为锅仔腊香汝城板鸭、冬笋豆油炒牛肉。主食为林邑米豆腐。茶水为红枣果汁。售价1288/席。豪华版恭喜发财宴，特色果盘，凉菜大吉大利（林邑卤拼片皮鸭）。热菜有迎春纳福（山珍海味全家福）、开门红（泡椒烧童子狗肉）、金鸡报喜（栖凤渡回锅鸡）、喜气洋洋（新疆烤全羊）、竹报平安（鸡汁桂东笋尖）、乾坤福肚（蒜蓉粉丝元贝拼猪手）、财源滚滚（上汤龙虾）、福禄双全（永兴酿豆腐）、四季常青（山珍扒菜心）、年年有余（明炉清蒸左口鱼）。随菜为锅仔腊香汝城板鸭、冬笋豆油炒牛肉、青椒酸菜。主食为林邑米豆腐、元宝年饺。饮料为红枣猕猴桃果汁。售价1888/席。福城生态宴，凉菜六六大顺，有桂阳坛子肉、腐乳汁拌萝卜皮、辣拌茄子皮、甜酸泡萝卜、豆豉炝凉瓜、醋拌包菜丝。风味小吃有桂东超甜玉米、莽山蕨根粑、白菜苔煲稀饭、水果拼盘。热菜有黄干菌花豆炖排骨、原蒸汝城板鸭、粉皮羊肉煲、冬笋炒银鱼、常德糯香骨、东江鱼头王带米饺、蛋黄虾仁烩豆腐、山野菌子锅、盐菜豆豉扣瑶乡腊肉、白菜秆烩黄糍粑、马田腐竹炒银芽、麦酱卜豆角小炒肉、瓦片坛子菜煸长豆角、清炒红菜薹。

第三十一章
评为中国烹饪大师

中国烹饪大师是中国烹饪界的领军人物，在烹饪技术上独树一帜。湖南省烹饪协会推荐黄惠明申报中国烹饪大师，黄惠明得知消息后喜出望外，他干了26年厨师，终于得到了湖南省烹饪协会和中国烹饪协会的认可，这是对他事业的莫大支持与肯定。2006年10月，中国烹饪协会授予黄惠明“中国烹饪大师”的荣誉称号。

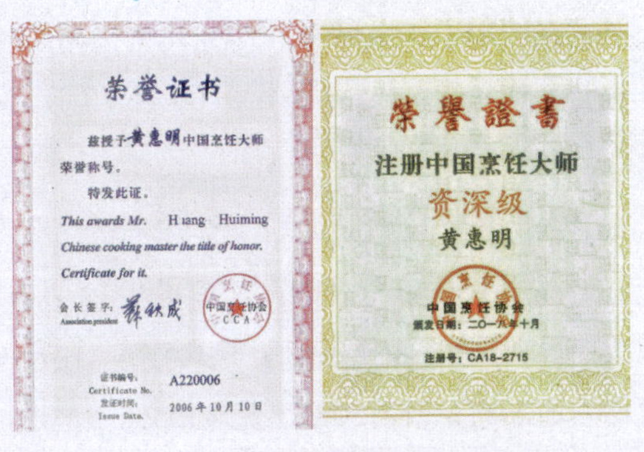

黄惠明证书

彭子诚主编的《中国湘菜大典》一书，在“中国烹饪大师湘菜大师”一栏中写道：

黄惠明，1964年出生于汝城县，大专文化，中式烹调高级技师，中国烹饪协会会员，省烹饪协会理事，《东方美食》记者，国家考评员。长期从事厨政管理，娴熟掌握湘菜技艺，旁通粤、川、苏及赣菜。研制了洞庭东江湖生态有机鱼系列、湘南民间钵子菜系列、山珍菌、笋、野菜系列等菜式；设计了潇湘古八景宴、汝城古八景宴、生态翠竹宴、绿之韵等高档主题宴席。曾获湘菜名师、绿色厨艺大使、华夏之星等称号，任郴州得月楼酒店管理有限公司、长沙鼎福楼大酒店技术总监。2006年经中国烹饪协会考核认定为“中国烹饪大师”。

黄惠明得到了中国厨师界的认可，但这并不是他梦想的终点，而是厨师事业的起点，他要凭借优秀的烹饪技术，为中国烹饪培育更多人才，让中国烹饪走向另一个高峰。

黄惠明的论文“初探湘菜发展新思路”获全国餐饮论文赛一等奖，并多次在全国性餐饮杂志发表作品。他接到《中国湘菜大典》编辑部的邀请，撰写湘南地方菜。

郴州传统名菜：

- **汝城醋鸭**

原料：湘南麻鸭1000克，农家米饺12个，酸辣椒50克，姜片50克，精盐5克，米醋50克，茶油65克。

制法：①麻鸭洗净后，改刀成2厘米×5厘米的长方块。米饺蒸熟。②炒锅上火，直接放入鸭肉煸炒3分钟，视其出油爆炒出香味后，放入米醋、清水，煨制约30分钟，软烂时放入酸辣椒、姜片调味，再焖5分钟即成。酸辣浓郁，开胃可口，鸭肉口劲好，回味悠长。

郴州创新菜：

- **得月竹香手**

原料：猪前脚1500克，肉皮400克，后腿瘦肉150克，姜20克，葱20克，精盐20克，味精5克，沙姜30克，桂皮5克，草果10克，香叶10克，黄株子20克，八角5克，干辣椒20克，料酒50克，酱油10克。

制法：①把猪脚和肉皮烙去毛根，刮洗干净。②猪脚整体去掉骨头，将瘦肉、猪皮切成长条形，用姜、葱、料酒、盐腌制入味。③将猪脚摊开，酿入肉片、瘦肉，用纱布包裹好，再用新鲜楠竹片夹好，用白棉线捆扎好。④将调料放入5000克的水中，烧开熬制成卤水，放入猪脚，浸卤60分钟后取出冷却，改刀成片状装盘，配辣酱或原汁上桌。夏天冷冻后吃，爽口清心；冬天加热食用，香浓味厚。

- **福地香鸭**

原料：湘南老麻鸭1250克，沙姜15克，八角5克，草果15克，白芷5克，肉蔻10克，茴香5克，丁香5克，桂皮10克，香叶10克，干辣椒50克，味精5克，精盐15克，红油500克，清水5000克。

制法：①将麻鸭治净，整理成琵琶形，用竹片撑开。②鸭直接挂入烤炉内，小火焙至七成干。③卤水烧开，放入鸭子浸泡30～40分钟，取出晾干，改刀装饰即成。色泽酱红，香辣回味。

- **鹿鸣福地**

原料：马鹿仔蹄*10个（约650克），汝城花菇2个（约60克），高汤1000克，自制香辣鲍汁100克，香辛料（八角、沙姜、桂皮、草果、干椒）20克，精盐3克，鸡粉3克。

鹿鸣福地

制法：①花菇水发后用高汤煨至透味，然后改刀扣入碗中，再入高汤浸泡，蒸制待用。②鹿蹄刮洗干净，焯水后再次冲漂去污和异味。③砂锅装入高汤，依次加入鹿蹄、香辛料、精盐、鸡粉煨入味，至软糯适口取出。④花菇反扣于浅式盘中央，鹿蹄摆好，将香辣鲍汁浇在菜上，点缀焯水的西蓝花和雕刻盘饰即成。醇厚微辣，软糯酥烂，红润亮丽，有补中益气、养血美容的作用。

- **湘南奇怪鱼翅**

原料：水发鱼翅*500克，小笋尖100克，浓汤500克，精盐2克，鸡汁5克，奇怪辣椒酱30克，色拉油30克。

制法：①小笋尖改刀成细丝。②水发鱼翅*用浓汤火㸆入味。③炒锅烧热滑油，

注＊为可食用人工养殖品种。

下辣酱煸香，加入50克浓汤，捞出辣椒渣。放入笋丝、鱼翅炒匀，收干汁装盘即成。浓香微辣。

养生莽山菌

湘南五岭山区气候湿润，菌菇肉厚味浓，鲜、嫩、滑、爽，老少皆宜，有润肺、生津滋阴等功能。

原料：美人伞香菇100克，真姬菇100克，杏鲍菇100克，松树菇50克，鸡腿菇50克，浓汤1000克，精盐2克，味精1克，鸡精2克，湿淀粉30克，色拉油30克。

制法：①分别将野生菇类改刀成条或片状，焯水备用。②把浓汤烧开，放入野生菇，煨15分钟，调味起锅装盘。

瑶池老腊肉

原料：瑶山盘龙腊肉500克，西餐方包150克，茶油20克。

制法：①西餐方包切成6厘米×3.5厘米×0.5厘米的块状，从中间切一刀成双飞片，入烤炉2分钟。②腊肉蒸熟，切成6厘米×0.5厘米×3厘米的厚片，刷上茶油装盘即成。瑶胞的腊肉制法十分考究，冬至前后7天杀猪，分档取料制作，腌或熏制的时间长。中西结合，菜点合一，晶莹剔透，腊香浓郁，咸香扑鼻，皮脆肉紧，肥而不腻。

韵味临武鸭

原料：临武麻鸭1只（约750克），湘南稻田大田螺500克，特辣小干辣椒75克，小葱50克，姜10克，紫苏5克，大冲辣酱50克，精盐5克，味精5克，料酒10克，酱油3克，陈醋10克，胡椒粉2克，香油10克，茶油50克，植物油50克，沙姜5克，草果5克，肉汤400克。

制法：①先将大田螺放入木盒中，加清水静养2天，使其吐尽泥沙。②把田螺清洗干净，剪去尾尖。③鸭子改刀成3厘米×5厘米长方大块，用料酒、姜、葱汁腌制半小时，入六成热油锅中炸成呈金黄色时捞出，再用沙姜、草果、干辣椒煨制酥烂透味，备用。④田螺炒香，烹料酒，加肉汤、紫苏煮熟，用汤浸泡入味，备用。⑤炒锅加热放底油，加大冲辣酱、小干辣椒炒香，依次下鸭肉、田螺、肉汤，盖上盖焖干水分，自然收汁，起锅装盘。鸭肉鲜香浓郁，田螺肉弹牙，质感丰富，成菜大气，极具湘南民族特色。

• **东江三味鱼头王**

原料：鳙鱼头1个（约1500克），三色野菜饺12个，汝城豆根200克，香菜50克，四季小香葱20克，姜丝10克，奇怪辣酱调红辣椒150克，野山椒调酸辣椒150克，精盐5克，味精4克，鸡精2克，胡椒粉1克，蒸鱼豉油30克，啤酒50克，茶油30克。

制法：①将鱼头破开平放在大盘中，淋入啤酒，盖上调味辣椒入蒸柜蒸15分钟取出。②汝城豆根事先用开水发好，煮透，围在鱼头边上。③蒸好的三色野菜饺围边。④点缀好香菜、葱丝、姜丝，淋热茶油即成。

• **潇湘一品龟**

原料：草龟*1250克，鹌鹑蛋10个，牛鞭200克，鸡肾100克，青辣椒、红辣椒段各100克，上汤500克，盐3克，鸡精2克，味精2克，沙姜粉2克，胡椒粉2克，茶油50克。

制法：①将龟宰杀洗净改好刀，牛鞭切花。②锅入油加主料炒香，放牛鞭加上汤煨至酥软，放鹌鹑蛋、鸡肾再煨10分钟。③调味出锅装盘。肉质软烂，滋味鲜美。用茶油烹制，风味独具。

• **鱼子酱牛蛙钵**

原料：牛蛙600克，红辣椒段50克，蒜30克，姜丁10克，葱10克，自制鱼子酱30克，鸡精水5克，生抽10克，糊子酒5克，胡椒粉1克，茶油30克。

制法：①将牛蛙宰杀去皮、去内脏，改刀成2厘米的小块，用姜、葱、酒汁腌制入味，用蛋清和干淀粉上浆，待用。②锅烧油至五成热，放入牛蛙炸至金黄色，捞出沥油。③炒锅留底油把蒜炒香，放鱼子酱、水、牛蛙及调料烧制片刻，装盘点燃酒精上桌。

郴州家常菜：

• **米粉笋**

原料：高山野生小笋400克，野菌干150克，手磨优质米粉150克，山茶油50克，肉汤250克，味精3克，鸡粉3克，精盐3克。

制法：①菌子用水涨发，择洗干净，鲜菌

米粉笋

注 * 为可食用人工养殖品种。

手撕成条块状。②米粉用冷汤化开备用。③炒锅放入山茶油烧热，菌子炒香，入肉汤烧开调味，改小火，放湿米粉慢慢熬制至稠浓即可。鲜美可口，鲜香味浓，独具风味，营养丰富。

郴州特色菜：

• 临武沙田牛巴

用临武县金江镇高海拔天然牧场放养的优质黄牛，取其精肉经腌制、卤制、烘干、炒制，即成沙田牛巴。口味醇香鲜美，回味悠长。

临武沙田牛巴

原料：沙田牛巴200克，鱼椒50克，土芹菜或青蒜30克，茶油50克，奇怪辣椒酱10克，豆油2克，鸡精水5克。

制法：将牛巴切成薄片，放入炒锅中煸至酥香，放入水、鱼椒段、辣酱、鸡精水、豆油，盖上盖焖软牛巴，放芹炒匀，焖干水分即可。

• 苏仙麸子肉

原料：带皮三层五花肉400克，农家粳米粉150克，八角粉0.5克，沙姜粉1克，桂皮粉0.5克，姜5克，葱5克，精盐4克，料酒10克。

苏仙麸子肉

制法：①带皮五花肉切成0.5厘米厚的片，用盐、料酒、姜、葱腌制入味。②把五花肉滚上米粉，放入平锅中煎焙而成。外焦内软，香味浓厚。

地方县市特色菜：

• 安仁皮蛋抖辣椒

原料：青辣椒200克，皮蛋2个，蒜5克，精盐3克，酱油3克，豆油5克，猪油10克。

安仁皮蛋抖辣椒

制法：①把青辣椒放木炭火中烧熟，拍去灰尘。②抖擂钵放辣椒，用木棒擂烂调味，放去壳的皮蛋，拌抖均匀。抖菜是湘南独有的一种烹饪技法，配备有独特工具。咸鲜香辣，风味淳朴。

- **臭豆豉酿辣椒**

原料：羊角辣椒300克，汝城臭豆豉50克，韭菜150克，干河虾米30克，小干鱼30克，蒜30克，精盐5克，味精2克，色拉油50克。

制法：①把羊角辣椒从侧向剞刀，去籽，用盐搓一下。②干河虾米、小干鱼煸香抖碎。③臭豆豉炒香剁碎，韭菜、蒜切成米粒状，把所有配料拌匀，调味制成馅，分别酿入辣椒内。④炒锅烧热滑油，留底油放辣椒煎片刻，翻动一下立即喷水100克，盖上盖焖1～2分钟。待色泽翠绿，九成熟时起锅装盘即成。色彩悦目，清脆上口，浓郁香鲜。

- **嘉禾血灌肠**

臭豆豉酿辣椒

嘉禾血灌肠

原料：血灌肠500克，五花肉50克，姜粒5克，葱花10克，肉汤150克，精盐5克，茶油30克。

制法：①血灌肠切成铜钱厚片，五花肉切成薄片。②将五花肉煸炒出油，放姜、辣酱炒香，再入肉汤、血灌肠焖入味。鲜美可口，香浓味醇，典型的农耕文化菜肴。嘉禾人称猪血为“液态肉”，将鲜猪血灌入洗净的猪小肠，以小火浸熟而成。

黄惠明梳理了郴州的名菜，将自己研究的菜品配方、制法流程记录下来。他说：“传承教授就是要毫无保留，这是伟大的事业！”

第三十二章
荣获湘菜大师的称号

湘菜是历史悠久的八大菜系之一，早在春秋战国时期就已形成菜系，以湘南瑶族地区、洞庭湖区、湘西苗族土家族山区、长株潭城市群地区、梅山文化地区等五种地方风味为主。湘菜制作精细，用料广泛，口味多变，品种繁多；油重色浓，讲求实惠，注重香辣、香鲜、软嫩，以煨、炖、腊、蒸、炒诸法见称。湘菜重视原料互相搭配，滋味互相渗透，调味尤重香辣，热烹、冷制、甜调每类技法少则几种，多则几十种，煨菜功夫更胜一筹，达到炉火纯青的地步。

湘菜大师是湘菜的领军人物，是湖南菜厨师里的中流砥柱。石荫祥是湘菜大师第一人，他是毛主席亲点的大厨，推动了湘菜的蓬勃发展，是湘菜人的骄傲。

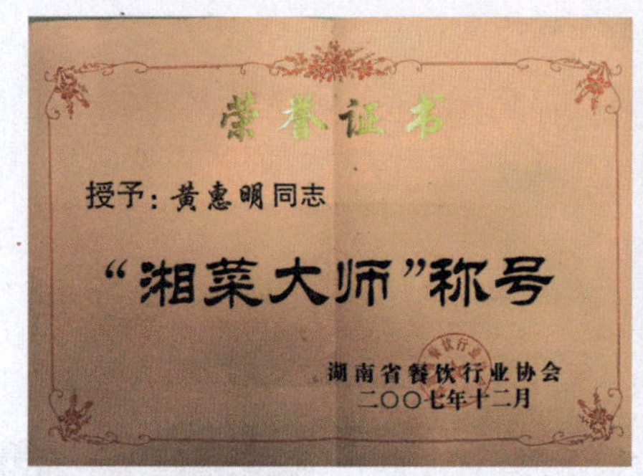

湘菜大师证书

餐饮行业讲究传承与师门，评定湘菜大师是对厨师能力的一种肯定。黄惠明自1981年从事厨师工作以来，一直在努力奋斗，从学习厨师技艺到传播、传承厨师技艺，从汝城县的地方菜到湘南菜再到湖南菜，一步一个脚印，得到了湘菜前辈的认可，也得到了湘菜食客的认可，成为湘菜的公众人物。

评定湘菜大师有助于提高湖南省餐饮业的服务质量，树立餐饮企业品牌意识，促使餐饮行业更为健康有序地发展。集中了更多湘菜新力量交流、互动与传播湘菜文化与技艺，开拓与发扬湘菜精神，将湘菜更好地推广出去，并为后续即将举行的“湘菜大师走基层”做准备。

2007年，湖南省餐饮行业协会授予黄惠明等34人湘菜大师的荣誉称号。黄惠明被授予湘菜大师称号之后，他没有沾沾自喜，反而感觉责任又重了一分，作为湘菜大师，就要承担起传承湘菜、发展湘菜、推广湘菜的重任，要让湘菜走出湖南，走到全国，走向世界。

湘菜大师不仅仅是一个称号，它背后承载着黄惠明的热爱、执着，还有那份对湘菜的深深情感。每当人们品尝菜肴并露出满意的微笑，那种从心底涌出的成就感，就是他最大的荣誉。每次站在厨房，他都能感受到自己与食材、与火候、与调料的亲密对话。每当得到食客的赞许，便觉得一切辛苦都是值得的。但黄惠明也深知，这不仅仅是一份工作，更是一份使命。湘菜，它不仅仅是一道菜，更是一种文化，一种传统。黄惠明时常想起小时候，家人围坐在一起，享用香气四溢的湘菜，那种温馨与和谐是他永生难忘的。如今，黄惠明希望将这份美好传承下去，让更多的人感受到湘菜的魅力。每次创新、尝试，都是为了让湘菜更好地适应这个时代，让更多的人爱上它。

当然，与这份使命并存的，还有沉重的责任。每一次选材，都要确保其新鲜、健康；每一次烹饪，都要保证其味道纯正、口感上佳。因为他知道，食客们的每一次品尝，都是信任和期待。这份责任，让他更加谨慎、更加用心。回首过去，黄惠明为自己能成为湘菜大师而感到骄傲；展望未来，他希望能继续带着这份荣誉、使命与责任，为大家带来更多的美味与满足。因为，湘菜不仅仅是他的职业，更是他的热爱，他的生活。

第三十三章
聘为湖南省第五届烹饪技术大赛评委

2007年2月，湖南省餐饮行业协会、湖南省餐饮行业协会名厨专业委员会联合举办湖南省第五届烹饪技术大赛。黄惠明被聘为湖南省职业技能鉴定专家委员会烹饪专业委员会委员。

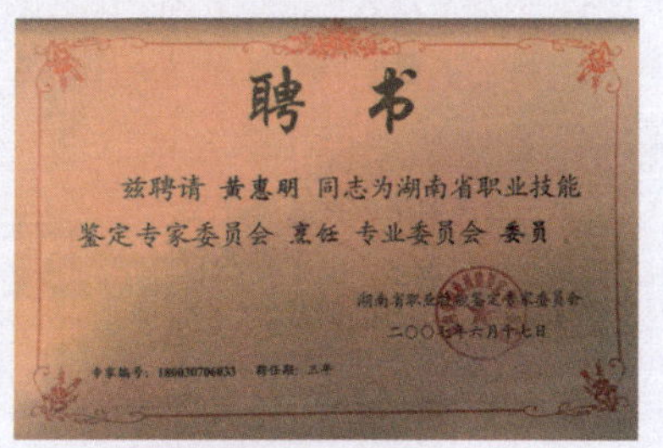
聘书

兹聘请 黄惠明 同志为湖南省职业技能鉴定专家委员会 烹饪 专业委员会 委员

黄惠明聘书

这次大赛认定了一批具有地方特色的名店、名菜、名品，评出了嘉禾血鸭、百鸟锅等102个品种的湘菜名菜、名点、名小吃，认定了34位湘菜大师、2位湘点大师、1位餐饮服务大师、145位湘菜名师。为湘菜的发展选拔了一批有实力的技术人才，培养了一批年富力强的湘菜评委，提高了专业人才的整体素质，积累了一定的创新能力，改进和加强了湘菜教育，在湘菜人才队伍建设上有了新的突破。黄惠明作为评委亲自做了一道火焰牛蛙，并获得评委作品金奖。

• 火焰牛蛙

原料：牛蛙1000克，生姜20克，蒜80克，辣椒20克，洋葱、青蒜适量。

调料：盐10克，胡椒粉5克，淀粉8克，料酒20克、蚝油10克，豆瓣酱10克，豆豉酱10克，生抽20克，紫苏10克，鸡精5克，辣鲜露10克，香辣红汤酱10克，火辣干锅酱10克，海鲜酱10克，香辣红油30克。

制法：牛蛙宰杀干净，剁成2厘米大小的块，蒜去二头，从中改刀，生姜切片。加入调料搅拌均匀，腌制20分钟，腌制好的牛蛙入锅炸至焦黄，锅内倒入大蒜、姜片等食材，炒香后倒入炸好的牛蛙，加入调料翻炒均匀出锅，装入星石榴形状的锡纸袋中。上桌淋白兰地，点火。

成菜特点：外焦里嫩，香酥可口，分量十足。

黄惠明在得月楼苏仙宾馆店的徒弟李学斌做了师傅亲自传授的湘南菜“翅汤湘南苦笋”，受到评委们的好评。

• 翅汤湘南苦笋

原料：湘南苦笋200克（水发），鱼丸2个（约150克），菜心12个，枸杞12粒。

调料：盐2克，味精1克，鸡油10克，翅汤750克。

制法：将水发好的苦笋撕成细丝，下沸水锅焯水，绑成小束的菊花状，用翅汤煨制，放盐、味精调好味。将鱼丸煮熟，菜心焯熟，枸杞泡发。在每个茶盅内放一束菊花苦笋，再分别放入鱼丸、枸杞、菜心，淋入鸡油即可。

成菜特点：清苦味鲜，口感脆爽，形态逼真，清火败毒。

黄惠明的徒弟梁华博也随黄惠明参加了湖南省第五届烹饪技术大赛，做了师傅亲自传授的山野菜“百鸟合鸣”“神农驼掌”，并受到评委们的好评和喜爱。

• 百鸟合鸣

原料：乳鸽2只（约750克），大竹节虾12只（约400克），鲜活虾100克。

调料：植物油500克（实耗75克），五香味盐30克，脆皮糖水150克，盐、味精各3克，葱、姜、料酒汁5克，湿淀粉10克，鸡蛋清1个，花椒粉3克，白汁10克。

制法：乳鸽宰杀、去毛、去内脏，用五香味盐腌制入味，过水烫皮，淋脆皮糖水2次，吊干水汽，待用。取鲜活虾的虾仁剁成蓉，放蛋清、盐、味精、花椒粉、湿淀粉、葱、姜、料酒汁和适量清水打发，制成虾胶；将大竹节虾去头、去壳、留尾，从背部切开，用刀拍成大片，放葱、姜、料酒汁、盐、味精腌制入味。将竹节虾、虾胶制成小鸟模样，入笼蒸2～3分钟取出。锅中放油烧至四成热，下乳鸽炸成金红色取出，改刀后在盘中拼摆成形，两边围上蒸好的“小鸟”，淋白汁即可。

成菜特点：口味鲜香，形象逼真。乳鸽焦脆，虾鸟滑嫩爽口，一菜两味。

• 神农驼掌

原料：鸵鸟*掌2只（约1000克），金瓜300克，菜心100克。

调料：盐10克，味精8克，鸡精100克，姜、葱各30克，白酒10克，红汤卤水1500克。

神农驼掌

制法：将鸵鸟掌整只去骨，烫水至白净、无异味，焯水2次，加红汤卤水、姜、葱，入笼蒸4～5小时，蒸至软烂时取出，待用；将菜心掉水，铺在大圆盘中央。将金瓜雕刻成小驼掌，放入碗中，加放高汤、盐、味精、鸡精，入笼蒸7～8分钟，围在菜心的四周。将蒸好的驼掌摆在菜心上，浇红汤卤汁，金瓜驼掌浇白汁即可。

成菜特点：美观大气，明亮鲜艳，香辣醇厚。

湖南省第五届烹饪技术大赛组委会将这次比赛的作品集结成册，出版了《湖南省第五届烹饪技术比赛作品集》，使广大烹饪工作者能够借鉴经典作品、创新作品，共同致力于弘扬湘菜饮食文化，推动湘菜产业化进程。

注 * 为可食用人工养殖品种。

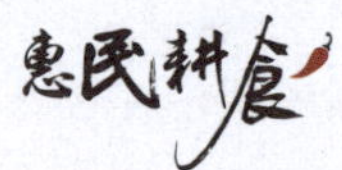

第三十四章

著书立说《酒店热卖湘菜》

黄惠明一直想让湘南菜得到大众认可，成为湘菜的一支强大力量，为此做了大量的湘南菜挖掘工作，整理出家常菜、创新菜近百道，土菜、山野菜百余道，还有不少乡镇特色菜、特产菜。黄惠明精通厨政管理及湘菜技艺，旁通粤菜、川菜、苏菜及赣菜技艺，以炒、煨、烧、泡、炸、炖、蒸等技法见长。多年来，黄惠明管理十多家酒店厨政，在实践中勇于探索，不断创新，整理了一系列培训资料，以及各岗位生产管理手册和制度，如出品管理理念十章、烹饪艺术家成功铁律十六条法则等。

辽宁科学技术出版社的编辑刘兴伟先生想策划一套湘菜菜谱书。酒店的热门菜谱，受众非常广，有很好的群众基础，有别于家常菜。刘兴伟把这套书定为“酒店热卖菜系列”，下面分为《酒店热卖湘菜》《酒店热卖粤菜》《酒店热卖川菜》《酒店热卖东北菜》等，其中《酒店热卖湘菜》由黄惠明主编。

《酒店热卖湘菜》等书刊

湘菜由湘江流域、洞庭湖区和湘西地方菜发展而成，口味偏咸、辣、酸；食材多是猪、牛、羊、鸡、鸭、河鲜和湖产品，烹法以煨、炖、腊、蒸、炒、熏、焖为主。针对《酒店热卖湘菜》一书，黄惠明从众多弟子中挑选李学斌、梁华博、刘中未、刘长清、黄永明、罗仲春、雷小平、黄健、朱华亮等与儿子黄亚杰共11人，成立编委会，组织编写本书。

传承好味道，上阵父子兵，黄惠明带着儿子黄亚杰，召集弟子们一起研究哪些菜品可以入选《酒店热卖湘菜》，要求选“创新湘菜、时尚湘菜、招牌湘菜”。多轮讨论后，确定了东江风干翘嘴鱼、板栗牛排煲、汝城祝师傅板鸭等107道湘南菜，90多道郴州菜，10道左右的永州、衡阳菜。每道菜谱都有菜名、主料、配料、调料、制作方法、特点、大师点评等部分。2008年，黄惠明主编的《酒店热卖湘菜》正式出版，以“鱼椒炒干驴肉”这道菜为封面图，盛菜的器皿有得月楼的标志，还有“得月美食”四个字。

2008年，黄惠明遭遇了人生中的又一次巨大挫折。由于投资失误，他不得不离开曾经辉煌的得月楼。然而，在困境中，黄惠明并未选择沉沦。他放下过去的成就与失落，回到家乡郴州探望久别的父母。在与父母的闲聊中，他逐渐释怀，那些坎坷与波折都成了他人生道路上的独特风景。黄惠明意识到，面临挫折，也要从中汲取力量，将经历转化为人生的宝贵财富。失败并不可怕，可怕的是失去重新站起的勇气。他决定将这次挫折视为新的起点，用过去的经验指引未来的方向。他相信，只要坚定信念，勇往直前，必定能再次创造属于自己的辉煌。

第三十五章
自主创业，成立驷人行公司

2009年，对于黄惠明来说是挑战与机遇并存的一年。春节的喜庆气氛还未完全散去，他便踏上了新的征程，接管了岳阳华天大酒店的餐饮部管理工作。面对全新的挑战，他果断更换了原有的管理团队，重新组建厨房团队，分步进场。当时的中厨部员工多达110人，他们来自不同的岗位，背负着各自的使命。早餐厨师、中晚餐宴会大厅厨师、一楼风味小炒厨师，每一个人都在这家酒店里扮演着重要的角色。然而，进场的过程并不顺利。面对原有的管理体系和人员配置，黄惠明遇到了巨大的阻力。但是，他凭借着坚定的信念和决心，在朋友和酒店老板的大力支持下，克服了重重困难，顺利完成了交接工作。这一刻，他心中的石头终于落地，但他知道，这只是开始。在接下来的半年里，黄惠明的工作逐渐步入正轨。然而，经济危机的影响逐渐显现，酒店的经营管理问题也层出不穷。面对困境，他不能坐以待毙。

黄惠明开过饭店，后来也参与了餐饮企业的部分管理，没有完完整整地做过现代化企业，仅单凭自己的一腔热情，是干不成事业的。正在此时，老湘食餐饮的王振华董事长找到黄惠明，要联合几家店出资，让黄惠明成立一家公司，服务餐饮、培养厨师、配送食材。

在岁月的长河中，每一位创业者都如同航行的舵手，在风浪中探寻着前行的方向。经过与王振华的几次交流后，黄惠明决定开一家农业公司，开展湘菜食材配送服务和技术服务，做湘菜研发和食材配送。黄惠明深知，这不仅是一次创业的机会，更是对自己能力的一次考验。王振华也想将旗下的湘德奥餐饮配送业务交由黄惠明来经营。年底的时候，王振华召集株洲兄弟厨房习招平、广州湘满情许全宏与黄惠明见面，大家一见如故，谈得十分投机，共同商讨成立公司的事宜。公司注册资金60万元，每人出资20万元，交给黄惠明全权经营管理，筹办驷人行食品贸易有限公司。面对这个全新的项目，黄惠明没有半点犹豫。他迅速投入筹备工作中，从公司注册、编写公司章程到搭建平台、组建团队、经营定位、产品设计、市场规划等，每一项工作都亲力亲为。2009年12月28日，长沙市驷人行食品贸易有限公司正式开始营业。黄惠明用自己的智慧和勇气，在逆境中找到了新的方向，实现了人生的蜕变与新生。

驷人行合伙人合影

开业时，长沙市驷人行食品贸易有限公司只有三个员工，黄惠明管全面事务兼职出纳、销售，一个采购兼送货，一个会计兼开单。第一个月公司营业额16万元，虽然大家都做得很累，但是心里都很踏实。春节后，长沙市驷四人行食品贸易有限公司开始招兵买马，恰逢表弟程耀夫从深圳回家，黄惠明找到程耀夫，想邀请他加入但又有所顾虑，一是怕程耀夫嫌弃工资太低，二是黄惠明没有经营企业的经验，担心企业搞不起来，影响程耀夫。程耀夫让他放下心理负担，他相信黄惠明能够把食材企业做成功。有了程耀夫的加盟，还召集了在郴州的弟弟黄永明、徒弟谢子维、好兄弟李放等大师的加盟。黄惠明心想，有了团队就有了出路。有了大师们的加盟，黄惠明有了胆量，接手湘德澳食品厂的工作，黄惠明把公司定位为湘菜传承与创新。湘德奥食品厂正式更名为老湘味道，这一变革不仅意味着老湘味道品牌的升级，更代表着企业对于惠民湘菜、地标食材和地方美食的深入挖掘、研发、生产、销售与推广应用的决心。

长沙市驷人行食品贸易有限公司是一家专注于开发民间食材的公司，旗下品牌有“老湘味道”“自然湘”“今厨”，发现民间、自然朴素的绿色食材，将其引入市场，走进大众的餐盘，倡导自然原本的健康饮食生活。公司有生态特色家禽养殖农村合作社，纯绿色的野蔬基地，原生态野山珍、香猪、湖区水产等原生态基地。公司始终秉承“诚信、感恩”的经营理念，视推动湘菜产业化发展为己任，坚持以客户需求为导向的发展模式，力求为餐饮朋友提供周到的售前售中和售后服务，以“整合菜品资源，支持厨师朋友，创立自主品牌，实现自我价值”为宗旨，运用“宽渠道、低价格、硬服务”的策略和运营模式，坚持以“专业、诚信”为原则，诚邀各地精英代理与合作。王振华在多年的餐饮行业工作中深感湘菜的发展要走产业化道路，并致力于湘菜文化的传播。黄惠明紧密结合餐饮市场的发展趋势和消费潮流，运用传统工艺和科技手段，开发富有湖湘地方特色的传统特色菜原料，在全省各地联合开办了多家生产厂，致力于专业的酒店特色菜系列研制和开发，使之推向全国。

在这一时期，团队的技术人员深入到各地，广泛搜集湖南各地的民间美食秘方，挖掘绿色健康原料，结合现代科技手段进行研发和创新。他们深入挖掘湖南各地的食材资源，精心挑选原料，严格把控生产流程，力求将每一道菜品都做到极致。经过不懈的努力，惠民耕食成功打造出了圣汤鲜干笋、乾隆贡鸭、濂溪夫子肉、湘西腊肉、凌云豆腐、洞庭仙笋（芦苇芽）、宝庆状元丸子（猪血丸）、武冈卤香干、盐干子、

惠民耕食团队招牌产品

腊香干、老湘手拉手、老湘香猪尾、老湘脆黄瓜皮、老湘私房鸭、浏阳火焙鱼、苗红酸椒、酒泡酸酱椒、脆白椒、卜豆角瑶家湘南坛子菜系列等招牌产品，这些美食不仅口感独特，而且极富地方特色，深受湘菜消费者的喜爱。挖掘出养生山野菜，黄贡椒、浏阳客家土特产、东江鱼系列等地方特色产品。

随着品牌知名度的不断提升，公司逐渐拓展开市场，将产品销往全国各地。同时，企业也积极参与各类行业活动和展览，与同行们交流、学习，不断提升自身的品牌竞争力和影响力。他们深知，只有不断创新和进取才能在激烈的市场竞争中立于不败之地。因此，他们不断加大对研发的投入，引进先进的生产设备和技术，提升产品的品质和口感。同时，他们还积极探索新的销售模式和渠道，以适应市场的变化和消费者的需求。经过几年的努力，公司已经成为湖南省内知名的食材、调味品供应商，其产品在市场上广受欢迎。他们始终坚守着“只问耕耘”的信念，用心做好每一道菜品，用品质赢得消费者的信任和支持。未来，公司将继续秉承初心，不断追求卓越，为消费者带来更多美味可口的湘菜佳肴。

黄惠明自开创长沙市驷人行食品贸易有限公司后，2018年1月11日又筹建长沙市惠民耕食餐饮管理有限公司、招远今厨粉丝有限公司等公司，并担任法定代表人。

第三十六章 专注民间湘菜研发与地标食材推广

为了寻找湖南的地标食材，黄惠明用坏了2台车，跑了30万千米。黄惠明一直致力于发掘“地标食材、民间滋味”，创建“行走的学堂”，这也是他对美食越爱越深沉的源泉。黄惠明来到乡间，与当地居民打成一片，凭着自己的“火眼金睛”和真诚，换取来食材“真经”和“干货”。

木房子腊肉是黄惠明在湘西寻找到的地标食材的代表。黄惠明说自己曾与木房子腊肉在湘西永顺县相遇，这腊肉看着十分平常，主人让黄惠明品尝后，发现这肉吃在口里熏腊鲜香，嘴角爆油。黄惠明继细细询问、考察、对比、分析，他发现木房子房顶透气，熏出来的腊肉没有烟味，选用杂木生火，九十天熏制，腊肉更醇香。研究中国历代腊肉的方八另认为，腊肉自周代就已经普遍生产，《周易》《周礼》均有记载。制作好的腊肉有以下条件：一是鲜猪肉凉后才开始撒盐腌制，这样猪皮没有腥膻味。二是使用结晶体海盐，腌制时一层猪肉一层盐，让盐融化成为卤水，淹没猪肉，盐腌透猪肉，5~7天即可。三是鲜肉腌透从卤水里捞出来，穿棕叶悬挂在通风处，滴干卤水，猪皮变硬到割手为止。四是熏制时悬挂要高于明火两米，低温非连续性熏制。杂木少烟尘，燃烧温度均匀，最好熏两三小时后停火两三小时，烟可以通过楼顶缝隙排出，木房子可以吸收烟尘。五是熏制九十天之后，腊肉要堆放在一起继续发酵，在发酵的同时散发烟味。

木房子腊肉熏房

通过一段时间的经营，长沙市驷人行食品贸易有限公司逐渐成为集农业科技、餐饮管理公司、惠民湘菜研究所于一体的民间美食研发基地。为了推行地标食材，黄惠明专门写了《老湘味道民间美食研发基地概况》。

老湘味道民间美食研发基地概况

一、基地是绿色美食倡言书

餐饮文化大师、绿色烹饪大师黄惠明先生30年始终如一，坚守绿色餐饮——民间菜这一阵地，坚持“让老百姓吃上健康美食”这个理念，集各地100多家餐饮企业，成为研究民间美食的典范，也是目前拥有研发中心、产业整合、行动味道传媒、美食学堂和“惠民印象菜”培训全体系的品牌企业，老湘味道在食材领域的实践成果，不断刷新业界标杆，为行业发展确立明日走向。

二、基地是民间美食宣传队

根在湖南，味在民间。凭借大师30多年的实践，对民菜解读、民味开发与民食行为，有着独到而深刻的洞悉。一菜一故事，不断通过挖掘原创与体验传播，拉近与客户的距离，为众多品牌企业定向研制产品，帮助企业实现可持续盈利。

三、基地是百姓美食播种机

老湘味道2005年创立，运用“公司+基地+农户+餐企+惠民美食学堂”的多元模式，以点带线促面，打造民间美食平台，整合原生农业产业化资源，在各终端市场进行巡回推广活动，以实现餐饮新跨越、新突破。

四、基地是食材领域的革新者

何谓食材配送？挖掘与传承，创新与发展是食材配送企业的核心。这是一个系统工程，必须以技术为核心，顺应市场发展需要，发现食材—研发产品—推广产品。人才是根本，技术是最大的生产力，食材是餐饮企业的造血功能。食材配送是资源平台，不是卖原料，更不是卖菜，而是资源配送，可持续地帮助餐饮企业开展美食文化活动。这一定义赋予食材行业更广阔的思想尺度和更深邃的方向，并扩展了民食研发的可探索边界。

五、基地是民间美食平台

集八大菜系大师顾问团队，以研发、推广、生产、销售、咨询、食学交流为主营业务。率领研发推广团队180多人，遍布餐饮企业，面对当今返璞归真又追新逐利的餐饮大趋势，开展多元化的体验互动交流，以“简烹”的手法，创造“民间味，自然味，健康味”，坚持“食材是根本，研发是核心，美食是生命，合作是力量”的战略，实现餐饮生产力发展的跨越。

六、基地是民间美食专家

基地聚集了各菜系烹饪大师、名师、高手和食品专家组建技术攻关小组，致力于民间美食的研发与传播。“老湘味道”“自然湘”和“今厨”三大品牌，围绕民间食材、民间特色菜和本草秘制酱料进行技术攻关和产品研发，长期深入祖国大江南北及民间古镇，寻访高人，探究秘方和真味，与各地精英联合研发产品，为餐饮服务。

黄惠明从来不惮于将自己的技艺和感悟示人、传人，持续收徒授艺，他在自己的基地不断实践，研发了一款又一款酱料，有开味小炒酱、香辣肥肠酱、本草猪手酱、蚂蚁上树粉丝酱……分别适用于不同菜肴的烹调。他研发的民间酱料——今厨剁椒鱼头酱，能让蒸鱼头一步到“味”，更鲜美。“这些酱料不仅能帮助餐厅使其出品风味十足、各具特色、更加稳定，也更利于企业省工、省时、省心，而且即便是普通人用它们也能轻松烹饪出想要的美味。”近来他致力于研发、出品预加工食材，让更多人感受到烹饪的快乐，品尝到真正的健康美味湘菜。他希望能让自己的“美食之爱”尽可能撒播开来，生根、发芽，开出灿烂繁花。

第三十七章
挖掘地标食材，传播地方美食

黄惠明带着程耀夫到食材生产企业参观，学习他们的专业和长处，并且与这些企业的管理者交流经验，听取他人对自己企业的看法。黄惠明走访了十多家食材企业，又到餐馆考察，了解现在餐饮企业急需解决的问题，在走访二三十家餐饮企业之后，总结问题，思考应对办法。黄惠明确定了“开展湘菜供应链体系，为全国餐饮企业提供优质服务”这一宏大计划。他深知面对这个艰巨任务，并非一日之功可完成，他做了充分的准备。黄惠明以坚定的信念迎难而上，做好湘菜供应链体系。他告诫程耀夫，要在实践中不断磨砺自己，提升自己的业务能力和管理水平。

通过一段时间的奋斗，黄惠明迎来了其发展历程中的高光时刻。老湘味道旗下的圣汤鲜干笋凭借其独特的风味和品质，荣获了世界中华美食药膳烹饪大赛的“金奖食材”殊荣。这一荣誉不仅彰显了黄惠明在食材研发与生产上的卓越实力，更为品牌赢得了业界的广泛认可。圣汤鲜干笋成为当时长沙市的一道爆款湘菜，从一般的家菜馆到高档餐馆，都有一道干笋菜肴，而这个菜品的原生食材就来源于湘德澳食品厂，产品每月卖出十万份，这些产品销到餐馆、家菜馆、路边店，做成“浏阳烟笋”，替代了菜市场的水发笋。那些连锁餐饮企业，用切好的干笋原料做成“鸡汁笋子钵”，成为餐馆里一道必点菜，长居畅销榜。高档餐馆可以熬制高汤，他们就做成“圣汤鲜干笋”，成为一道非常受欢迎的菜品。在消费者心里，干笋渐渐成了膳食纤维的代名词，无论是男女老幼，都非常喜爱。

黄惠明曾去东江湖考察，吃到了地道的爆火肉、麸子肉，他特别喜欢火焙米粉肉，经过调研、学习，回长沙后他在原有米粉肉的基础之上，创新了一款麸子肉，这款麸子肉成为公司的特色菜原料，也成了湘菜餐馆的时新菜，成为老湘味道的爆款产品。

这些食材的成功输出，让湘德澳食品厂、长沙市驷人行食品贸易有限公司在业内小有名气，成为很多连锁餐饮的食材粗加工企业。黄惠明荣获了“湖南省湘菜美食文化传播特别贡献奖”，这是对品牌多年来在湘菜文化传播与推广方面所做努力的肯定。此外，企业还被评为“湖南省湘菜食材品牌企业”，进一步巩固了其在湖南乃至全国湘菜食材市场的领先地位。这些荣誉的背后，是黄惠明和他的团队对品质的不懈追求和对创新的执着。他们深知，只有不断提高产品质量和服务水平，才能在激烈的市场竞争中立于不败之地。

汝城米粉蒸肉

湖南省湘菜美食文化传播特别贡献奖

第三十八章
当选“食材先锋人物”

黄惠明带领的长沙市驷人行食品贸易有限公司认真传播湘菜，只问耕耘；他们竭尽全力挖掘民间食材，传播地方美食。黄惠明个人被评为“食材先锋人物”。

2010年，黄惠明率领长沙市驷人行食品贸易有限公司深耕湘菜食材领域，将目光投向了民间酱料这一个细分市场。黄惠明有三十多年灶台工作的经验，他明白调味对烹饪工作的重要性。黄惠明知道调味是厨师工作的难点，特别是对于青年厨师来说，调味非常难以把握。黄惠明想研发一款复合型调味品，这样应用起来会更加方便。黄惠明在郴州的时候，就一直在厨房研究这些特殊的配料，现在市场有了需要，他在原有的研究方案上再次完善，用深加工的方式把原生配料加工成酱料，做成专门用于鱼、鸭、鸡等菜品的酱料。

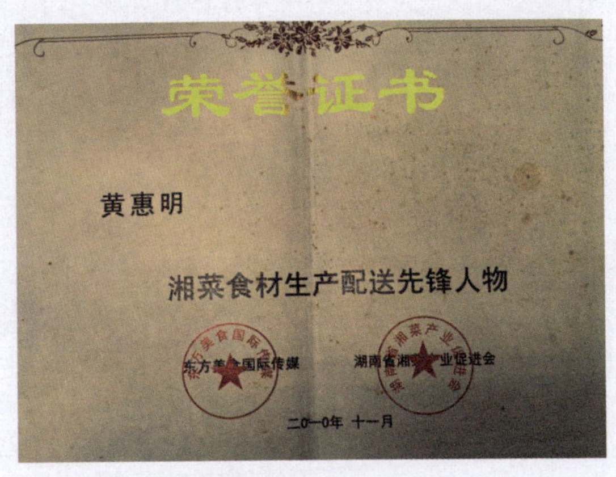

食材先锋人物证书

剁椒蒸鱼头是一道标志性的湘菜佳肴，黄惠明研究了一款酱料，叫今厨1号剁椒鱼头酱，这款酱料是黄惠明精心研究后改良而生的，不仅继承了湘菜传统辣味的精髓，更在辣度与风味上做到了极致的平衡。这款剁椒鱼头酱的魅力在于49天的自然乳酸菌发酵，将湘菜的辣味柔和化，让鲜辣与鲜香交织在一起，营造出一种既刺激味蕾又令人回味无穷的口感。无论是蒸鱼头、炒菜还是烧肉，今厨1号剁椒鱼头酱都能为食材带来独特的风味和口感。在蒸鱼头方面，这款剁椒鱼头酱能够完美地融合鱼肉的鲜嫩与酱汁的香辣。在炒菜时加入适量的剁椒鱼头酱，能够为蔬菜增添一丝辣味和鲜香，让菜肴更加开胃可口。在烧肉时，这款剁椒鱼头酱也能为肉类带来丰富的层次感和独特的风味，让人食欲大增。今厨1号剁椒鱼头酱的成功源于对辣椒与姜、葱、蒜等配料黄金比例的精妙把控，每一种食材都在为整体的口感加分，共同营造出一种层次丰富、味道浓郁的独特风味。这种美妙的味道组合，仿佛让辣椒与它的“情人”碰撞出了火花，让人在品尝的过程中不禁

今厨1号剁椒蒸鱼头

为之倾倒。今厨1号剁椒鱼头酱的推出，不仅在全国范围内得到了广泛应用，更是湘菜文化与现代烹饪技术相结合的典范。它展示了湘菜在传承与创新上的不懈努力，也让更多的人能够品味到湘菜独有的魅力。在未来，我们有理由相信，这款剁椒鱼头酱将继续引领湘菜的新潮流，成为更多人心中的美食佳话。

黄惠明潜心研究，出品了一系列具有浓郁地方特色的酱料产品，如传统酸辣酱、海皇粉丝酱、土匪辣酱等。这些酱料不仅口感独特，而且能够提升菜品的整体风味，受到了广大餐饮企业和消费者的喜爱。这些产品不仅热销湖南本地，更是销售出湘，走向全国，让更多的人品尝到了湖南的美食文化。黄惠明创造了湘菜味型的标准，助力了餐饮企业的出品稳定，凭借这一创新举措，创始人黄惠明荣获了“食材先锋人物”的殊荣。

随着市场竞争的日益激烈，黄惠明敏锐地察觉到了自身和团队在思维与管理策略上的短板。他分析当下情况：一是市场竞争压力。随着市场竞争的加剧，驷人行公司需要不断提升自身竞争力以应对外部环境的挑战，这就要求公司不断创新，优化产品和服务，以满足客户的需求。二是管理策略的短板。在蜕变过程中，黄惠明认识到自身和团队在管理策略上的不足。为了提升管理水平，他选择了深入学习企业管理课程，以期找到公司蜕变的契机。黄惠明认为，管理策略的完善和更新是公司蜕变过程中必须面对的挑战。三是企业文化和组织结构的调整。随着公司的发展和市场环境的变化，驷人行公司需要对企业文化和组织结构进行相应的调整，包括明确企业的核心价值观和行为规范，以及优化组织架构以提高工作效率和响应速度。四是人才培养与引进。为了满足公司发展的需求，驷人行公司需要不断培养和引进优秀人才，要建立完善的人才培养和激励机制，以吸引和留住人才，为公司的持续发展提供有力支持。五是财务管理风险。随着公司规模的扩大和业务的拓展，驷人行公司面临着更大的财务管理风险，需要公司建立完善的财务管理体系，加强财务预算和风险控制能力，以确保公司的财务稳健。驷人行公司在蜕变过程中面临了多方面的挑战，包括市场竞争、管理策略、企业文化和组织结构调整、人才培养与引进以及财务管理风险等。为了应对这些挑战，公司需要不断学习、创新和完善自身的管理体系和运营策略。为了引领公司迈向新的发展阶段，黄惠明果断选择深入学习“浓缩EMBA”课程，以期在这场机制变革中找到公司蜕变的契机。在学习中，黄惠明领略了数字思维、成果思维和内向思维的深邃，这三种思维方式为他揭示了新的管理视野。同时，他深入掌握了企业战略等核心管理知识。课程中涵盖的市场调研、机会探寻、目标客户定位、产品定价、预算管理、绩效管理、市场营销和财务管理等八大步骤，为黄惠明构建了一套全面而系统的企业管理体系。随着时间的推移，黄惠明坚持不懈地每年或隔年参加复训，不断更新和深化自己的企业管理认知。黄惠明认为，这套课程不仅深刻剖析了企业增长的核心要素，更为实践提供了高效的工具和方法。在老师的悉心指导下，他学会了如何紧密结合时代背景来管理企业，使驷人行公司的企业文化得到了前所未有的完善和提升。可以说，正是在持续学习和实践的过程中，黄惠明带领驷人行公司踏上了一条与时代同行的蜕变之路。在这条道路上，他们不仅显著提升了自身的市场竞争力，更为公司的长远发展奠定了坚实的基础。驷人行公司的变革故事，正是时代进步与企业发展相辅相成的生动写照。

2011年7月，第六届中国湘菜美食文化节暨湖南省第三届湘菜创新大赛在长沙开幕，来自全国的150多名大厨将举行为期两天的厨艺较量，50余家食材企业亮出了各自的特色湘菜原辅料展示展销，并与餐饮企业面对面接触。中国湘菜美食文化节连续六届成功推出了一系列活动，影响力越来越大，品牌越来越响。黄惠明率领的长沙市驷人行食品贸易有限公司参加了湖南省第三届湘菜创新大赛，荣获“优秀食材企业奖”。这一荣誉再次证明了惠民耕食在湘菜食材领域的领先地位和品牌影响力。黄惠明回首过去，惠民耕食以其坚定的信念和不懈的努力，走过了一段不平凡的发展历程。展望未来，惠民耕食将继续秉承“只问耕耘”的信念，不断创新进取，为消费者带来更多美味可口的湘菜佳肴，为湘菜文化的传承与发展贡献更多的力量。

第三十九章
探索烹饪“四君子”

2013年，黄惠明到松潘古城考察，这里最著名的小吃是羊杂汤。这是黄惠明第一次吃羊杂汤，其丰富滋味引发了他对湘菜的思考。

天下烟火半湖湘，姜、葱、蒜、辣椒都有辣味，无一不欢。辣椒要出味道，少不了姜葱蒜，虽然姜葱蒜不能单独做出美味的佳肴，但是缺了它们菜肴就会失去很多风味。姜、葱、蒜、辣椒在湖南民间称为“四君子”，它们不仅能够调味，还能杀菌提味，对人体健康大有好处。

生姜，味辛，性微温，有开胃健脾、防暑降温、杀菌解毒的功效。湖南盛产的茶陵生姜辛辣芳香，江永香姜脆嫩微辣、入口雅香，祁东龙爪姜香辣提味，汝城小黄姜闻香开味。无论做主料还是配料、调料，姜都非常地道和味。姜为调料时大多用老姜，所谓姜是老的辣，要的就是它的那种积累至深的辛辣气息。姜到老时是辣味更绵长，香气更浓郁，热性更炽烈。

民间俗语“冬吃萝卜夏吃姜，不用医生开药方”。夏天闷热潮湿，人浑身都淤积着瘴气，姜这种破土而出的清凉食物可清肝利胆，嫩姜切片在酸菜坛里腌几天，可以夹出来当凉菜。盐姜拌着辣椒面吃，也是一道开味生窍的小吃。生姜凉拌的方法很简单，切成细长的薄片，放适量的盐腌制十来分钟，放少许辣椒、香油，即可食用。还有人把姜片放入生抽中腌泡，那是湖南仔油姜的吃法。

黄惠明开发了一系列以姜为调味料的菜品。

• **仔姜炒鸭**

原料与调料：麻鸭1只（光鸭约1250克），仔姜200克，红椒50克，开味剁椒20克，蒜30克，葱段20克，盐6克，酱油12克，糊汁酒30克，胡椒粉3克，菜籽油100克，香油10克。

制作方法：①麻鸭去背骨，用刀尖剁断排骨，砍成长方块；仔姜、红椒切成长方薄片，用盐微腌后待用。②炒锅烧油至六成熟，放入鸭块爆香，加入盐、酱油上色，入开水烧开，倒入砂锅中煨制40分钟，至软烂时收汁。③炒锅烧油，放入剁椒（剁碎）、红椒、仔姜、盐，炒香出姜辣味，倒入煨好的鸭子收汁，淋香油，下入葱段、胡椒粉炒匀，起锅装盘即可。

特点：仔姜脆嫩，鸭肉鲜香，酱香浓郁。

• **老姜炒仔鸡**

原料与调料：半边仔鸡750克，老姜100克，蒜30克，葱榄30克，红辣椒30克，盐5克、生抽15克，酱油5克、陈醋15克，胡椒粉3克，猪油80克。

制作方法：①鸡剁成长方小块状，老姜连皮切片，红椒、蒜切片备用。②热锅冷油，放鸡肉炒干水汽，再加油、盐、姜片爆炒出香味，烹料酒、水焖入味，放红椒、蒜片炒匀，亮油时烹陈醋、葱、胡椒粉，翻炒出锅即可。老姜性温，姜皮性凉，用老姜要连皮一起用。老姜香辣，辣椒鲜美，鸭肉的凉性被姜辣中和后更宜人。

老姜炒仔鸡

特点：姜辣浓郁，鸡肉鲜香，回味悠长。

• 姜辣鲫鱼

原料与调料：鲜活鱼2条750克，姜75克，剁椒30克，葱花25克，精盐3克，味精2克，醋15克，料酒30克，清汤150克，香油15克，胡椒粉1克，湿淀粉15克，猪油150克。

制作方法：①将鲜活鲫鱼洗净，用精盐料酒与20克拍碎的姜、葱料酒腌制10分钟，剩下55克姜去皮，切成细粒与剁椒拌匀待用。②炒锅烧油至五成热，放入鲫鱼煎至两面金黄，备用；炒锅烧油，入姜、剁椒爆香，加入清汤和剩下调料烧制，收干汁，加锅边醋，撒葱花、胡椒粉、香油，起锅装盘即可。用新鲜鲫鱼制作，自然收汁亮油。

特点：鱼肉鲜嫩，姜辣可口。

• 仔姜炒肚片

原料与调料：熟猪肚200克，仔姜片80克，红椒50克，酱油8克，精盐3克，味精2克，米醋10克，湿淀粉20克，香油5克，猪油80克。

制作方法：①选仔姜切成菱形片，用少许盐入味5分钟，熟猪肚斜刀片成5厘米长、2.5厘米宽、0.2厘米厚的片备用。②炒锅烧油，入猪肚、盐酱油煸香上色，再烹醋、味精提味；炒锅烧油再入红椒、姜片炒熟，调味精、芝麻翻炒，勾芡即成。煸炒猪肚时需要爆香烹醋去腥。勾芡要薄，油光亮丽。

特点：肚片鲜香，姜片脆爽。

老姜擂苦瓜

原料与调料：苦瓜250克，老姜蓉50克，青椒100克，蒜蓉20克，豆豉10克，精盐3克，味精1克，生抽5克，香油20克，猪油50克。

制作方法：①苦瓜对半切开去籽，切成半圆形的片，再用盐抓一下待用。②炒锅烧少许油，入苦瓜干煸出锅气，盛碗中。③炒锅放入油，入老姜、蒜蓉、辣椒、豆豉、盐炒香出味，烹生抽、味精、香油翻锅即成。在豉香味的基础上，突出姜汁味和苦味，保持色泽翠绿。

特点：碧绿脆嫩，苦中回甘，姜辣味浓。

仔姜鳝鱼片

原料与调料：鳝鱼片200克，青椒片100克，仔姜20克，葱段20克，精盐5克，味精1克，酱油5克，香油20克，猪油50克。

制作方法：①仔姜切成菱形片，青椒斜刀切成片，蒜切成片，葱切成段，备开味剁椒、料酒、酱油。②鳝片在热油中爆炒至七成软硬，放入仔姜、蒜片、青椒等料，中火炒至料香溢出。③加料酒、盐、酱油、葱段，待色香味浓时，出锅装盘。

特点：酱香鲜辣，姜辣味浓。

葱，性温，味辛，有发汗解表、去腥调味的功效。葱辣味强烈，汁液香甜，脆嫩利口，风味独特，适宜搭配各种原料烹调成菜。葱分香葱、火葱、大葱和四季葱。黄惠明从小爱吃葱，火葱炒辣椒粉是道几乎不要成本的菜，菜品辛辣刺激，给舌尖带来的美妙和给胃口带来的温热，即使山珍美味也有所不及。湘南家常菜大部分都要用葱来调味、增香、配色。葱在烹饪中似乎永远是个不起眼的小角色，不像辣椒、大蒜那样“露头露脸”，但忽略了它似乎就少了那么点儿味道。《清异录》认为“葱，和美众味，若药剂必用甘草也”。像中药里要用甘草来中和药性一样，烹调中的各种滋味，也离不开葱来调和，使其味道融合香美。

葱的香味要在高油温中才能很好地挥发出来，葱的纤维细嫩，经不起久炒，先下锅的葱一定要葱头段。葱结基本上用在卤菜、烧菜、炖汤中，小葱扎成结，放进卤汁或者汤料中，去腥增香，一般在烹制的中途就捞起不要了。

湘菜常用的葱有小香葱，辛辣香味较重，在菜肴中应用较广，既可作配料又可当作调味品提取葱油，增香之余还可起到杀菌、消毒的作用；加工成段或其他形状，经油炸后与主料同烹，葱香味与主料鲜味融为一体，十分合肴相。如葱油猪肚、葱香排骨即是用小葱调味。小葱经油炒香后能够更加突出葱的香味，是烹制水产、动物内脏不可缺少的调味品。可把它加工成丁、段、丝与主料同烹制，或捆扎成结与主料熟炒，出锅时葱结垫底，也是风味别具。

中国食用葱的历史已有上千年。《礼记·曲礼》载："凡脍，春用葱，秋用芥；脂用葱，膏用韭。"切细剁碎的肉在春季用葱做配料，油气很重的肥肉用葱解油去腥。汉代人们已经知道蒸葱取其香、用醋渍葱使它的辛辣柔和这些精细技艺。经过一代又一代庖人的探究，现代烹饪对葱的用法之细微几乎极致。葱花像"幽灵"一样无处不在，做全家福、蒸汤、炒菜都有人喜欢用葱点缀。葱蓉有三用，一是调制葱汁，用以拌菜和一些以葱汁起味的热菜；二是炼制葱油，像拌胡萝卜丝就只能用葱油；三是调制姜葱汁，选新鲜的小葱叶子，先切成葱花，与盐、姜、配合，浇热油后吃起来很是辣爽。葱丝是小葱的葱叶卷起来后直刀切细，泡水中而成。它一般撒在做好的鱼肉上，趁着刚出锅的菜热，浇热油使葱丝的鲜香绽放出现，这样吃来才不负鱼肉的鲜嫩。菊花葱是把葱白切成寸长，用小刀两头刻成细丝，中间留1厘米，浸泡水中卷起来像菊花一样；很多炸、烤出来的菜肴要用菊花葱所配的葱酱碟子，既增加了香味，又很好看。

黄惠明做了一系列与葱有关的菜品。

• 葱香鸡

原料与调料：土鸡（约1250克），盐10克，料酒50克，姜30克，葱100克，龙牌生抽20克，味精1克，香油80克。

制作方法：①将仔鸡宰杀洗净后，腿部和胸部用竹针刺穿，便于入味，用葱、姜、料酒和盐内外搓揉，腌制30分钟，吸干表皮水分，刷上香油入蒸笼蒸20分钟至熟，取出晾冷后斩成块，摆成鸡形。②炒锅内放油，烧至七八成热时，淋入葱花碗中，加生抽和蒸鸡原汁搅匀，均匀地浇在鸡肉上（或蘸料）即成。仔鸡搓盐时，原蒸不宜蒸烂，刚刚熟为好，否则不爽口。葱花要淋出香味，再加生抽搅匀。热吃鲜嫩，冷吃更爽口。

特点：咸鲜爽口，葱香浓郁，原汁原味。

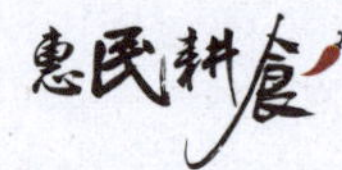

葱椒炒茄子

原料与调料：茄子300克，葱白粒50克，红椒50克，精盐3克，生抽15克，味精1克，猪油50克，芝麻油4克。

制作方法：①茄子洗净改刀，切成6厘米长的薄片。②炒锅置中火上，倒油烧至五六成热，下入青椒、姜炒出香味，下入葱白爆香，入茄子边炒边烹锅边水，入盐、生抽、味精、香油翻炒均匀，起锅装盘即可。炒茄子底油不宜多，用火力不宜过大。注意烹水量不要过多，否则没锅气。

特点：葱香浓郁，咸鲜味美。

葱白炒牛肚丝

原料与调料：熟牛肚丝200克，香葱白50克，红椒丝50克，精盐2克，味精2克，生抽15克，陈醋10克，胡椒粉2克，猪油50克，芝麻油6克，湿淀粉15克。

制作方法：①葱白洗净，切成5厘米长的段，熟牛肚切成6厘米长且中粗的丝，待用。②将淀粉、生抽、香油兑成调味芡汁备用。③炒锅烧油，入红椒丝、葱白、牛肚丝爆香调味，烹锅边醋，淋入碗芡即可。牛肚不要煮烂了，切丝粗细要均匀。葱白要先煸香，起锅时点缀几根葱叶。

特点：咸鲜辣香，弹牙爽口，葱味香浓。

葱香豉汁鱿鱼花

原料与调料：鲜鱿鱼筒（重约550克），莴笋丝100克，葱白节20克，葱花50克，姜米10克，蒜蓉30克，干椒粉15克，豉油汁30克，鲜汤70克，精盐5克，味精2克，胡椒粉3克，料酒20克，香油20克，猪油100克。

制作方法：①鱿鱼破腹去内脏、黑膜，洗净，切成凤尾鱿鱼花，加入精盐、料酒腌10分钟；莴笋丝用盐抓一下垫碗底。②炒锅放油烧热，入葱白节炒出香味，加入豉油汁、鲜汤、精盐、胡椒粉、味精调好味汁备用；炒锅烧水至95℃，将鱿鱼快速焯水至熟，捞出盖在莴笋上面，放上姜米、蒜蓉、干椒粉、胡椒粉、葱花，淋入味汁；炒锅烧油至冒青烟，浇在鱿鱼上面即可。鱿鱼切均匀，用姜葱料腌制除腥；浇油七成热才能让葱花生出鲜香滋味。

特点：鱿鱼鲜嫩，葱姜味浓，豉香和美。

葱炒双冬

原料与调料：去皮冬笋150克，干冬菇（水发）200克，红椒片6片，蒜片30克，葱段10克，精盐3克，味精2克，鲜汤100克，湿淀粉15克，香油8克，猪油50克。

制作方法：①新鲜冬笋洗净，改刀切成片状，放入沸水锅中焯水断生，捞出浸泡在清水中；冬菇挤掉部分水分，改刀成片。②取一小碗，加入味精、湿淀粉、香油调成芡汁待用。③炒锅置旺火上，倒油烧至四成热，下入蒜片、葱段爆炒出香，下入笋片、红椒、盐炒香，入冬菇，烹鲜汤，焖入味，大火收汁，烹入芡汁炒匀装盘即可。笋要保持其原有的脆嫩清香，不着色；收汁要干，底油不要过多，以免勾芡不油亮。

特点：蒜香浓郁，咸鲜清脆，油芡光亮。

大蒜性温，味辛辣，有红皮大蒜、紫皮大蒜、白皮大蒜之分。大蒜原产西域，汉代王逸的《正部》载："张骞使还，始得大蒜、苜蓿。"从张骞通西域时算起，大蒜在我国已经流传了2000多年。张骞带回来的大蒜被汉朝人称为"胡蒜"，意为从胡人生活地区传入中国的食物。《本草纲目》"菜部"提到过一种小蒜，又名山蒜，与现代人食用的大蒜不一样。小蒜出现在先秦时期，个头小，味道和具体作用基本相同，大蒜的味道更加辛辣，食用起来比较方便。宋代罗愿的《尔雅翼》载："胡人以大蒜涂体，爱其芳气，又以护寒。"生活在西域地区的人经常用大蒜汁涂抹身体，认为大蒜的味道可去除狐臭，还可以起到驱寒、除湿的作用。

蒜在烹饪中能增鲜添香，调出一种特殊的复合味。湘菜里用蒜的菜品很多，与姜、葱、辣椒同用，会激发出不同的滋味。离开这四种辛香植物，手艺再高的厨师也做不出美味菜肴。湘菜最有代表性的31种味型中蒜味便是其一。俗话说，一道菜只要有了蒜再差也有三分香。

黄惠明平时煨烧焖菜，都会用大蒜掩盖肉类食物的腥臊味，烹调后的大蒜在油荤中鲜香无比。黄惠明做菜常用刀拍蒜，辣椒炒肉成熟后再放蒜，出锅时半生半熟的蒜才味道横溢。大蒜直接和主料一起烧，也能充分体现肉蒜相融的独有鲜香味。黄惠明曾求教过师父王墨泉老先生，中国很多手艺门道都有一些秘而不宣的诀窍，门道中人就靠它吃饭，只有对子女或者入室弟子才会倾囊相授。一道菜要做得合肴相，需要花心思，主配料的选择，调料的搭配，其中的分量、比例、烹调的先后顺序、火候的大小、生熟咸淡的程度，都是在勤学苦练的经验中靠自己的悟性和反复揣摩得到的，慢

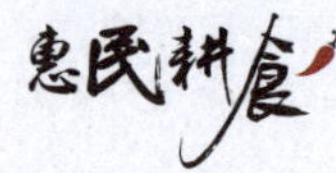

慢积蓄沉淀起来。

在湘菜中，大蒜多以蒜片、蒜粒、蒜蓉、炸蒜油的方式呈现。蒜蓉多用于做凉菜，蒜粒则常用于热炒菜。湘菜吸取粤菜之长，也有很多蒜蓉菜品，大凡是青绿叶子的蔬菜都喜欢做成蒜蓉味，像菠菜、空心菜、西蓝花等。最见蒜香风味的菜是把蒜粒炒、炸至金黄，再加入菜肴中烹调。

• 蒜烧鳝段

原料与调料：鳝鱼500克，蒜100克，葱白段20克，姜粒20克，精盐3克，料酒30克，生抽20克，酱油10克，味精2克，胡椒粉3克，香油10克，菜籽油60克，湿淀粉15克。

制作方法：①鳝鱼去头、剖肚洗净，改刀切成6厘米长的段待用。②生抽、味精、湿淀粉、香油、胡椒粉搅匀成碗芡汁，备用。③炒锅置旺火上，倒入油烧至四成热，下入大蒜、葱白炒香，捞出留用；趁热下入鳝鱼、姜粒，煸炒至起虎皮，烹料酒、酱油上色，入精盐、水、大蒜、葱头烧透收汁，勾芡即可。大蒜先放入温油锅中爆香，取蒜油煸炒鳝鱼，可使鳝鱼除腥增香；鳝鱼不宜走油。勾芡时底油不能太多，汁要薄而少。

特点：蒜香浓郁，鳝鱼鲜嫩，汁芡油亮。

• 独蒜煨带皮羊肉

原料与调料：黑山羊排400克，独蒜100克，姜丁30克，葱结30克，陈皮5克，料酒20克，精盐4克，酱油12克，冰糖5克，蚝油10克，味精2克，胡椒粉3克，腐乳30克，菜籽油80克，湿淀粉20克。

制作方法：①羊肉洗净，改刀切成长方块，用面粉抓洗干净，沥水，冷水下锅焯水，去干净血污；独蒜对半切开，陈皮切丝待用。②炒锅置火上，中火将油烧至五成热，下入独蒜、葱结，炸出香味，捞出装入碗内备用。③炒锅待油温升至六成热，入羊肉煸炒，下入姜、盐、葱结，烹入料酒爆香羊肉，再加水750克，入高压锅，出气压15分钟取出，倒入炒锅中，去葱结，放入独蒜、剩下调味料，煨制收汁即起锅装盘。羊肉下锅时油温不宜过高，以免粘锅。加入腐乳让羊肉更鲜美，也可增加风味。

特点：羊肉软烂，咸鲜细嫩，蒜香诱人。

大蒜炒腊肉

大蒜炒腊肉

原料与调料：五花腊肉250克，大蒜苗150克，红椒片50克，干红椒末15克，精盐1克，料酒20克，生抽15克，菜籽油50克。

制作方法：①腊肉烧皮煮熟切大片，大蒜斜切成3厘米的段。②炒锅置旺火上，烧水至沸，肉焯水捞出。③锅中烧油至五成热，入腊肉片爆香，烹料酒、加锅边水稍焖回软，再入红椒、干椒、蒜苗炒香，烹入生抽提味，炒匀起锅装盘即成。腊肉要浸煮透，退盐要到位，切片应厚薄均匀。大蒜遇上腊肉，成菜后蒜香与腊香相互交融，风味突出。

特点：熏腊咸香，晶莹剔透，蒜辣鲜美。

蒜有助猪、牛、羊肉的解腻、祛膻、增香，有增进食欲、增强体质的作用。鱼类宜多放姜葱或蒜，一般做鱼都要用姜、葱、料酒腌制一会儿去除泥腥味，可缓和鱼的寒性，又可解除腻味，使鱼肉更鲜香，还可以促进消化。海鲜、湖鲜、贝类宜多放蒜和葱，小葱、蒜不仅仅能够缓解贝类的寒性，还能抵抗过敏。不少人食用贝类后会产生过敏性咳嗽、腹痛等症，烹调时多放一些葱蒜可避免过敏反应。禽肉宜多放姜、葱、蒜，能够去膻提味，这样使肉更香更好吃，不会因为消化不良而拉肚子。

香料的魅力与湘菜的烹饪之道

在湘菜的世界里，香料不仅是简单的调味品，更是赋予菜肴灵魂的艺术家。当我将湘菜带到北方地区时，我深切地感受到因原料的新鲜程度、土壤水质等差异，食材的质地和风味会有所不同。因此，在烹饪过程中，我逐渐领悟到需要根据地域差异适当调整香料的使用，以此平衡食材的差异，使湘菜在异地也能保持其独特的魅力。

我们不得不提的是“剁椒鱼头”。这道菜以鱼头的鲜嫩和剁椒的香辣著称。在北方，由于水质和气候的差异，鱼头的腥味可能更为浓重。因此，在烹饪过程中，我会特别增加生姜、大蒜、花椒（或花椒油）、胡椒粉、紫苏、葱等香料的用量。这些香料与剁椒相互渗透，不仅中和了鱼头的腥味，更为这道菜增添了浓郁的香气和层次感，使其更加鲜美可口。

再来说说“辣椒炒肉”。这道菜在湘菜中极为常见，但在北方，由于猪肉的质地和口感有所不同，因此香料的运用也需有所调整。我会在烹饪过程中加入八角粉、沙姜粉、胡椒粉等香料，这些香料在加热过程中释放出独特的香气，与猪肉的鲜嫩和辣椒的香辣完美融合，使得整道菜的味道更加浓郁，令人回味无穷。

此外，“香辣蟹”也是湘菜中的一道美味佳肴。在北方，螃蟹的品种和口感可能与南方有所不同。因此，在烹饪过程中，我会特别注重香料的搭配和运用。辣椒、老姜、八角、香叶、花椒、胡椒等香料在烹饪过程中与螃蟹的肉质相互渗透，中和了螃蟹的腥味，同时为其增添了浓郁的香气和口感。这些香料的加入，使得“香辣蟹”在香辣之中更添一份层次感和深度。

在湘菜的烹饪中，香料的使用至关重要。它们不仅能够增强菜肴的自然风味，还能为那些我们耳熟能详的菜肴带来新的风味和香味。然而，香料的使用并非简单地堆砌和拼凑。每一种香料都有其独特的味道和香气，只有经过精心地搭配和烹饪，才能发挥出它们的最大价值。因此，在湘菜的烹饪中，我们需要对香料有着深入的了解和研究，才能真正掌握其精髓和技巧。通过不断调整香料的使用比例和搭配方式，我成功地将湘菜带到了北方地区，并受到了当地人的喜爱。这让我更加坚信，只要掌握了香料与食材的结合之道，就能够将湘菜的美味传递到更多的地方，让更多的人领略到湘菜的魅力。

第四十章
建立美食研发基地

黄惠明的菜品力求自然养生，好吃健康，既不失传统美食的纯朴与本味，又具有现代韵味的健康与美味。黄惠明到永州求学，一道地道的永州血鸭让黄惠明产生了浓厚的兴趣。

永州血鸭

黄惠明的梦想是坚守民间菜。他一直坚持推广湘菜民间菜，辗转参加全国的各类比赛、交流。黄惠明长期深入祖国大江南北，尤其是民间古镇，探究秘方和真味，致力于继承湘菜优良传统，挖掘民间特色菜品，倡导民间印象菜，逐渐形成了自己独特的厨艺风格。黄惠明开创了“印象菜”，“印象菜”多是妈妈菜、外婆菜、情感菜、家常菜、家乡菜、地方菜、土菜，无一例外都是从民间流传下来的，故而也称民间湘菜，保持着原生态环境下的本真，是让人们能吃出滋味，也吃出健康的绿色食品。

黄惠明对民间美食葆有一份初心，他的人生格言：“不怕苦，苦一阵子；怕吃苦，苦一辈子。做厨做人，饮和食德！这是我们做厨师应有的追求！”他要把民间最自然、最朴素的纯绿色食材引入市场，走进大众的餐桌，让所有的食客都能尝到自然朴素的绿色食材，吃得舒服，吃得快乐。发掘民间美食说来容易，实行起来却是有难度的，他会独自来到乡间，与当地的农民吃喝在一块，当地民间美食的做法自然尽收眼底。

惠和园惠民湘菜研究室

2014年，黄惠明终于把筹划了几年的事情做了起来，他做了一个集运营中心、销售中心、策划中心于一体的中国民间美食平台——民间美食研发基地。黄惠明认为民间菜是一种本味、原味的菜肴，是自然本源的一种健康饮食生活。他挖掘了300余种湘味食材，研发湘味菜品500余道，吸取了传统菜品的精华，融合湘、粤、川、苏等菜系的烹饪技艺，博采众长，兼收并蓄，在多年的实践中不断创新，研制了独具特色的、富有浓郁喜宴文化的喜宴菜谱，以及以鱼椒、鱼子酱、鸭肝酱、坛子菜等多系列的具有浓郁湘南地方特色的风味佳肴。

惠和园实验餐厅

黄惠明说自己本是山里的孩子，想要把更健康的食材推入都市，他说：“别人到长沙来都做都市菜，而我偏偏钟爱于民间菜，天然健康的食材更具魅力。其实最好的食材在大山大水中，未被人发掘。”有一次，黄惠明去湘黔边界的乌龙山寻找一种食材。他顺着洗车河走，在深山峡谷中的一户农家里，黄惠明发现农家的腐乳比平时吃到的要香嫩，他一打听才知是加入了香油。他又沿着洗车河继续前行，在一户农民家里稍作休息时，发现这个地方的腊肉很脆很可口，仔细打听才知道其中熏制的诀窍，黄惠明将这种腊肉带回来民间美食研发基地，深入研究腊肉的熏制工艺。

走进黄惠明的民间美食研发基地，宛如走进一个微型的农耕文化博物馆，他用水车、坛坛罐罐、石磨、斗笠、铁环、兰花布、三叶草等这些乡间味十足的物品装饰院子，让人心旷神怡。在院子外面晾晒的干玉米散发出淡淡的香味，让人忍不住驻足多看两眼那金灿灿的颗粒。展示架上挂满了各种腊味，腊猪脚、腊肠、腊猪头等，每一条腊味上用红条黑字记录着这份美食的来历，比如：我来自一座大山，只吃野菜煮的食——脆皮猪脚；原生食材，瑶汉三宝之一——黑猪香菇肠。展示柜的下方还摆满了各种天然素食，有红薯粉皮、酸菜、茯苓粑、腐乳等，每一种食材辗转来到民间美食研发基地，都有一段故事。黄惠明说：“真正的美食一定要溯源，找到这个美食的发源地。现如今，很多食材都还是藏在深闺人未识的状态，我们民间美食研发基地要做的就是深入民间，把这些有价值又没有广为流传的美食发扬光大。这也符合我们当前的国情和餐饮业返璞归真的大趋势。”黄惠明的民间美食研发基地已经挖掘了300余种湘味食材，研发湘味菜品500余道，他编辑了一部《民间湘菜》，里面收录有茯苓烧羊肉、茶油原味鸭、酱汁淇江鱼、苗家米糠肠、苦笋蒸肉饼、姨妹酸菜鸡等近300

道民间湘菜。

湘西水车碾房

石花尖云雾有机脆笋基地

味源民间，道藏故事。在湘菜的世界里，黄惠明总是忙碌于厨房与餐桌之间，他擅长烹饪各种美食，却鲜少有时间停下来品味那些藏匿在民间的小确幸。然而，一次偶然的机会，他邂逅了一道名为“圣汤鲜干笋”的菜肴，那独特的制作工艺和诱人的味道，让他与这道菜肴结下了不解之缘。

那是一个秋日的午后，黄惠明因工作原因来到了远离市区的竹林小镇。在小镇的街角，他偶然发现了一家古色古香的小餐馆——“竹林人家”。餐馆的招牌在微风中轻轻摇曳，透出一股宁静与温馨的气息。黄惠明心生好奇，决定走进这家餐馆，尝尝这里的特色菜肴。进入餐馆，一股诱人的香气扑面而来。黄惠明环顾四周，发现那香气来自一道金黄色的菜肴——圣汤鲜干笋。金黄色的汤汁上漂浮着几片翠绿的干笋，散发出令人垂涎的香气。他忍不住点了这道菜，期待着它带来的美味。当圣汤鲜干笋端上桌时，黄惠明被它的美味惊艳了。那鲜美的汤汁，伴随着干笋的软糯与弹性，在口中交织出美妙的滋味。他闭上眼睛，仿佛能够感受到竹笋在山林间生长，吸收阳光雨露的过程，这种自然的味道让他陶醉其中。

黄惠明好奇地询问起这道菜肴的制作工艺。原来，圣汤鲜干笋的制作非常讲究。新鲜的竹笋经过精心挑选后，用温泉水煮熟，然后用石头和木板进行压榨发酵，去除多余的笋碱、水分，再晾晒或烤成干笋。食用前三天，干笋需要放入水中浸泡，再煮沸，反复几次，直至恢复其原有的弹性和口感。这样的制作过程，既保留了竹笋的营养和风味，又赋予了它独特的口感。在黄惠明看来，圣汤鲜干笋不仅仅是一道美味的菜肴，更是一种文化的传承。在中国传统文化中，竹笋一直被视为“菜中珍品”，具有清热解毒、益气开胃的功效。而干笋则是竹笋的另一种形式，它不仅能长期保存，还能够更好地保留竹笋的营养和风味。

圣汤鲜干笋酿鸡

黄惠明与圣汤鲜干笋的故事就这样在朋友圈中传为佳话。他用自己的方式，将这道美味的菜肴带到了更多人的生活中，让更多的人感受到了生活的美好与温暖。而圣汤鲜干笋也因此成了一个传奇，永远地留在了人们的味蕾与记忆中。

湖南省餐饮烹饪协会的会刊《湘菜》杂志发表了黄惠明的《湘菜大师黄惠明与他的民间美食基地》。黄惠明踏遍湖南的山山水水，寻找了近300道散落在三湘大地上的民间珍馐。他对野生动物的态度十分明确，在他编撰的食谱里从未看到过野生动物的身影，没有一道菜的食材用到了野味。他表示拒烹野生动物是厨师应该共同遵守的准则。他呼吁大家拒烹、拒食、拒售野生动物。黄惠明说："我认为绿色食品，指的是安全好吃的食物。其实我们国家大力推进科技农业的发展，通过农业科技的科学种植、养殖的食物是最安全的，比方说大公司种植的食用菌，经过杀菌后再进入无杂菌间培植生长，室内控温、控湿、灯光补阳，产出的菌菇可以生吃，在运输环节以最快的速度上餐桌食用，所以很鲜美。原本食材好是安全卫生的基础，而储存运输得当，更是绿色食品的保障"。黄惠明为了收集这些民间珍馐的制作方法，踏遍了湖南的山山水水。

黄惠明在自己的小院子"惠园"做青豆清香、粉丝软糯的青豆蚂蚁上树。他说"早春时候，冬春转换，气温仍旧偏冷，所以饮食应侧重于温热的食物，选择热量较高的主食，并注意补充足够的蛋白质。"青豆浓淡适宜的绿色，总让人第一时间感觉到春的气息，而当我们一口咬上去，粉丝软糯的香醇伴着青豆隐约的清香，让人觉得这就是春天的味道。

捞制粉丝及酱料

• 青豆蚂蚁上树

原料与调料：绿豆粉丝（干）150克，蚂蚁上树酱料50克，香菇米50克，青豆50克，生抽20克，葱花30克，胡椒粉2克，猪油50克，香油10克。

制作方法：①干粉丝用冷水泡15分钟，蒜切成蒜粒。②砂锅烧热，加入猪油、菇粒、蒜粒、酱等爆香，加水、生抽烧开调味。③加入粉丝，待粉丝吸水变软后，继续捞炒收汁，视其粉丝红亮、底部起锅巴，撒葱花、胡椒粉，淋香油上桌。

黄惠明的民间美食研发基地有名的菜肴有荷香粉蒸甲鱼、青辣椒炒鱿花、本草红烧猪脚、湘军鸡等。

荷香粉蒸甲鱼：一道菜，一份情

在湘南的广袤大地上，流传着一种令人陶醉的美食——荷香粉蒸甲鱼。这道菜不仅汇聚了湘南独特的食材与调味手法，更融入了黄惠明对美食的热爱与对家人的思念。每一次品尝荷香粉蒸甲鱼，都仿佛是在品味一段独特的情感故事。

黄惠明是一个热爱湘菜的厨师，他从小在湘南农村长大，那里的山水和人情都深深地烙印在他的心中。长大后，他离开了家乡，来到城市打拼，但心中对家乡的思念却从未减退。而荷香粉蒸甲鱼，就是他思念家乡时最想念的一道菜。

这道菜的制作过程，对于黄惠明来说，不仅是一种技艺的展现，更是一种情感的寄托。他会精心挑选新鲜的甲鱼，宰杀治净后砍成大块，与五花肉一同腌制。在这个过程中，他会回想起小时候在家乡与亲人一起捕鱼、宰鱼的场景，那种亲密无间的亲情让他倍感温暖。

接着是制作粉蒸肉粉的关键步骤。黄惠明会将大米炒香，与香辛料一同磨碎，散发出独特的香气。这个过程中，他会想起母亲在厨房里忙碌的身影，那种熟悉的香味仿佛穿越时空，再次弥漫在他的鼻尖。

荷香粉蒸甲鱼

最关键的步骤便是将拌好粉蒸肉粉的甲鱼放入荷叶中包裹蒸制。荷叶的清香与甲鱼的鲜美相互渗透，形成了一种难以言喻的美妙滋味。黄惠明会挑选最鲜嫩的荷叶，小心翼翼地包裹好甲鱼，然后放入蒸柜中慢慢蒸制。在这个过程中，他会静静地等待，仿佛在与时间对话，让思念与情感在蒸汽中升腾。

当蒸柜的盖子缓缓打开，一股清新的荷香扑鼻而来，黄惠明的心中充满了满足与幸福。他知道，这道荷香粉蒸甲鱼不仅是一道美味的菜肴，更是一份情感的寄托。它承载了他对家乡的思念、对亲人的怀念，也展现了他对美食的热爱与追求。

如今，黄惠明已经成为一位备受赞誉的厨师，他的荷香粉蒸甲鱼也成了餐厅的招牌菜。每当有客人点这道菜时，他都会用心制作，将自己的情感与思念融入其中。他希望通过这道菜，让更多的人感受到湘南的美食文化，也希望能够让更多的人理解他对家乡的思念与对美食的热爱。

荷香粉蒸甲鱼，不仅是一道美味的湘菜，更是一份情感的传递。它让人们在品尝美食的同时，也能够感受到黄惠明对家乡的思念与对亲人的怀念。这道菜，就像一首动人的诗歌，诉说着黄惠明与湘菜之间的深厚情缘。

黄惠明认为烹饪的最高境界在于将食材的本味、原味、透味和入味完美融合，并在此基础上追求菜肴的内涵精当、自然天成和绿色健康。他深受中华饮食文化的影响，特别是对湘菜有着深厚的理解和热爱。他坚信，优秀的烹饪不仅仅是满足味蕾的享受，更是对食材的尊重和对生活的热爱。在黄惠明的烹饪理念中，他强调选择最好的原材料，让食材本身的味道得以充分发挥。同时，他也注重烹饪过程中的调味，味精和鸡精等调味料不能盖住主味的味道，让菜肴的原味得以凸显。此外，他还特别重视菜肴的入味和透味，让人们在品尝时能够感受到食材之间的相互渗透和融合。

黄惠明也始终坚守绿色健康的烹饪理念，他坚决拒烹野生动物，倡导使用安全美味的食材。他认为，美食应该源于自然，回归自然，让人们在品尝美食的同时，也能够感受到大自然的恩赐和生命的美好。

第四十一章
挖掘老湘味道的食材和菜品

黄惠明的民间美食研发基地围绕民间食材、民间特色菜、本草秘制酱料进行研发和传播，这三大板块各有特色。但黄惠明不满足于此，他的基地逐渐梳理出三个完整的体系，餐馆老湘味道遵循民间食材，源自民间好味道；调味料今厨遵循秘制酱料，有今厨本草酱，窖藏好香；自然湘专做预制食材，遵循特色菜的原理，菜品和原料自然好鲜香。

黄惠明的个人品牌“惠民耕食”诞生于1981年，口号为“让世界多一点滋味”，任务是“弘扬绿色餐饮文化，传播民间美食文明”。以黄惠明的头像为主标识，一个红辣椒和一个绿辣椒牵手，展望大山与飞鸟，表达自己要踏遍千山万水，为餐饮行业寻找数不尽的食材和民间菜肴的意愿。

长沙市驷人行食品有限公司股东王振华，是长沙老湘食餐饮有限公司董事长。自2003年开始，王振华创办了老湘食，他专注原味湘菜，带领着老湘食从一家小餐厅发展为拥有十二家门店、一家原材料配送子公司（驷人行食品有限公司）、一家产品研发中心（多米香食品有限公司）的著名湖湘文化餐饮品牌。“老湘食”有三层意思，“湘”是湖南的简称，也是“湘菜”；“食”是“美食”，延续传统的湘菜；还有一层意思是构建家的文化，“老湘食”就

黄惠明与王振华合影

是“老相识”，大家在一起就像相识多年的朋友。“湘菜是一个很重内涵的菜系，蕴含着湖南人不花哨、不夸张、弃虚务实的精神底蕴，像腊肉、熏鱼等虽不美观但十分美味。”他把老湘食菜品定位于原味湘菜，以原生态的食材，加上精湛的烹饪手法，让食客们感受到纯正“湘味”。王振华说：“原味，很多人认为是酸、辣、香、咸，但我认为是保持菜品的本味，做好原味湘菜必须在食材上下功夫。”为保证食材的原味、绿色、健康，他亲自到全国各地寻访，并建立自己的菜源基地、食品厂，让来自武汉的红菜薹、浏阳的白沙香干、洞庭湖的湖藕和用农家天然方法制作的腌制菜、干菜、腊菜登上了老湘食的餐桌，把老湘食向规模品牌连锁方向推进。老湘食连续十几年被授予“餐饮特色名店”“长沙市餐饮企业最具人气旺店”“湖南省诚信酒楼”等荣誉称号。王振华说：“现在，我们在长沙已经有十二家门店，十多万位会员。湘食满天下，都市一家人。我希望顾客们能通过这个餐厅相聚在一起，就像一家人一样，充满人情味。”

长沙市驷人行食品有限公司的股东习招平是江西吉安人，生长于井冈山脚下，是湖南习家兄弟厨房餐饮管理有限公司负责人。2010年，湖南习家兄弟厨房餐饮管理有限公司成立，目前已有30家直营店，主要分布在湖南株洲、长沙和江西吉安。新

黄惠明与习招平团队合影

型冠状病毒感染期间，习家兄弟厨房是株洲第一家支援抗疫一线的餐饮单位，累计公益捐助抗疫一线价值40万元的盒饭。

在长沙市驷人行食品有限公司有一个股东叫许全宏。许全宏是广东湘满情饮食管理有限公司的董事长，2001年在深圳成立公司，后来在广州发展，秉承“民以食为天，食以康为先”的社会责任，重视对食材的把控，以给老百姓提供时尚、便捷、原生态湘菜美食为使命，致力打造原生态、天然、健康美味的餐饮食品。不仅注重自己的发展，更加承担了社会行业的责任与使命，做到品质至上、精益求精，取得了较好的效益。

黄惠明与许全宏合影

2019年9月，博鳌国际美食文化论坛理事长高福博士、博鳌国际美食文化论坛组委会常务副理事长潘新、三亚市餐饮协会会长王国骅、世界风土美食养生文化大使（马来西亚）珑夫、中国烹饪大师黄惠明以及中国画虎大师王立新等人到老湘味道民间美食研发基地考察交流。黄惠明说：“惠和园，陋室也；临近浏阳河，隐于国家杂交水稻研究中心院内，南有千年东沙井之圣水，得天地灵气，沐阳光雨露，饭稻羹鱼……这里是惠民耕食湘菜美食研究传习所。”高福博士对惠和园赞赏有加。惠和美食，一耕一湖湘，一菜一鲜香。博鳌国际美食论坛副理事长了解湘西木房子腊肉之后，竖起大拇指点赞，决定开展广泛的技术合作交流。黄惠明邀请大家品味了惠民耕食的茶油豉香东海黄鱼仔、紫苏软煎鲅鱼、原味圣汤笋、永州血鸭等，他们对每一道湘菜都赞不绝口。特别是吃到黄焖鸡，这是选用清远岭南土鸡，用龙牌寒菌酱油和老湘味道炒菜辣椒酱烹制而成，菌香浓郁，鸡肉鲜美！他们都熟悉的食材，用湘菜的做法烹制，味道突出，刷新了他们的认知。

博鳌国际美食论坛惠师门收徒仪式合影

博鳌全国茶油美食大赛惠师门获金奖选手合影

博鳌国际美食论坛暨全国茶油厨艺大赛评委

2020年11月，安徽省餐饮协会副会长、铜陵餐饮协会会长卫平玉率队在老湘味道“寻味”，上好的调味品和食材是安徽一行慕名而来的重点考察对象。卫平玉一行到达湖南省餐饮协会副会长黄惠明的惠民耕食研发中心，发现器皿精美，形状各异，给菜肴增添了色彩。黄惠明在上头道菜黄焖甲鱼时，以“祈福、传福、摸福、得福、享口福”的五福礼仪隆重欢迎卫平玉一行的到来，介绍惠民耕食研发的生态美食与标准口味的湘菜调味品，并邀请现场评鉴湘

木桶米饭蒸腊肉

菜。今厨1号剁椒鱼头酱可以去除鱼的土腥味，简化厨师前期工作量，减少厨师切配工作。惠民耕食黄亚杰向众人解说，湖南人做腊肉要做到“鱼三肉七”，鱼通常以腌制三天，猪肉腌制七天为佳。湖南腊制是自然发酵，整个脱水、熏制过程要费时40天以上，腊制品腊香浓郁。

第四十二章
成立中国湘菜锅友汇，聚湖湘人才

黄惠明的徒弟越来越多，接触的年轻厨师越来越多，他有一种想法，就是要把这些年轻厨师组织起来，给他们提供平台，大家可以互相交流、学习。

黄惠明积极行动，成功联系到湖南省餐饮行业协会会长周新潮，并获得了其鼎力支持和协助。基于此，湖南省餐饮行业协会正式发布红头文件，批准成立湖南省餐饮行业协会中国湘菜锅友汇，其核心目标是进行湘菜厨师的培训工作，培训地点选定在惠民耕食湘菜研究所。为进一步提升厨师的技艺与管理水平，中国湘菜锅友汇策划并实施了“厨师长行走的训练营”。该集训内容丰富，包括餐饮食材的探寻、特色美食店的实地考察、现场烹饪教学等实践性强的参与体验训练。黄惠明被任命为湘菜锅友汇的总裁，并制定了明确的运营策略：将中国湘菜锅友汇青年厨师俱乐部打造为培育湘菜厨师的摇篮以及湘菜总厨们的精神家园。

此外，明确了以下核心要点：

一大中心：湘菜研发与推广平台，致力于湘菜的持续创新及国内外市场的拓展。

二大使命：一是培育优秀的湘菜厨师长，为湘菜行业输送新鲜血液。二是不断创新湘菜，满足消费者日益多样化的口味需求，推动湘菜文化的繁荣发展。

三大任务责任：一是传播厨道精神，弘扬厨师的职业尊严与烹饪艺术。二是传承湘菜技艺，确保这一地方美食文化的绵延不绝。三是助力湘菜企业发展，通过技术支持和市场推广，成就更多湘菜品牌。

湘菜锅友汇成立合影

2016年7月，中国湘菜锅友汇青年厨师俱乐部怀化分部成立，授牌仪式在怀化名堂翡翠湾店举行。湘菜锅友汇开展了最美厨师长技艺交流品鉴会，三十余道色香味俱全的湘西菜各具特色、争妍斗艳，让与会的两百余人大呼过瘾。湖南省餐饮行业协会周新潮会长，湘菜泰斗王墨泉、聂厚忠，著名湘菜大师任伟政、邓和平、张竣生、丁建国等人到场，周新潮会长、王墨泉大师分别致辞。活动最终评选出12位最美厨师长。黄惠明说："作为青年厨师长的摇篮，湘菜锅友汇一直致力于通过服务厨师长，建设总厨平台，促进湘菜的发展。最美厨师长的选拔，不仅论厨艺、论专业，更论人品。"锅友汇怀化分部的宗旨：一是打造怀化湘菜艺术家团队，二是创造怀化厨师长成长的摇篮，三是三年内为怀化培养百位合格的厨师长，为湘菜第三梯队建设作贡献。

湘菜锅友汇怀化分会训练营向方会长及团队合影

2016年10月，中国湘菜锅友汇在郴州顶家家酒楼召开第一次筹备会。湘菜泰斗王墨泉，湘菜大师黄惠明、黄邦伟到现场指导郴州锅友汇筹备会工作。会议全体通过推荐郴州市餐饮商会常务会长周永根任总裁，组织全面工作，并向中国湘菜锅友汇总部提出申请，向上级主管部门郴州餐饮行业商会汇报，为郴州市餐饮湘军提供更好、更多的厨艺和厨德交流机会，成就更多的厨师长，推动广大餐饮企业更上一层楼。

2016年10月，中国湘菜锅友汇青年厨师俱乐部走进娄底，巧遇康志辉大师。娄底市餐饮行业协会伍秘书长介绍，新化三大碗是娄底的特色菜，记载着梅山人经久不衰、源远流长的餐饮文化，是穇子粑蒸鸡、三合汤、农夫河鱼三道菜的统称。原料来自自然山野，制作考究，营养丰富。

2016年10月，中国湘菜锅友汇怀化分部青年厨师长训练营菜品食材交流品鉴会在怀化市中方县泉水湾度假村举行。怀化本地超过65家餐饮企业的行政总厨、厨师长悉数到场，同时吸引周边贵州、重庆地区的酒店经营者和厨师长过来交流品鉴。由各餐饮企业共展出钵子大片牦牛肉、口味酱汁牦牛骨等54道美食，讲究原材，突出地方特色。通过评选，锅友汇怀化分会评选出第二批杨宗青等29位最美青年厨师长，李红军等17位明星总厨。黄惠明分享道："做菜是与美食谈恋爱。湘菜锅友汇应团结广大厨师，摒弃门户之见，只为与众位名厨们一起分享吃的学问和窍门，从选材、烹饪、调味、食法等角度，了解那些美味背后的用心之处，并从中收获快乐。厨师相聚，以艺碰撞，是乐事。"

2016年12月，中国湘菜锅友汇青年厨师俱乐部携手永州市餐饮行业协会主办的

湘菜锅友汇永州训练营活动合影

永州美食交流活动启动。本次活动亦是为寻找地道永州美食、培养优秀青年厨师长而设，共招募了百余位当地厨师进行评选，评选出首批永州最美青年厨师长35位，金牌蚂蚱、鲍豆腐等98道永州特色美食。湘菜大师王墨泉、邓和平和湖南省餐协秘书长王桃珍等人对本次活动交口称赞。

王墨泉泰斗带着黄惠明一起教大家做菜

2017年1月，2016湖南省餐饮行业协会中国锅友汇年度盛会在郴州举行，湘菜大师王墨泉、徐大斌、聂厚忠、张小春、邓和平、黄惠明、夏小虎，湖南省餐协秘书长王桃珍等参加。这次活动是湘菜锅友全国巡回美食（郴州）会演，同时黄惠明现场收弟子20余名，更有徐大斌、张小春、邓和平、黄惠明、夏小虎五位湘菜大师联袂献艺，现场烹制菜肴。徐大斌做毛氏红烧肉，张小春制发丝响骨羊耳菌，邓和平制作鲍汁豆腐，黄惠明献米饺蒸鱼头，夏小虎烹酸辣长征鸡。引得围观的人里三层外三层，只为见识大师们的精彩技艺。

2017年3月，中国湘菜锅友汇到江西省鹰潭市忆江南鱼馆进行湘赣菜学习与交流，忆江南鱼馆周董事长亲临，体验美食的制作过程。有罐子煨菜的花肉煨咸鱼、番茄炖千岛湖鱼头，周董事长亲自上灶台与员工探讨厨艺。

2017年4月，第七期中国湘菜锅友汇与品牌餐饮开展深度的菜品研发与厨师长论坛，展示了油焗南瓜、越南米粉、越南鱼露拌菜等菜品。

2017年5月，国湘菜锅友汇厨师长训练营从长沙老湘味道民间美食研发基地出发，游历湘阴、汨罗、岳阳、株洲等地，不仅寻找食材，更访山探水，感受民间本味背后的文化底蕴。做餐饮要注重顾客体验，这份体验既源自菜品、食材，又源自文化、民俗，这些都应该通过“行走的学堂”去体悟、去感受、去发现。胡老头炖肠子创始人81岁高龄的胡景成到现场，交流了猪肠子的进货渠道、炖猪大肠的诀窍、炖煮时长火候的讲究。锅友汇秘书长曹敏是汨罗人，在自家请大伙儿品尝汨罗农家特有的“老八道”。“老八道”是汨罗乡间摆酒时惯用的宴请方式，红白喜事用老八道招待是既讲客气又有面子。“老八道”实际只有煨千张、煨笋丝、扣肉、白切肉四道，同一个菜装两份盘子。朴实无华的菜名里透出浓浓的功力。锅友汇徐向阳展示糯米团子及老八道煨笋丝、白切肉。黄惠明邀请宴席承办人曹益雄来现场厨艺点评，给众学员上了一堂室外教学课。锅友汇训练营的学员们在张谷英村的大宅里体验着最热情的民风民俗。张谷英村的油豆腐等豆制品极受好评，龙眼土菜馆陈向阳笑呵呵地和大家交流厨艺，黄惠明特意为他授予“中国湘菜锅友汇名星厨师长之家”的牌匾。

湘菜锅友汇走进岳阳张谷英合影

2017年7月，中国湘菜锅友汇在怀化举行“品鉴有名堂的辣椒”活动，展示了辣椒炒肉、有机辣椒爆单耳、白椒炒发丝响骨、小炒腊牦牛肉等。8月走进新疆乌鲁木齐市，在德味湘菜食材商行曹波董事长的组织下，开展湘菜美食品鉴宴。

湘菜锅友汇走进新疆乌鲁木齐

2017年9月，中国湘菜锅友汇全国巡回美食交流青年厨师长训练营邵阳站暨黄惠明收徒仪式，在邵阳市洞口县裕峰花园酒店举行。在湖南省餐饮协会名誉会长周新潮、湘菜大师邓和平等人见证下，黄惠明的七位邵阳籍弟子拜厨祖灶神、敬茶、送拜师帖。拜师礼成，黄惠明给每位弟子送了一幅自己的墨宝，

湘菜锅友汇邵阳洞口研发将军宴合影

无他，独一个“诚”字。黄惠明表示当初看中他们有一份进步的诚心，希望徒弟们能精诚团结，共推湘菜。黄惠明说，洞口菜、邵阳菜都是湘菜的一部分，要有大湘菜的整体概念，充分引进外地先进理念和技艺，才能发展进步。湘菜锅友汇青年厨师长训练营品鉴会由来自全国各地的厨师与黄惠明的团队共同制作60道美味菜肴，洞口本地厨师依据蔡锷将军家宴菜单精心制作了一席“将军宴”。黄惠明表示，这次活动汇聚全国各地的美食与湘菜经典，不同的饮食文化理念在这里碰撞交流，迸发出新的灵感火花，成为推广壮大湘菜的发展主方向。

2018年1月初，2017湖南省餐饮行业协会中国湘菜锅友汇年度盛宴在平江黄厨食尚餐厅隆重举行，由湖南省餐饮行业协会中国湘菜锅友汇主办，平江县胖子香食品有限公司承办，得到平江县政府、平江县辣夫人生物科技有限公司等食材配送公司的大力支持和友情赞助。湖南省餐饮协会荣誉会长周新潮、湘菜泰斗王墨泉、中国湘菜锅友汇总裁黄惠明莅临现场。

湘菜锅友汇走进平江合影

2018年3月，中国湘菜锅友汇俱乐部带领来自湖南、湖北、江西、浙江、江苏、广东等地的近50名湘菜餐饮人齐聚长沙，先参观老湘味道民间美食基地，参加为期4天的“大师带路”——舌尖上的湘西寻味之旅活动。从长沙出发，途经常德桃源，进入湘西凤凰，再到花垣、永顺、龙山，又到湖北来凤，再抵张家界，辗转往返行程

4000千米，路途遥远，舟车劳顿，课程紧凑，内容丰富多彩，学员在轻松活泼的氛围中学习感悟，受益良多，收获满满。赏秀美风景，品民俗民风，“到最深的山，品最鲜的味，喝最浓的酒，见最美的人”成为每个学员心中最美好的回忆。

2018年3月，中国湘菜锅友汇怀化分部承办的2018怀化我的原创菜厨艺交流会暨怀化市名厨专业委员会成立在怀化城市花园酒店举行。为进一步培养和选拔怀化市优秀厨师，抓好湘菜技术管理和菜品创新，提高怀化餐饮厨师整体厨艺竞争力。来自怀化餐饮界的50多名厨师纷纷亮出自己的绝活，一道道创新独到、色香味美的菜肴馋得在旁观赏的观众直咽口水。怀化市餐饮行业协会会长邹旭东介绍，怀化烹饪界在国际、国内各种比赛中摘金夺银，屡创佳绩，为湘菜发展培养梯队人才，有力地促进怀化乃至湖南餐饮产业和文化的发展。

2018年4月，中国湘菜锅友汇湘菜学堂开讲，来自陕西、甘肃、广东、湖北、湖南五省的餐饮联盟展开技艺交流，展示的菜品有童子脆脆爽、小煎风干猴头菌、生嗜阿鱿、南北双蒸、香酥黄豆腐、凉拌洋姜片、芋饺蒸今厨鱼头、泉水煮猪肚菌、吮指瑶香鸡、皮蛋鱼汤煮笋尖、鸳鸯野山椒蒸鱼头等。

2018年5月，中国湘菜锅友汇厨师长训练营天沔三蒸研讨会在湖北沔阳举行。沔阳是江汉平原上的大县，水面较多，物产丰富，鱼米之乡，人民爱吃蒸菜，有无菜不蒸的食俗。三蒸即三样蒸菜，指蒸鱼、蒸肉、蒸鸡，或指蒸鱼、蒸肉、蒸丸子，或指粉蒸肉、蒸珍珠丸子、蒸白丸。会上展示了炮蒸鳝鱼、粉蒸鲶鱼、粉蒸五花肉、酢辣椒蒸鳝鱼、石烹腰片、毛嘴卤鸡等。

2019年1月，由醉行湘西冠名，惠民耕食团队主办，韶山宾馆协办，韶山市餐饮行业协会支持的“一墨相承·惠民耕食年度盛宴暨湘菜锅友汇团队发展论坛”在韶山宾馆胜利召开，湘菜泰斗王墨泉，湘菜大师任伟政、黄惠明、徐大斌、黄邦伟、张小春、邓和平、何华山、夏小虎及来自全国各地的惠师门弟子

铜像广场合影

100多位大师名厨们在论坛上交流餐饮行业新趋势。惠民耕食团队会继往开来、闻鸡起舞、努力付出，用更专注的匠心来服务大家，始终牢记“传承湘菜文化，敬畏湘菜事业”。湘菜事业要发展，需要开拓创新精神的同时，也要把对传统的敬畏融入心中。

2019年1月，2018年湘菜锅友汇庆典在长沙河西乌龙山寨酒楼举办，学员们体验拦门酒、苗族舞、打糍粑、长龙宴等仪式。湖南省餐协名誉会长周新潮，湘菜泰斗王墨泉、聂厚忠，湖南日报报业集团大湘菜报总编辑陈胜年，中国餐饮文化大师丁柳生，火宫殿总经理谭飞等业界代表及嘉宾应邀见证。锅中有乾坤，友情汇四海，2018年湘菜锅友汇10多名传播大师在全国巡回，为全国约30多家餐饮服务，开展了87场厨师长训练营和上门技术服务，展示创新湘菜156道，培训厨师达600多人。黄惠明表示：“一花独放不是春，百花齐放春满园。锅友汇作为民间美食平台，博采众长才能长于众，需丢掉门户之见、地域之分、菜系之别，共攀厨艺高峰。”

2023年12月，中国湘菜锅友汇举行地标美食寻味之旅，到益阳市安化寻找皮纸腊肉并为之代言。

为安化皮纸腊肉代言

安化腊肉赋

夫安化之地，山川秀美，云雾缭绕，乃自然之馈赠，物产之丰饶。腊诱堂罗桂平先生，传百年之腊肉一脉，藏深山之灵韵，汲古法之精髓，以匠心独运，深耕30余年，创皮纸腊肉之珍品，闻名遐迩，食客争相品鉴，赞不绝口。

观其腊肉，色泽红亮，如琥珀凝光，肉质紧实而不柴，肥瘦相间，恰到好处。非寻常腌制之法所能及，皆因安化之水土，气候独特，适宜腊肉之慢工细作。腊诱堂人，精选梅山一品上等猪肉，佐以秘制调料，经古法腌制，传承创新，科学熏腊，多月方成。更以传统皮纸包裹，既防尘又透气，锁鲜保香，别具一格。

皮纸腊肉，烹制简便，蒸、炒、炖皆可；香气四溢，入口即化，肥而不腻，瘦而不柴，余味悠长。食之，仿佛置身山林之间，呼吸间皆是自然的清新与醇厚，令人回味无穷，心旷神怡。

腊诱堂之美，五郎神之秘，腊肉王之赞，不仅在于其味之绝，更在于其传承与创新之精神。古法今用，匠心独运。

嗟夫！腊诱堂皮纸腊肉，实乃美食之瑰宝，文化之传承。愿此佳肴，能跨越千山万水，传递至热爱美食、向往自然之心。

2023年12月，由锅友汇、惠师门湘菜大师团队研发的长龙宴在湘西木房子腊肉工坊成功亮相。这是一场集美味与匠心于一体的盛宴，将腊肉与多种湘菜元素巧妙结合，为食客呈现一场色香味俱佳的味蕾盛宴。长龙宴共包含18道菜肴，采用炒、蒸、炖、煮、焖、煨六种烹调方法混合进行制作。在烹饪过程中充分展现湘菜的独特风味和技巧，让人在品尝每一道菜时都能感受到烹饪者的匠心独运。长龙宴的重头戏是木房子腊肉，以独特的传统熏烤工艺，经过长时间低温慢熏，肉质变得紧实富有弹性，口感醇厚，晶莹剔透，香气扑鼻。搭配各种时令蔬菜和调料，展现出丰富多彩的口味和层次感。除腊肉外，还精心设计多款以湘菜为基础的创新菜品，在保留湘菜原有风味的基础上融入现代烹饪技巧和创意元素，既有传统韵味又不失时尚感。

湘菜锅友汇木房子腊肉宴研发团队

第四十三章
联合出版《新湘菜集锦》

黄惠明和一些厨师界的朋友，一直都想把各自的特色菜肴整理成书籍，但苦于没有人牵头来做这件事情，后来大家商议由湖南宏达职业学校校长石柏林来统筹出版事宜。石柏林是湘菜泰斗石荫祥之子，1955年1月生，湖南省餐饮行业协会理事，湖南省职业技能鉴定专家委员会烹饪专业委员会委员，国家职业技能鉴定中式烹调师专业高级考评员，高级企业培训师，高级教师，国家中式烹调高级技师湖南省名厨专业委员会执行委员，先后编辑出版过《家常食谱》《湘菜菜谱》《长沙大众菜点》等书籍。

20世纪80年代，石荫祥出版了《湘菜集锦》，使湘菜闻名遐迩，石大师从此被誉为“湘菜泰斗”。他带领诸弟子修持正统，完善了湖南有史以来正宗的湘菜系统，为湘菜跻身中国八大菜系翻开了新篇章。石柏林跟随父亲石荫祥曾灶前炒锅掌勺、同讲台教书育人，弘扬湘菜这一宏大命题世代相沿。“父亲的这一生，有湘菜谱系的开创之功，更有孜孜矻矻的以身垂范。”父亲石荫祥对石柏林而言是一个亲密而可敬的存在，对整个湘菜界来说，更是一位“教父”般的功勋人物。石荫祥曾多次为中央领导掌勺，心性质朴，始终信奉“老实人不吃亏”之理。数年之后，石柏林写《新湘菜集锦》，传承父亲的遗志。石柏林积多年之功，将湖南宏达职业学校打造成湘菜界最有名的厨师培训基地之一，为行业输送了十几万人才，湘菜泰斗王墨泉、许菊云都送弟子来此学习。石荫祥通过手把手教授的方式带出了聂厚忠等少数湘菜精英，而石柏林则是运用现代教育模式，为湘菜界培养出了成千上万名厨师，他们是餐饮行业的基石。

在黄惠明的协助下，《新湘菜集锦》团结了一批50后、60后、70后的湘菜大师、湘菜名师精英，他们从原材料归类入手，将湘菜分为畜肉类、水产类、禽蛋类、素菜类，内容包括但不限于菜谱。为保证湘菜的原汁原味，特组织湖南省内知名和具有权威性、代表性的湘菜大师罗干武、黄惠明、龚兆勇、陈灿、刘百万、王停忠等精英，本着深入挖掘、辨识传统、精研正宗、体现时尚、兼收并蓄、引领风气的原则，历时三年有余，完成本书的编写工作。本书共采录湘菜300多例，既有经典的传统菜，又有新潮的时尚菜，既有高雅养生的宴席菜，又有家常实惠的乡土菜，适合喜爱湘菜的各界人士学习、借鉴。

湘菜将人的饮食之欲中与生俱来的对大口吃肉的快意追求，或潜藏舌底的对美食的奇妙体验统统激活。湘菜可给食客制造大快朵颐、酣畅淋漓的快感，让豪爽之情常将痛快放任于鲜香浓烈之中，可使清淡之士也知美味何止出于唇舌，是浓郁的“色、香、味”将诱惑释放于千变万化之中。既是以上各种力量的交融合流，又是传承演绎中的各种创新。在三湘四水的大厨妙手下，在大排档与楼堂馆所的琳琅满目里，湘菜的万千变化，举之不尽，幻化不竭。口口相传，与时俱进，是传承湘菜文化、演绎湘菜经典的无尽源。

湖南省餐饮行业协会会长周新潮，中国烹饪大师许菊云、王墨泉、聂厚忠、张力行为《新湘菜集锦》题词。长沙市辣之源食品厂、老湘味道民间湘菜研发基地、湘鸿食品厂、湖南省金龙食品厂“食掌柜”酒店特色食材公司、广东仟味食品（集团）股份有限公司对《新湘菜集锦》菜品制作提供支持。经过反复修改，2017年1月，《新湘菜集锦》由湖南科学技术出版社正式出版。

图书《新湘菜集锦》

第四十四章
组建惠民耕食研发推广团队

2016年，黄惠明重提“行万里路，寻百家味”的理念，组建惠民耕食研发推广团队，团队三十余人，行走几十万多里，开展多元化的培训交流达百余场。

2016年惠师门传人（郴州）全国代表合影

黄惠明发现北京、上海、广州、深圳这些一线城市，也有很多湘菜爱好者。在黄惠明举办的中国湘菜锅友汇青年厨师俱乐部训练营中，每期都有广州、深圳、东莞的湘菜品牌和湘菜厨师参加，他们对湘菜中的土菜非常感兴趣。带有浓厚的湖南味道和湖南特色的菜肴，能让食客记忆深刻，让客人能够识别湘菜。惠民耕食民食文化研发与传播中心湘菜大师宋超研发了老湘三杯鸡、惠民耕食东莞研发中心刘国庆原创了原生态的鲜美鱿产品酸辣鱿花花、惠民耕食东莞研发中心胡澎原创了辣蒸野生财鱼。

湖南炒菜是湘菜的灵魂，是以少量食用油旺火快速翻炒小型原料成菜的烹调方法。湖南小炒菜的烹调手法多样并举，有秒炒（以秒计时，快炒成菜）、干炒、生炒、滑炒、熟炒、煸炒、带汁炒、红锅炒（先不放油炒主料，再加油、配料合炒），等等。炒菜制作快捷、供应量大，辣椒炒肉、小炒黄牛肉、大蒜炒腊肉、小炒带皮黑山羊、生炒仔鸡、熟炒仔鸭、小炒香干、手撕包菜、酸豆角肉末等菜品极为普遍。炒菜的成菜原理是以食用油作为传热介质，用大火加工，使小型的原材料在水分溢出适度的前提下，使主配料内外迅速受热，盐分渗入，逼出部分水分和汁液，使油、调味汁快速渗透到纤维组织内，使蛋白质凝固，细胞膜失去半透性而断生成菜的结果。其特点是质地新鲜脆嫩、鲜香，成菜速度快，色泽油亮、美观。此外，炒菜在下锅前还可以先腌制上浆入底味，比如辣椒炒肉，瘦肉片用盐、酱油、湿淀粉抓匀上浆，放清油封面，以便锁住肉内水分，下锅快炒易分离和易断生，更有风味。

湖南小炒菜的味道里有“魂魄”，“魂”就是食材地道，“魄”是什么呢？黄惠明说是用对酱料与纯朴手艺。湖南小炒的辣又不同于四川的麻辣，而是香辣、鲜辣、酸辣，小炒菜是不放糖的，吃起来入味、透味、原汁原味，油也不显得重，口味又油又香。小炒菜品看上去用的辣椒很多，其实大多是融合鲜椒的鲜、干椒的香、开味发酵剁椒的醇，同时又丰富了味型，吃后让人回味无穷。湖南小炒当中的食材以肉类、湖鲜、鸡鸭、菌菇类、瓜果蔬菜为多，开味剁椒算是最重要的调料，它的口味也是酸辣味型，是大多数消费者熟悉的湘菜味。湘菜用油量适当，制作上要勾芡的菜也不多，有的是在腌制肉时就上好粉浆来烹调，所以小炒菜烹饪方法也比较简单，大多是老百姓家爱吃的家常小炒。

辣椒炒肉

原料与调料：前夹肉150克，带皮肥肉70克，青椒150克，开味剁椒（剁碎）20克，姜、葱、蒜片各30克，食盐3克，生抽15克，老酱油10克，精菜油70克。

制作方法：选用带皮肥肉与瘦肉为3：7，辣椒切滚刀片，肉均切成薄片，炒锅烧油入肥肉，煎香出油，再炒青椒，下足盐炒入味，放入蒜片，加入肉汤、生抽、蚝油，再入瘦肉（用盐、生抽、老抽、清油抓匀腌制）炒熟后烹老抽补足色，起锅装盘即可。

特点：肉质鲜美，酱香浓郁，辣椒有肉味，油汁拌饭。

辣椒炒肉

• 芹菜炒牛肉丝

原料与调料：牛肉丝200克，芹菜段100克，红椒丝50克，开味剁椒30克，姜、葱、蒜米各30克，食盐2克，生抽15克，老酱油6克，胡椒粉2克，菜籽油70克。

制作方法：先将锅烧热滑油，留底油，依次放入姜、葱、蒜、开味剁椒，用盐、酱油、湿淀粉腌制（不加嫩肉粉）的牛肉丝入锅煸炒至八成熟，再加酱油上色，入芹菜快炒，出锅成菜。

特点：肉质鲜美，芹香浓郁，芹菜有肉味，油汁拌饭。

• 惠民魔芋炒蚌肉（带汁炒）

原料与调料：蚌肉丝200克，魔芋豆腐丝100克，红椒丝30克，开味剁椒30克，干椒粉20克，姜、葱、蒜米各40克，食盐3克，生抽15克，胡椒粉3克，陈醋10克，菜籽油50克，猪油50克。

制作方法：先将锅烧热滑油，留底油，依次放入姜、葱、蒜、开味剁椒，炒香出味后放蚌肉丝、魔芋丝、红椒丝炒香，加汤150克，入陈醋、生抽、胡椒粉和剩下调料调味，出锅成菜。

特点：肉质鲜美，魔芋脆爽，相互透味，汤汁拌饭。

• 麻辣仔鸡

原料与调料：仔鸡1只（约1000克），鲜红椒100克，蒜50克，葱20克，盐3克，酱油4克，陈醋5克，花椒粉1克，香油5克，湿淀粉50克，肉清汤25克，植物油1000克（实耗70克）。

制作方法：将仔鸡洗净后，剔除全骨，斩成2.5厘米见方的丁，加盐、酱油、湿淀粉拌匀腌制。红椒洗净去籽，切1厘米的菱形片。蒜切片，取一小碗，把酱油、盐、醋、香油、湿淀粉加入20克清汤兑成芡汁。炒锅内放油加热至六成热，下鸡丁划散捞出，待油温回升至七成热，再下鸡丁炸至金黄色捞出。炒锅内放油，下蒜煸出蒜香，加红椒、盐、花椒粉稍炒，再下鸡丁，冲入芡汁，炒匀即可。

特点：外焦内嫩，油汁光亮，麻辣可口。

黄惠明致力发掘“地标食材、民间滋味”，创建“行走的学堂”，这也是他对美食越爱越深沉的创新源泉。惠民耕食美食研发团队深入江西长寿之乡研发有机竹笋宴，为餐饮企业提供特色菜研发服务。在湘菜的烹饪世界里，酱料不仅是增添风味的调味品，更是唤醒菜品灵魂的魔法师。湘菜，以其独特的香辣风味和丰富的酱料运用，在中国菜系中独树一帜，令人难以忘怀。

湘菜中的酱料种类繁多，每一种都有其独特的味道和用途。剁椒蒸鱼头酱作为湘菜中的代表性酱料，以其浓郁的鲜辣味和坛香，成为蒸制鱼头的绝佳伴侣。它用新鲜的辣椒和蒜瓣剁碎后，经过窖藏发酵而成，这种酱料能够充分渗透到鱼肉中，使得鱼头既鲜嫩又香辣可口，每一口都仿佛在舌尖上舞动的香辣盛宴。剁辣椒酱是湘菜家常菜中不可或缺的存在，它由辣椒、蒜瓣、姜末等原料剁碎而成，味道香辣浓郁。在炒菜时加入适量的剁辣椒酱，能够瞬间提升菜肴的风味，让菜肴更加开胃下饭。无论是炒肉还是炒蔬菜，剁辣椒酱都能为其增添一抹独特的香辣风味，让人欲罢不能。黄焖甲鱼酱以其独特的黄色调而得名，这种颜色来源于精心调配的酱料和慢炖的烹饪方式。这款酱料融合了多种香料和调味料，经过长时间的炖煮，使得甲鱼的肉质更加鲜嫩，汤汁浓郁醇厚。黄焖甲鱼酱的口感醇厚，味道鲜香，带有一丝淡淡的甘甜味，使得甲鱼的鲜美得以充分展现。在烹饪过程中，黄焖甲鱼酱能够均匀地渗透到甲鱼的肉质中，使得整道菜肴口感更加饱满，味道更加浓郁。红煨甲鱼酱则是以其鲜艳的红色为特点，这种颜色主要来源于辣椒和酱油的调和。这款酱料辣中回甘，酱香浓郁，具有独特的风味。红煨甲鱼酱在烹饪过程中，不仅能够中和甲鱼的腥味，还能为其增添丰富的口感和层次。辣椒的辣味和酱油的咸香在烹饪过程中相互渗透，使得甲鱼的肉质更加紧实，汤汁更加浓郁。同时，红煨甲鱼的辣味和香味能够充分激发人们的食欲，让人回味无穷。酸辣酱是湘菜中用于调制酸辣口味菜的酱料。它由乳酸发酵辣椒、姜蒜等原料调制而成，味道酸辣鲜香。在烹饪酸辣口味的菜肴时，如酸辣土豆丝、酸辣汤等，加入适量的酸辣酱能够使得菜肴的酸辣味道更加浓郁，令人回味无穷。姜辣酱作为湘菜中调制姜辣口味的酱料，其独特的辣中带甜、姜味浓郁的味道让人一吃难忘。它由新鲜的姜蒜蓉和辣椒、香料熬制而成，使姜辣口味的菜肴更加突出，如姜辣鸭、姜辣排骨等，加入适量的姜辣酱后，菜肴的风味更加独特。口味海鲜酱是湘菜中烹饪海鲜的秘密武器，它由多茶陵紫皮蒜、剁椒和香料熬制而成，味道鲜美浓郁。在烹饪海鲜时加入适量的口味海鲜酱，能够中和海鲜的腥味，同时增添浓郁的酱香味和海鲜的鲜美口感，让人仿佛置身于海边的美食盛宴中。湘式海皇粉丝酱是湘菜中用于烹饪粉丝的酱料，它由虾干贝、火腿、豆酱、辣椒面、蒜瓣等原料、香料调和熬制而成，味道香辣可口。在烹饪湘式捞炒粉丝时，加入适量的粉丝酱，能够使得粉丝充分吸收酱料的味道，整道菜肴香辣可口、味道浓郁，令人陶醉其中。香辣酱作为湘菜中常用的综合性酱料，其由多种辣椒和香料制成，味道香辣浓郁、层次丰富。在烹饪各种湘菜时加入适量的香辣酱，能够提升菜肴的风味和口感，使得菜肴更加美味可口。龙牌酱油作为湘菜中常用的调味品之一，品种齐全，有红烧酱油、小炒酱油，以及各种口味调味汁等，它以独特的酱油豉香和鲜味为湘菜增添了独特的风味。无论是炒菜、蒸菜、烧汤还是腌制食材，龙牌酱油都能为菜肴增添浓郁的酱香和鲜味，使菜肴更加美味可口。

“做湘菜，用湘调”。湘菜中的酱料运用，不仅丰富了菜肴的风味和口感，更使得每一道湘菜都充满了灵魂和魅力。这些酱料不仅是湘菜的调味品，更是湘菜文化的重要组成部分。只有熟知湘菜中的酱料运用之道，才能真正感受到湘菜的魅力和精髓所在。在品尝湘菜的同时，我们也在品味着湘菜酱料所带来的独特风味和文化底蕴。

第四十五章
发起并成立惠民耕食“惠基金”

黄惠明在湘菜圈里干了近四十年，对厨师的生活和工作十分熟悉，餐馆里大部分厨师都来自偏远的农村。黄惠明有几百位徒弟，他们的家庭条件参差不齐，很多徒弟因为生活所迫，放弃了自己的厨师梦想。面对优秀厨师流失的问题，黄惠明痛心疾首又无能为力，他思考了很久，下决心要成立一个给厨师温暖和关怀的组织。黄惠明认为，中国湘菜锅友汇俱乐部有一千多名厨师，大家团结起来，共同去帮助一些有困难的人，就可以帮助社会解决一些问题。

2017年12月，黄惠明成立惠基金公益助学组织，这是湘菜人的助学基金会，全称为湘菜锅友汇惠民耕食助学基金会，填补了湖南湘菜界厨师行业公益基金组织的空白。湖南省餐饮行业协会荣誉会长周新潮，湘菜泰斗王墨泉、聂厚忠，著名湘菜大师任伟政、张小春、王伏明，"湘厨佬"酒店特色食品有限公司总经理陈浪舟出席了基金会的成立仪式。黄惠明多年来致力于推广民间湘菜，勤勉奔波，广受厨师行业的肯定，目前惠民耕食惠师门培养出来的全国餐饮上中下游产业人数已达1100人。

在东莞举行的基金成立仪式上，黄惠明道出了"惠基金"成立的初衷。"我本是郴州山里长大的孩子，小时候家里条件不好，深知贫穷会限制孩子的发展。如今我已走出大山，自身得到发展，但总想着能为行业做点什么，这才创立了惠基金。"以"促进湘菜发展，倡导人人助学"为愿景；以"打造厨师长摇篮"为使命，致力于搭建一个专业的惠基金助学平台，即专注于湘菜学子成长、湘菜研发推广、厨师长培养等三大责任。惠基金在湖南省餐饮行业协会的监督下，以独立运作的爱心计划和专案的形式，在中国湘菜领域开展公益事业。资助对象范围：一是湘菜人家庭中品学兼优的在校贫困学生奖学金；二是孝敬老人；三是扶助贫困落后地区的厨师培训；四是扶助贫困厨师创业。关于厨师成长培训，黄惠明有一套系统的培训机制，每季度分期组织对贫困厨师开展技术培训或技术研发。资助贫困厨师创业，黄惠明成立"惠基金"帮助未来的湘菜人才，帮助他们实现梦想。

惠基金成立及助学活动

放眼全国餐饮业，湘菜可谓是一枝独秀，如今蓬勃发展的湘菜产业背后，离不开像黄惠明这样的大师。当问及如何看待湘菜现状时，黄惠明给出了六字答案——"没精神，不湘菜”。黄惠明认为，湘菜人天然就有一种自强不息的拼搏精神，而这种精神就代表了湘菜。

2018年3月，中国湘菜锅友汇惠民助学基金会在汝城县开展惠基金“未来湘菜艺术家”助学活动和敬老行动。给老人送去新年祝福，献上绵薄心意。他们走在爱的路上，搭建起爱的平台，垒起味道的炉灶，不管春夏和秋冬都为厨师们点燃爱的火焰。

第四十六章
任职湖南省餐饮行业协会副会长

黄惠明围绕民间食材、民间特色菜、本草秘制酱料进行研发和传播，建成一个体系完整、结构庞大的中国民间美食研发基地、民间湘菜食材基地。黄惠明又组建中国湘菜锅友汇青年厨师俱乐部，在邵阳、怀化、永州、郴州、岳阳等地举行青年厨师训练营活动，挖掘民间美食。黄惠明成立“惠基金”帮助未来的湘菜人才，填补了湖南湘菜界厨师行业公益基金组织的空白。

首届湘菜博览会黄惠明与黄亚杰表演做菜

荣誉证书
HONORARY CREDENTIAL
黄惠明同志
当选为湖南省餐饮行业协会第五届理事会
副会长
湖南省餐饮行业协会
二〇一七年六月

黄惠明聘书

湖南省餐饮行业在逆境中转型升级，湘菜研发推陈出新，湘菜文化不断繁荣，湘菜体系初见成效。2017年6月，湖南省餐饮行业协会第五届会员大会在长沙世纪金源大酒店一楼宴会厅召开，湖南省组织相关领导嘉宾出席会议。大会发布了湖南省餐饮业发展的有

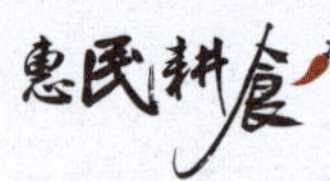

关信息，为70名湘菜大师、湘点大师、湖南餐饮服务大师颁发荣誉证书及牌匾。黄惠明当选为湖南省餐饮行业协会副会长。他告诫自己要保持初心，把民间食材、民间菜、民间味道坚持下去，把民间美食搬上城市的餐桌，为老百姓增加收益。

第四十七章
参与湘菜标准九大地方菜编辑工作

湘菜标准分为经典湘菜和地方湘菜。经典湘菜是最能反映湘菜烹调技术水平和风味特征的近代湘菜菜点精华，体现在制作原料选择、刀工、预制工艺、熟制方法和摆盘形态等方面。地方湘菜由于各地地理条件、文化习俗等不同，在一定地域范围内形成以烹调方法、原料特点、烹调器具或文化特征为代表的乡村或城镇特色的酒席菜点。

湖南省有九大地方湘菜，分别为衡东土菜、南岳素斋菜、浏阳蒸菜、巴陵全鱼席、常德钵子菜、永州特色菜、湘西民族菜、宝庆菜、郴州山野菜。2017年10月，湖南省湘菜地方标准颁布，有49个经典湘菜标准，30个衡东土菜、南岳素斋菜标准，由湖南省食品和工业产品生产许可审查中心、湖南省餐饮行业协会联合起草制定，并相继出版发行了《中国湘菜标准汇编 第二分册 经典湘菜》《中国湘菜标准汇编 第三分册 地方湘菜 衡东土菜》《中国湘菜标准汇编 第三分册 地方湘菜 南岳素斋菜》。

湘菜九大地方标准

湘菜标准化进一步推动“湘品出湘”，融入国家战略。2016年以来，湖南省政府高度重视湘菜产业发展，并特聘标准化首席专家杨代明先生指导制定了一系列湘菜地方标准。在这一过程中，黄惠明作为湖南省餐饮行业协会副会长，参与了九大地方湘菜标准的组织、编辑和评审工作，为湘菜标准化事业积极行动，对于打造“湘菜企业航母”，湘菜出湘、湘菜出国、融入“一带一路”倡议产生深远影响。湘菜地方标准的制定，不仅传承了湘菜技艺，更为广大厨师在日常工作中提供了实用的指导。黄惠明深知，标准的制定是湘菜产业发展的重要基石，它能够帮助湘菜企业实现规模化经营，提升湘菜品牌的整体形象和竞争力。因此，在参与标准制定的过程中，他倾注了大量的心血和智慧，力求使每一项标准都严谨、实用、可操作。

在黄惠明的推动下，湘西民族菜、南岳素斋菜等地方湘菜标准相继发布实施。这些标准的出台，不仅规范了湘菜的制作流程，更保证了湘菜品质的稳定性和一致性。消费者无论是在家中烹饪还是在餐馆品尝，都能感受到湘菜独特的魅力和风味。同时，黄惠明还积极推动湘菜标准化的宣传工作。只有让更多的人了解和接受湘菜标准，湘菜产业才能真正实现跨越式发展。因此，他利用各种渠道和平台，大力宣传湘菜标准化的重要性和意义，引导从业者和企业树立标准化意识，共同推动湘菜产业的健康发展。湘菜标准化的推进，为“湘品出湘”奠定了坚实基础。黄惠明深知，要想让湘菜走向全国乃至全球，就必须打破地域限制，实现湘菜的标准化和规模化经营。他带领团队深入研究市场需求和消费者口味偏好，结合湘菜的特点和优势，制定了一系列切实可行的市场推广策略。这些策略的实施，不仅提升了湘菜在全国的知名度和美誉度，更推动了湘菜产业的快速发展。

此外，黄惠明还积极响应国家“一带一路”倡议，致力于将湘菜推向国际市场。他带领团队加强与合作伙伴的交流，推广湘菜文化，拓展湘菜市场。在他的努力下，越来越多的外国友人开始了解和喜爱湘菜，湘菜的国际影响力不断提升。黄惠明在湘菜标准化事业中的努力奋斗得到了业界和社会的高度认可。他用自己的实际行动诠释了什么是真正的湘菜人——对湘菜事业的无限热爱和执着追求，以及对推动湘菜产业发展不懈努力的精神。在他的引领下，我们相信湘菜一定能够迎来更加辉煌的未来，“湘品出海”的梦想也一定能够实现。

第四十八章
荣获国家“名师带高徒奖”

黄惠明从事厨师行业三十多年，得到中国烹饪大师石荫祥、王墨泉、许菊云、聂厚忠、谭添三等老前辈的悉心指导与教诲。师父们顶级的刀工、技艺和对于湘菜精髓的理解，让黄惠明站在巨人的肩膀上看得更远。黄惠明一直坚持湘菜民间菜的推广与传播，积极参加全国的各类厨艺比赛。过人的天分、不懈的努力使黄惠明在厨艺这条道路上越走越远，也越来越受到同行的认可，逐渐成为湘菜厨师的领军人物。近十年来，黄惠明专注于湘菜的研发、生产、销售与推广，对目前各大菜系融合的趋势和中国餐饮未来的发展有自己的思考。一方水土养一方人，只有将美食和当地的自然与文化相融合，才能让中华美食强大起来。不同的地方会有不同的风土人情和口味。在黄惠明身上，我们能看到未来湘菜发展的希望，也激励着无数人坚持以弘扬绿色餐饮文化、传播中华美食文明为使命，做到“没精神，不湘菜”，让湘菜走出国门，走向世界！

黄惠明说“教授技艺要毫无保留，因为这是伟大的事业！”他的“惠师门”以“传承湘菜，创新湘菜，传播湘菜”为己任，坚守“与食材谈恋爱，跟美食结婚”的理学思想；致力于创建“民间菜、民间酱料、民间食材”的服务平台。他传授弟子厨艺，并始终以“只问耕耘”四字为先，让弟子们知道“事情只要做好了，功与利自然就来了。”这是黄惠明一直以来坚守的信念，也是他想传承下去的理念。

名师带高徒荣誉奖章

2017年11月16日至18日，由中国商业联合会和山东商务厅联合主办的第四届泰山商务论坛暨第三届中国生活服务业大会在山东烟台举办。以“聚焦新消费、发展新模式、培育新动能”为主题，引导企业主动适应经济新常态、市场新变化、消费新变局，持续推动实体商业创新发展和转型升级，加快线上线下互动融合与跨界合作，优化流通供给环境，促进中国服务业提质增效，培育壮大消费新热点，满足消费者全方位需求，充分发挥商贸流通服务业对引导生产、扩大消费、吸纳就业、惠及民生的重要作用。来自全国各地商务主管部门、行业协会、商贸流通服务企业负责人以及新闻记者共1000多人参加大会。会上，黄惠明被评为“中国商业服务名师”，荣获“名师带高徒奖”。

名师带高徒活动切实提升职工素质，为全面深化改革提供人才支撑，各级工会在供给侧改革中切实提升职工素质，大力推进“中国工匠”培育工作，充分发挥劳模创新工作室等的作用，为职工的素质提升、职工成长成才创造更多平台。

第四十九章
获“第三道湘菜”特金奖和金奖

传统上认为辣椒炒肉、剁椒鱼头是湘菜的代表菜。2018年4月，由湖南省商务厅、湖南省畜牧水产局联合指导，湖南省餐饮行业协会、湖南省兴湘产业经济发展中心主办的寻找“第三道湘菜”活动在长沙启动，在全省范围内走遍三湘四水，探寻湖湘大地特色美食，寻找“第三道湘菜”，助推餐饮产业再上新台阶。“第三道湘菜”的画像：一是经过较长时间传承、具有历史文化底蕴且至今仍保有旺盛生命力，被人们所广泛认知的菜品；二是群众基础好、市场占有率高，大部分湘菜馆内都有售卖，家庭也多有制作的；三是带有鲜明的地域特色，符合湘菜总体特征；四是符合营养科学，代表健康饮食的发展方向，具备先进性。

湘菜是湖湘文化的典型代表，寻找“第三道湘菜”系列活动致力于提升新时代湘菜的颜值和品质，打造高品质、健康营养、味道绝佳的“第三道湘菜”。湘菜产业要从千亿级迈上万亿级，需要从全产业链有机联动和特色食材和文化等方面提升，活动围绕湖南范围内本土特色食材海选，邀请顶级湘菜大师精心打造，联动全省，特别是长株潭地区在千家餐饮门店品尝投票，再结合政府部门、媒体代表、行业专家等一起选定，将推选出来的“第三道湘菜”对食材规格和产地、配料、烹饪方法等都给出标准化的指导意见。

寻找“第三道湘菜”活动在高桥国际商品展示贸易中心举行总决赛，厨师们现场烹饪，湘菜大师王墨泉、许菊云、聂厚忠等担任评委并现场点评，经过5个月的宣传、评选，有46道湘菜激烈角逐新的湘菜代表作。

2018中国国际食品餐饮博览会公布“第三道湘菜”总决赛结果，特金奖菜品为红烧汉寿甲鱼、毛氏雪花红烧肉、浏阳黑山羊炖粉皮、新化三合汤、原创糊辣肥肠等五道菜品。其中的毛氏雪花红烧肉，底蕴深厚，味型、品相都很有特色，不但是餐馆必备，而且是湖南人家庭经常制作食用的菜品，可谓家喻户晓、国民菜肴。新化三合汤、浏阳黑山羊炖粉皮、红烧汉寿甲鱼这三道菜具有鲜明的地域特征，尤其是新化三合汤制作工艺和味型都极具个性。原创糊辣肥肠比较少见，是常德鲊辣椒与石门肥肠的结合。金奖菜品有黄贡椒脆肚、聚鑫朋酸菜肥肠、东安鸡、野山茶油黄焖鹅、䅟子粑蒸鸡、擂打鸭、湘西腊肉等25个。名优菜品有窖坛酱香临武鸭、红烧肉、爷爷的土钵鸡、老坛酸菜捞粉丝等17个。

金奖作品砂锅蒜香鸡、明笋鱿鱼丝是黄惠明的作品。砂锅蒜香鸡让传统砂锅鸡具备特殊的味道——蒜香；明笋鱿鱼丝是黄惠明“圣汤鲜干笋”“砂锅圣汤笋”的改良。黄惠明的“今厨1号剁椒鱼头酱”获特金奖。

第五十章
获湘菜发展30年“功勋人物奖”

湘菜以独特的魅力迅速征服了众多食客，蔓延全国，呈现出强劲的发展势头；湘菜产业规模实现跨越发展，越来越凸显出在湖南省经济社会和文化事业中的独特地位。湘菜背后那些独特而深厚的文化底蕴和内涵，正是湘菜得以源远流长和走向世界的根源。黄惠明亲近乡土，坚守“只问耕耘，持续改善”的初心原力，行遍祖国大江南北，推广湘菜。

2018年是湖南省餐饮行业协会成立30周年，是对中国湘菜30年历史的梳理，又是全体湘菜人继往开来、创新不止的开端。乘着改革开放的春风，湘菜人用自己付出的艰辛、热忱、拼劲和执着汇成湘菜的江河湖海，绘出行业的发展图景，传承不灭的行业精神。时任湖南省餐饮行业协会会长刘国初说：“当前湖南餐饮业正面临巨变，业态趋于多元化，消费习惯更加注重体验感，经营模式不断创新，跨界新零售、共享厨房、人工智能给餐饮业带来了全新的认知。面对新形势，我们要不断开拓进取，不断创新求变，为消费者提供营养、美味、安全的食品；要弘扬工匠精神，专注打磨产品。回归餐饮本质，专注打磨产品，实现对品质的坚守；要紧盯产业发展方向，培育新业态，开拓新市场；要树立开放、合作、共赢的理念，加强产业协作，延伸产业链条，实现资源共享，优势互补。”

2018年12月，由中国烹饪协会、中国饭店协会、湖南省商务厅指导，湖南省餐饮行业协会主办的2018第二届中国湘菜博览会在长沙新华联铜官窑古镇丽景酒店举行。中国烹饪协会特邀执行副会长代表中国烹饪协会表示了祝贺，向以王墨泉、许菊云、聂厚忠等大师为代表的湘菜烹饪大师和餐饮界同仁们表达了敬意！希望深入传承弘扬湘菜文化，共同推进“中国菜”走向世界；希望积极探寻创新变革新机遇，大力促进湘菜产业化发展；希望湖南行业组织引领和推动餐饮行业高质量持续健康发展，不断取得新成就。会上，向改革开放40年、湘菜发展30年做出卓越贡献的餐饮企业家、烹饪（服务）大师和行业社团及社会各界工作者授予荣誉称号，黄惠明等人获得突出贡献奖、功勋人物奖。黄惠明经营的老湘味道民间美食研发基地也成为湘菜杰出

功勋人物奖

杰出供应商奖牌

供应商。这次大会是对改革开放40年、湘菜发展30年的一次大回顾、大总结，亦是对湘菜发展30年以来为行业做出突出贡献的个人与企业的肯定，深度挖掘与展现获奖个人与企业背后的故事，为行业树典型、立标杆，不忘初心、砥砺前行。

2018年，黄惠明获得“资深级注册中国烹饪大师”的称号，成为湖南省资深级注册中国烹饪大师中的一员。

第五十一章
当选湖南省餐饮行业协会湘菜产业链理事长

为了进一步推动湘菜产业的发展，完善湘菜产业供应链体系，高效整合各类资源，提高企业、产业和区域间的协同发展能力，引领消费升级，推动湘菜上下游企业高质量发展，解决湘菜产业供应链问题。2019年9月，湖南省餐饮协会在长沙召开湘菜产业供应链委员会成立大会。成立大会上，湖南省餐饮行业协会秘书长韦巍宣读了成立文件，湖南省餐饮行业协会副会长黄惠明宣读《委员会管理条例》。长沙市华通汇达食品供应链基地项目总指挥刘学峰向委员会的成立表示热烈祝贺，他表示“以供应链服务，致力湘菜发展”始终是对项目的定位和发展目标。湖南省餐饮行业协会会长刘国初表示，湖南产生了非常多的优秀食材，养育了三湘儿女，湘菜在全国布点已达十万多家，传播了优质的食材产品及湖湘文化。

大会选举产生第一届湖南省餐饮行业协会湘菜产业供应链委员会理事会机构。刘国初等人任湘菜产业供应链委员会理事会顾问。黄惠明任湘菜产业供应链委员会理事长，长沙市惠民耕食餐饮管理有限公司任湘菜产业供应链委员会理事长单位。会议现场，刘国初会长对黄惠明颁发了湘菜产业链委员会理事长聘书，周新潮等领

湖南省餐饮行业协会湘菜产业供应链理事长授牌

导对惠民耕食等33家常务副理事长单位进行授牌。

第五十二章
荣获博鳌国际美食“中华美食工匠”

2019年5月，由中国食文化研究会、海南省旅游和文化广电体育厅、琼海市人民政府、海南省会展协会联合主办的第三届博鳌国际美食文化论坛在海南琼海市博鳌隆重举行。来自中国、法国、丹麦等十几个国家的数百位政府领导、业界精英围绕餐饮食材行业与“互联网+”、电商新零售融合等话题进行探讨。湖南省湘菜供应链代表团分别以“食材产业链”“提升餐饮企业利润的奇思妙招”“餐饮及有机生态食材”为主题，展开充分交流。黄惠明表示，食材是菜肴的根本，湘菜的发展离不开原生态食材，更离不开每一个湘菜人的努力。多年以来，黄惠明常奔走在全国各地，寻找那些极具地域特色的食材，他也不断地与人交流学习，为传播湘菜文化做出了自己的努力。新时期，新湘菜，时代在进步，湘菜人也绝不落后。作为湘菜人，黄惠明始终以弘扬绿色餐饮文化，传播民间美食文明为使命。“无精神，不湘菜”，相信在大家共同的努力下，湘菜将走得更远！

黄惠明“没精神，不湘菜”书法

会上，湖南代表团喜获荣誉，荣获的重要奖项如下。中华美食工匠：黄惠明。中华美食品牌金奖：长沙惠民耕食餐饮管理有限公司、长沙新乌龙山寨餐饮文化传播有限公司。优秀食材（食品）基地：老湘味道民间美食研发基地、湖南喜兰湘西木房子腊肉有限公司、湖南名堂食品有限公司、荣成海华水产食品有限公司、东莞市湘厨佬湘菜配送公司、益阳市赫山区云野山珍贸易有限公司、湘货邦食材商行、永州之野生态农产品和特色食材。中华美食文化传播大使：东莞湘调子餐饮管理有限公司胡澎、怀化名堂餐饮管理有限公司邹旭东。中华美食文化传播金奖：湖南省餐饮行业协会湘菜供应链管理委员会。

黄惠明及团队在博鳌美食论坛合影

黄惠明自担任湖南餐饮行业协会湘菜供应链理事长之后，对湘菜和食材及饮食文化有了更深的认知，湘菜的推广离不开湘菜文化和湘菜食材。

如何将湘菜文化推向更广泛的受众群体

增强媒体宣传：利用电视、广播、网络、社交媒体等多元化媒体渠道，制作和发布湘菜文化的宣传片和文章，介绍湘菜的特色、历史和制作工艺。邀请知名厨师、美食家、文化名人等参与湘菜文化的推广活动，通过他们的影响力吸引更多关注。

举办美食节和文化活动：在全国各大城市举办湘菜美食节，邀请湘菜大师现场烹饪，让更多人品尝到正宗的湘菜。举办湘菜文化讲座、烹饪比赛、厨艺展示等活动，让公众更加深入地了解湘菜的历史和文化内涵。

跨界合作：与旅游、电影、电视剧等产业合作，将湘菜文化融入其中，让游客和观众在欣赏美景、观看节目时能感受到湘菜的魅力。与酒店、餐厅等合作，推出湘菜主题菜品和套餐，让更多人品尝到正宗的湘菜。

发展在线教育：利用在线教育平台，开设湘菜烹饪课程，让更多人通过在线学习的方式掌握湘菜的烹饪技巧。发布湘菜文化的教学视频和资料，让更多人了解湘菜的历史和文化。

打造品牌形象：推广湘菜文化的同时，也要注重打造湘菜的品牌形象，提高湘菜的知名度和美誉度。评选和表彰优秀的湘菜企业和厨师，树立行业标杆，引领湘菜产业的发展。

创新湘菜菜品：在保持传统湘菜特色的基础上，进行创新研发，推出符合现代人口味和饮食习惯的新菜品。将湘菜与其他菜系进行融合创新，创造出更多独特美味的菜品，满足不同受众的需求。

拓展国际市场：在国外举办湘菜美食节和文化交流活动，教外国友人做菜，让外国友人了解和品尝到湘菜的魅力。与国外餐饮企业合作，将湘菜引入当地市场，让更多人品尝到正宗的湘菜。

加强湘菜文化的研究和传承：深入研究湘菜文化的历史、发展、特点等，挖掘其独特的文化价值。加强湘菜文化的传承工作，培养更多的湘菜文化传承人和厨师，确保湘菜文化的传承和发展。

以上措施的实施可以有效地将湘菜文化推向更广泛的受众群体，让更多人了解和喜爱湘菜文化。

第五十三章
倡导拒烹、拒食、拒售野生动物

2001年4月，赵荣光教授在向国内餐饮人发出《珍爱自然，拒烹濒危动植物宣言》的倡议书，提出“拒烹、拒售、拒食”野生动植物的“三拒”口号，号召中餐职业厨师和社会民众珍爱自然，珍爱生命，保护环境，净化灶台，称为“泰山宣言”。

2020年新型冠状病毒肆虐，“野味”再次被推至风口浪尖。为迅速遏制“野味”带来的风险，2020年1月，国家市场监督管理总局、农业农村部、国家林业和草原局下发《关于加强野生动物市场监管积极做好疫情防控工作的紧急通知》，要求各地林草、农业农村和市场监管部门依照《中华人民共和国野生动物保护法》规定和职责分工，突出饲养、繁育、运输、出售、购买等环节，加大检验检疫力度。对未经检疫合格的野生动物一律严禁进入市场。各地市场监管部门也发出了史上最严厉的提醒。

2020年，新型冠状病毒感染对餐饮业影响巨大。黄惠明倡议，野生动物是生态平衡中的重要一环，是世界的宝贵财富。为了自己和家人的生命健康安全，为了生态平衡和生物多样性，为了公共利益以及人类社会的良性运转，要拒烹、拒食、拒售野生动物！黄惠明倡议所有的餐饮人都要树立“野生动物是我们生命中不可或缺的一部分，请善待它们”的思想理念；食用安全的食材，拒绝烹饪野生动物。黄惠明呼吁各位厨师，要劝导那些垂涎野生动物的食客：安全美味的食材早已被人类驯化，野生动物存在重大安全隐患，需拒绝食用。黄惠明踏遍湖南的山山水水，寻找了近三百道散落在三湘大地上的民间珍馐。他对野生动物的态度十分明确，在他编撰的食谱里从未看到过野生动物的身影。他表示，拒烹野生动物是厨师应该共同遵守的准则，他呼吁大家拒烹、拒食、拒售野生动物。

黄惠明说，很多人有一种误区，认为野生动物就是纯天然、无添加、无公害，这也是有些人以身试法追求所谓“野味”的一大原因。黄惠明认为，我们国家大力推进农业科技发展，通过科学种植、养殖的食物是最安全的，食材好是安全卫生的基础，储存运输得当，更是绿色食品的保障。

第五十四章
与瑶家十八酿的情缘

黄惠明自幼沐浴在南岭山区的清风明月下，心灵为瑶家与客家文化滋养。那里的山川河流、四季更迭，以及家家户户灶台上飘出的诱人香气，共同编织了他对美食最初的记忆与向往。瑶家十八酿，作为这一地域饮食文化的瑰宝，以其独特的制作工艺和丰富的口感，悄然在黄惠明的心中种下了热爱与追求的种子。

自从创立惠民耕食湘菜工作室后，黄惠明将全部的热情与才华倾注于瑶家十八酿的研发与创新之中。他深知，每一道酿菜背后都承载着深厚的文化底蕴和先人的智慧。因此，他在保留传统精髓的基础上，大胆融入现代元素，让瑶家十八酿焕发出新的生命力。他精心挑选食材，注重季节变化对食材品质的影响，通过独特的烹饪手法和创新的调味方式，将每一道酿菜打造成色香味俱佳的艺术品。他的努力不仅赢得了食客们的赞誉，更为瑶家十八酿的传承与发展注入了新的活力。黄惠明的研究不仅局限于瑶家十八酿本身，他还深入五岭地区湘粤赣边界的畲族、客家人聚集地，沿南岭向西，行走在汝城、连山、蓝山、江华、江永瑶家聚集地，探索了南岭酿菜形成的历史背景和文化渊源。他发现，南岭山区酿菜的形成与北方迁徙人群的文化融合密不可分。这些来自北方的移民，在适应南方环境的过程中，将北方的饮食习惯与南方的食材、烹饪方式相结合，创造出了独具特色的酿菜文化。这一过程不仅体现了中华饮食文化的博大精深和包容性，也见证了人类在面对环境变迁时的智慧与创造力。

在黄惠明看来，靠山吃山，靠水吃水，吃在当季，是民族饮食在烹饪中不可或缺的灵魂。他坚信，只有尊重食材的自然规律，顺应季节的变化，才能烹饪出最地道、最美味的佳肴。因此，在瑶家十八酿的研发过程中，他始终遵循这一原则，根据季节的不同选择时令食材进行搭配和烹饪。这种对食材的尊重和对季节的敏感把握，使得他的酿菜作品不仅口感鲜美、营养丰富，更蕴含着一种与自然和谐共生的生活哲学。

黄惠明与瑶家十八酿的情缘，是一段关于味蕾与文化的深度对话。他用自己的方式诠释了中华饮食文化的丰富性和创新性，也为后人留下了宝贵的文化遗产和烹饪艺术的瑰宝。在未来的日子里，我们期待着黄惠明能够继续以匠人之心探索美食的无限可能，为我们的生活带来更多美好的味觉体验和文化启迪。

瑶家十八酿是瑶族传统美食的代表，虽然名为“十八酿”，但实际上并不限于十八种具体的菜肴，而是泛指瑶家人用各种食材酿制的丰富多样的菜品。以下是黄惠明根据文献挖掘整理的客家、瑶家十八酿菜肴的简要食谱。酿菜是季节、节气的味道，主料与酿料可随机更换、应季搭配。

- **水豆腐酿（江华圣水豆腐酿）**

食材：水豆腐、猪肉马蹄馅（肥瘦相间）、葱花、姜末、盐、生抽、料酒、淀粉等。

做法：将水豆腐切成块状，中间挖空填入猪肉馅，用淀粉封口。平底锅热油，将酿好的水豆腐酿肉煎至金黄，加入调料和肉，焖煮至入味即可。

- **辣椒酿**

食材：青椒、猪肉韭菜馅、蒜末、盐、生抽、料酒等。

做法：青椒洗净去蒂，切开一侧去籽，用盐腌揉一下入盐味。再将猪肉馅填入青椒内，刮平。热锅冷油，下蒜末爆香，放入辣椒酿煎至两面出香味，加入调料、少量水，盖上盖焖熟，淋生抽即可。

- **苦瓜酿**

食材：苦瓜、猪肉葱花馅、姜末、盐、生抽、料酒、淀粉等。

做法：苦瓜切段去瓤，用盐腌制片刻去除苦味。将猪肉馅填入苦瓜内，用淀粉封口。蒸锅上汽后，将苦瓜酿放入蒸笼中蒸熟，取出后淋上生抽和香油即可。

青椒酿与苦瓜酿

- **田螺酿**

食材：大个稻田螺、猪肉莲藕馅、姜末、葱花、盐、料酒等。

做法：螺蛳洗净，去尾取肉，用葱姜汁腌制，与猪肉莲藕馅拌匀，填入螺蛳壳内。汤锅中加入清水和调料，放入螺蛳酿煮至螺蛳熟透，撒上葱花即可。

- **米豆腐酿**

食材：米豆腐、猪肉凉薯馅、蒜末、盐、生抽、辣椒酱等。

做法：米豆腐切块，中间挖空填入猪肉馅。平底锅热油，下蒜末爆香，放入米豆腐酿煎至两面金黄。加入调料和水焖煮片刻，最后加入辣椒酱调味即可。

- **油豆腐酿**

食材：油炸豆腐（油豆腐）、猪肉马蹄馅、葱花、盐、生抽等。

做法：油炸豆腐切开一侧去芯，填入猪肉馅。热锅冷油，将油炸豆腐酿煎至两面微焦，加入调料和水焖煮片刻，使肉馅熟透即可。翻过来酿入肉后，再油炸一次，再煨烧或扣蒸者，叫翻皮豆腐酿。

- **香菇酿（香菇酿肉）**

食材：香菇、猪肉馅、盐蛋黄、盐、生抽、料酒、葱花等。

做法：香菇去蒂洗净，将猪肉馅填入香菇内，蛋黄酿在上面。蒸锅上汽后，将香菇酿放入蒸笼中蒸熟。取出后撒上葱花，取原汁与生抽和香油烧热勾芡，淋上面即可。

- **花猪肉蒜酿**

食材：青大蒜头10厘米段、花猪肉馅、盐、生抽、料酒等。

做法：大蒜头从两端各留1.5厘米下刀，顺丝滚动剞刀4~6刀，搓一搓刀口酿入肉馅。将猪肉馅依次填入蒜中。煎香烹水焖熟。取出装盘，淋上生抽和香油即可。

- **丝瓜酿**

食材：丝瓜、猪肉馅、盐、生抽、料酒、淀粉等。

做法：丝瓜去皮切段，中间挖空填入猪肉馅。用淀粉封口。蒸锅上汽后，将丝瓜酿放入蒸笼中蒸熟。取出后淋上生抽和香油即可。

- **冬瓜酿**

食材：冬瓜、猪肉馅、盐、生抽、料酒、葱花等。

做法：冬瓜去皮切块，中间挖空填入猪肉馅煎香。蒸锅上汽后，将冬瓜酿放入蒸笼中蒸熟。取出后撒上葱花，淋上生抽和香油即可。

- **金瓜八宝饭酿**

食材：金瓜（南瓜）、糯米、红豆沙、莲子、红枣、葡萄干、桂圆干、枸杞、白糖、蜂蜜。

做法：糯米提前浸泡4小时，蒸熟备用。金瓜去顶，挖去籽和内瓤，保留完整的外壳。将糯米饭与红豆沙、莲子、红枣、葡萄干、桂圆干、枸杞混合，加入适量盐和红糖拌匀，填入金瓜内。金瓜盖上顶盖，放入蒸锅中，大火蒸30分钟至金瓜熟透。出锅后淋上蜂蜜，增加光泽和甜味。

- **甜豆酿**

食材：甜豆荚、薄荷肉馅、盐、生抽。

做法：甜豆荚去蒂去筋，保持完整。将肉馅小心填入甜豆荚中，不要填得太满以免破裂。蒸锅上汽后，放入甜豆酿蒸5分钟至热透。淋上少量生抽增加风味。

- **墨鱼酿**

食材：墨鱼、猪肉馅、虾仁、姜末、葱花、盐、生抽、料酒、胡椒粉、淀粉。

做法：墨鱼洗净去骨去内脏，保持墨鱼筒的完整性。猪肉馅与虾仁剁碎混合，加入姜末、葱花、盐、生抽、料酒、胡椒粉拌匀。将馅料填入墨鱼仔内，用蛋清封口。蒸锅上汽后放入墨鱼，酿蒸15分钟至熟透。取出后切片，淋上生抽和香油即可。

- **鸡包有机脆笋酿**

食材：整鸡、有机脆笋、盐、生抽、料酒、胡椒粉、葱姜水、淀粉。

做法：整鸡去内脏，保持完整形状，用盐腌揉里外，用竹针刺入鸡肉，使其充分松弛入味。有机脆笋切丝炒香装鸡肚内，加入盐、生抽、料酒、胡椒粉、葱姜水拌匀。蒸锅上汽后，放入鸡包脆笋，酿蒸50分钟至熟透。端上桌，剪开即可。

• **莲藕酿**

食材：莲藕、猪肉馅、香菇末、葱花、盐、生抽、料酒、淀粉。

做法：莲藕去皮切片，中间挖空备用。猪肉馅与香菇末、葱花混合，加入盐、生抽、料酒拌匀。将馅料填入莲藕片中，用淀粉封口。蒸锅上汽后，放入莲藕酿蒸10分钟至熟透。取出后，用高汤勾芡，淋在莲藕酿上增加风味。

• **猪肚酿**

食材：猪肚、糯米、香菇、红枣、莲子、盐、生抽、料酒、胡椒粉、葱姜。

做法：猪肚用盐、面粉反复搓洗干净，焯水去腥。糯米提前浸泡4小时，与香菇、红枣、莲子混合，加入盐、生抽、料酒、胡椒粉拌匀。将馅料填入猪肚内，用棉线封口。炖锅中加入足够的水，放入猪肚、葱姜，大火烧开后转小火慢炖2小时至猪肚酥烂。取出猪肚，晾凉后切片，可搭配汤汁一同食用。

• **西红柿酿**

食材：大西红柿、猪肉馅、葱花、盐、生抽、料酒、淀粉。

做法：西红柿去蒂，从顶部切开，挖去内瓤备用。猪肉馅加入葱花、盐、生抽、料酒拌匀。将馅料填入西红柿内，用淀粉封口。蒸锅上汽后，放入西红柿酿蒸15分钟至熟透。取出后，可淋上番茄酱或自制酸甜汁增加风味。

西红柿酿

• 白菜酿虾滑

食材：大白菜叶、虾滑、盐、胡椒粉、葱姜水、淀粉。

做法：大白菜叶焯水至软，捞出沥干水分。虾滑加入盐、胡椒粉、葱姜水拌匀，增加黏性。取一片白菜叶，铺上一层虾滑，卷起成卷状。蒸锅上汽后，放入白菜酿虾滑蒸10分钟至熟透。取出后，用高汤勾芡，淋在白菜酿上，撒葱花即可。

第五十五章
获评湘菜年度人物

黄惠明与朱院长书写印象菜

湖南省农业科学院原副院长朱梅生在考察长沙市驷人行食品贸易有限公司时，特为黄惠明的惠和园写了一篇文章纪念。

惠和园——湘菜的魅力之所

惠和园的主人，黄惠明大师，与食材结下了长达39年的不解之缘。他崇尚“以美食化导民心”，致力于传承和创新湘菜技艺。这里不仅是黄惠明大师工作室和惠民湘菜研究所的所在地，更是湘菜爱好者聚集交流的地方。

惠和园的设计风格独具匠心，园外小院充满了农耕文明的痕迹：水车、农具、石磨、犁耙、竹林等一应俱全。院内还悬挂着“清风寒竹”和“舍得是福”两块古朴典雅的牌匾，宛如一座湘菜文化的微缩景观。

走进茶室、餐厅，你会被这里浓厚的湘菜文化气息所包围，每一个角落都摆满了富有故事感的物件和牌匾，让人仿佛置身于湘菜的人间烟火之中，感受着那份独特的温暖与魅力。

当然，最令人期待的还是那些令人垂涎欲滴的美食。在惠和园，你可以尽情品味惠民湘菜的精髓：经典的官府湘菜酸辣海参、祖庵豆腐，红遍全国的剁椒鱼头、辣椒炒肉，口味独特的黄焖甲鱼、木房子腊肉，香辣诱人的姜辣鱿鱼凤爪，鲜嫩多汁的小炒黄牛肉，脆爽可口的墨鱼笋丝……每一道菜都是黄大师匠心独运的杰作，绝对让你回味无穷。

惠和园，不仅创造了惠民湘菜之美，更传承了东西南北之味。这里是一个让你尽享餐饮乐趣的天堂。

如果你对湘菜怀有深厚的热爱，或者想要领略湘菜的创新与传承之美，那么惠和园绝对是你不可错过的绝佳之选！快来惠和园，与我们一同沉浸在这美食的盛宴中吧！

2020年12月，由湖南日报社、湖南省商务厅主办，大湘菜报承办的“第五届湘菜年度盛典”在长沙湖南宾馆开幕，湖南省政协副主席贺安杰等领导、嘉宾出席盛典，来自湖南省14个市州和北京、上海、广东等地的湘菜人欢聚一堂，共话不平凡的2020年，谋划充满希望的2021年。湘菜年度盛典是湘菜界的重要盘点类节会，旨在总结行业一年来的发展，表彰先进人物和企业，提供学习交流的平台。湖南日报社党组书记、社长姜协军表示，湘菜年度盛典的举办，让全国的湘菜人有机会相聚，共话酸甜苦辣，分享成功经验，谋划未来之路，为湘菜产业更好更快地发展提供精神动力和智力支持，是一件很有意义的事情。湖南省政协副主席贺安杰发表讲话，他肯定了湘菜人这一年发扬“吃得苦、霸得蛮、扎硬寨、打硬仗”的精神，用汗水浇灌收获，以实干笃定前行，取得了复工复产、逆势前进的不俗成绩，产值、门店规模等指标都在全国菜系中名列前茅，这些成绩凝结着全体湘菜人的心血和汗水，彰显了湘菜人的担当与风采。会上，黄惠明等人获评“2020湘菜年度人物”，颁奖词如下：

生于三省通衢，长在郴山脚下，大自然赋予你绿色基因，你深谙湘味，以脚为尺丈量湖湘风物，你热情通达，以锅友汇共推健康湘菜。惠民利民是你的湘菜理想，明礼诚信是你的为人准则。你致力发掘“山野的滋味”，你钟情创建“行走的学堂”，带动青年湘厨千余人，学习交流谋创新，三十光阴烟与火，八千里路云和月，湘菜有你更生色！

第五十六章
湘菜带动辣椒产业升级

黄惠明认为辣椒是湘菜的灵魂，辣椒既可以作调味料又可作为辅料、主料。做湘菜用好辣椒，可使菜品滋味丰满、回味无穷，让人念念不忘；如果辣椒用得不恰当，对菜品的贡献反而适得其反。黄惠明的家乡汝城县，是种植辣椒的理想地区，湘南深处的瑶族人，有数不尽的辣椒存储方法和辣椒食用方法。

芙蓉国里"辣"争辉

辣椒富含维生素C、胡萝卜素、B族维生素、膳食纤维以及钙、铁、磷、钾、镁等多种营养成分，尤其是维生素C的含量非常高，在蔬菜中名列前茅。维生素C和胡萝卜素都是有效的抗氧化剂，对预防动脉硬化、降低胆固醇、清除自由基等都有很好的作用。辣椒是一种营养价值高的蔬菜，具有温中祛寒、开胃消食、发汗除湿、温经通络、缓解疼痛等食疗功效。若在菜里放上一些辣椒，可促进唾液和胃液的分泌，增加淀粉酶活性，改善食欲，增加饭量。

黄惠明在汝城湘汝辣椒基地采摘辣椒

小炒黄牛肉

湘菜真正给人留下深刻印象的是"辣"，以"嗜辣如命"形容湘人的饮食特点，似不为过。俗话说，四川人不怕辣，贵州人辣不怕，湖南人怕不辣。"辣"只是中华饮食的一个泛概念，各省市都有用辣椒、辣椒酱等来补充味道，各个区域又有很大的区别。以湖南为例，洞庭湖区嗜辣就不如湘西、湘南山区，城中嗜辣远不如乡野，劳心者嗜辣远不如劳力者。因此，不同气候、区域、职业的人对辣的爱好大相径庭，并非湘黔川人先天就有嗜辣基因。

湘菜中什么是最好吃呢？这是谁也说不准的，百人就有百人的口味，东家说好吃的东西，西家却不敢恭维。但有一条可能是大家都认可的，即“吃在民间”。

时下城中宾馆林立，酒楼遍地，食客如过江之鲫，络绎不绝。随着生活水平的提高，人们口袋里有钱了，既要吃美味，还讲究吃“排场”、吃“面子”。这些年，不是这里推出“全鱼席”，便是那里推出农家院子的“私家宴”，把被遗忘的“祖庵家菜”也挖掘出来了，结果，食客几次光顾，便兴致索然、味同嚼蜡。于是，许多宾馆酒楼不得不返璞归真，关注民间。长沙城曾一度风行“毛氏红烧肉”“啤酒鸭”“水煮活鱼”等菜品，现在又回归“剁椒鱼头”“大蒜炒腊肉”“小炒黄牛肉”“辣椒炒肉”“坛子下饭菜”，湖南许多乡间菜一下子涌入城中，让城市好不热闹。

辣得叫口味牛蛙

湖南不像北方有些省份的饮食那么单一，几个有特色的品种几乎流行到了每家每户，也不像南方其他省份品种多。在湖南，流行于某县的个性特色饮食，邻县却浑然不觉，即使是同样的原料配方，其成菜特点也各不相同。

湖南人在饮食方面的特征，可能与湖南人敢为人先的性格有关。譬如鸭，在湖南各地形成品牌特色者就数十种，不像“北京烤鸭”，虽是名气大，但单一。湘南永州有“宁远血鸭”，郴州一带有“祝师傅板鸭”“临武茶油鸭”“嘉禾血浆鸭”“汝城醋焖鸭”“宜章芋荷鸭”，常德一带有“酱板鸭”“钵子鸭”，大湘西有“洪江血粑鸭”“芷江鸭”“乾州鸭”等，不胜枚举。而这些都是先辈们流传

洪江血粑鸭

下来的饮食文明，更是一代一代先民智慧的民间创造。然而此类特色小吃近年来传到城里，真传者不多，模仿制作的不少。乡里民间的风味特色菜，选取了天然原料。湘南衡山的油豆腐、复合豆皮，可谓味甲天下，制作工艺自然有其特色，但关键在于黄豆原料和水质。衡山人有到长沙做豆腐的，但那豆腐就无法与衡山本地的豆腐相比。

我经常在全国各地的乡间寻味，喜欢到徒弟家中做客，品尝地道美味的民间菜肴。惠民耕食围绕“寻找乡土的美食”开展活动，很多的厨师加入了惠师门这个队伍，依靠组织的力量和兄弟情谊抱团前行，启发心智，排忧解难，开拓创新。在惠师门全国弟子的企业中，往往是遵循“本味”的味觉感受。

为了推动湘汝辣椒的产业升级，惠民耕食走遍田间地头，与农民们共商大计。在他们的不懈努力下，当地辣椒销售增量达到亿元以上，为当地经济注入了新的活力。

辣椒是我的情人

说起辣或者辣椒，大家无不想起湖南。记得我初到长沙时，把汝城臭豆豉酿辣椒当成一道特色菜来卖，但没有被市场接受。那时我对市场不了解，闹出点笑话不足为奇。

青椒炒鱿花

其实，湘菜味味相融，不全是酸辣、鲜辣、香辣；湘人好辣，酸辣是湘菜独有的特色。湖南多山多水，天潮地湿，正需辣椒那股子热烈，通淤活血，赶走寒气。于是，近代几百年来，外来的辣椒成了湘菜的镇家之宝，做主菜、作配角、作酱料，辣椒无处不在。不会吃辣椒的湘人，不算地道的湖南人；不善于用辣椒的厨师，不是好的湘菜厨师。

每逢初夏时节，樟树港的辣椒青青绿绿地挂满了枝条，细长如手指，湖南人叫它是“辣椒中的爱马仕”。这是长沙人最爱吃的辣椒。刚上市的时候，滋味微辣，入口清香。下锅少放油或不放油擂炒，炒至七分熟时，再放油盐，放豆豉和葱蒜提香。多次放油，锅边淋生抽，佐酒下饭，尽得辣椒的本味。到了六月，辣味渐渐变得重了，起锅时加少许醋或蒜，柔和了辣的干烈，丰富了辣的滋味，善食者待冷后再来吃，清香层叠而来，令人回味无穷。

青椒做配料的吃法更多，如辣椒炒肉、青椒炒甲鱼、青椒炒仔鸡、青椒烧鱼。湘菜人最迷恋的是青椒与各种蔬菜的结合，青椒豆豉苦瓜，青椒南瓜丝、青椒茄子、青椒豆角、青椒土豆片、青椒冬瓜，还有擂辣椒炒韭菜，皮蛋抖青椒茄子，是开胃佳肴。

青椒炒甲鱼

用青椒做酱料也是一绝。青椒烧烤熟后，用擂钵捣碎，调以盐、生抽、蒜泥、香油调配成酱，用来蒸海鲜或作蘸料，别具风味。

汝城朝天椒是当地特产，种辣椒是汝城人的传统。汝城这片土地孕育出的辣椒鲜椒，色泽艳丽、辣味适中、果肉结实；干辣椒辣味高、久煮不烂、香味浓郁。

湖湘小炒辣椒提味酱

几年前，汝城种辣椒不成气候，种植面积不到6万亩，辣椒地分散，多在地势低洼的地方。黄惠明多次与家乡辣椒种植合作社合作，鼓励他们种植汝城朝天椒，也与“辣椒哥”朱树清合作，为湘菜供应链提供顶级食材。近年来，当地政府政策引导集中种植辣椒，汝城上下围绕一株辣椒做文章，从无到有育品牌、从有到优壮品牌、从优到精强品牌，培育了两家省级和国家级龙头企业，湖南省汝城县汝城朝天椒中国特色农产品优势区成功获得认定，组织打造“公司+合作社+农户+基地”的产业化生产经营模式，大力发展辣椒产业，由企业与农户签订产销合同，实行统一集中育苗、统一技术管理、统一质量标准、统一购买保险，按保底价随行就市收购。政府搞好基础设施，种辣椒的成本降低，销路好，运输方便，利润每亩有上万元。汝城朝天椒、线椒的红色素、辣椒素、脂肪酸含量高，色泽鲜亮、香味浓厚。

汝城朝天椒嫩椒为淡黄色，转红时为深红发亮，果实较坚实，辣味适中且浓香四溢，已成为当地餐桌上少不了的食材。其加工而成的辣椒酱、干辣椒销往全国各地。辣椒的成本小、收益高、周期短、见效快，农民“投资”的风险相对较小，得到的回报比较明显。近几年，汝城县种植辣椒的农民越来越多。汝城朝天椒荣获“中国特色农产品（汝城朝天椒）优势区”“中国农业品牌名录2019农产品区域公用品牌（汝城朝天椒）”等多项荣誉。连续3年获评湖南省“一县一特”农产品优秀品牌。制作精准扶贫短片《“椒”傲汝城人》，讲述汝城辣椒精准扶贫的故事和汝城辣椒农业产业发展特色。

扶贫贡献单位牌匾

2020湘菜年度盛典上，湖南湘汝食品有限公司因其品牌表现突出，辣味彰显独特，获得“湘菜年度盛典名优食材”荣誉。2021年，“湘赣红”农产品区域公用品牌发布，汝城辣椒“火爆”登场。汝城朝天椒成为御厨香、康师傅、老干妈等知名餐饮品牌的佐料，并成为湘菜剁椒鱼头的优选，不仅走上全国餐桌，还走向海外市场。

黄惠明一直想把家乡汝城县的辣椒推广出去，想做进湘菜供应链。

黄惠明说：“湘菜红了，辣椒是功臣。”湘菜产业的迅猛发展，有效带动了相关产业，推动了全面开放，促进了行业的和谐，提升了湖南对外开放的软实力，这着实让湖南人骄傲与欣慰。

第五十七章
创辉煌，授予全国技术能手的称号

2021年3月，由湖南省商务厅、湖南省餐饮行业协会指导，《湘菜》杂志主办的“乡村振兴看湘菜”研讨会在长沙市延年酒店举办。参与的嘉宾有湖南省商务厅服务贸易处处长马宏平，湖南省餐饮行业协会会长刘国初，湖南省餐饮行业协会常务副会长、湘菜大师任伟政，长沙驷人行农业科技发展有限公司董事长、湘菜大师黄惠明，以及十三位湖南知名餐饮企业、供应链企业董事长。群英汇聚，为乡村振兴和湘菜发展出谋划策，各抒已见。黄惠明提出要建立农产品加工基地，加强对食材和原料的追溯溯源的重视度，建立农产品生产者联盟，餐饮行业要深入产业上下游合作，开展订单产品、订单加工、订单技术服务等创新业务，带动乡村加工产业链，高效协同，让农民增加收益，让农民更加有信心。

供应链和预制菜企业负责人们认为，农业是第一产业，缺乏的是集约化生产。农村农业的核心问题就是要走向产业化、品牌化，引导农产品产业集中发展，如此乡村振兴的路才好走。

参与会议的餐饮业负责人们表示，提高农村收入是乡村振兴的根本。作为湘菜餐饮企业，应该主动到乡村去招募、培训乡厨，解决农村就业，提高农民收入。针对食材挑选实现精准扶贫，保证食材原料健康安全的同时，解决农产品“卖难”的问题。还要联合湘菜企业，共同建立大湘菜品牌，鼓励形成良性竞争，以湘菜产业带动乡村发展。

一轮精彩的发言后，湖南省餐饮行业协会会长刘国初进行总结讲话。刘会长表示，要把“乡村振兴看湘菜”这个平台搭建好，要利用平台整合信息，推动湘菜产业。通过这个平台，把一些原生态的产品做出品牌，做出价值，让更多的人了解到优质的产品。只有形成产业、形成品牌，才能真正实现乡村振兴，共同为湖南乡村的发展、湘菜的发展牵线搭桥。

湖南省餐饮行业协会刘国初会长一行视察惠民耕食地标食材高桥展示中心

为了响应湖南省餐饮协会的号召，惠民耕食积极投身“乡村振兴看湘菜”的行动，高桥地标食材旗舰店在一片欢呼声中开业，为乡村振兴贡献了一份力量。

2021年10月，惠民耕食·地标食材财富店在长沙高桥大市场全新启航。湖南省餐饮行业协会会长刘国初，湖南省餐饮行业协会荣誉会长周新潮，湖南省餐饮行业协会秘书长韦巍，长沙市餐饮行业协会会长任伟政，湘菜泰斗王墨泉、许菊云、聂厚忠，湘菜大师邓和平、张小春，《湘菜》杂志执行总编刘科等前往祝贺。黄惠明的门店里有鲜艳惹眼的剁椒、浓香透亮的湘西木房子腊肉、五花八门的菌类、丰富多样的特色酱料，还有乡土人家才能见到的手工食材……琳琅满目的食材，汇集了黄惠明几十年的积累与心血，吸引了每一位进店的老朋友们。

在当天的开业仪式上，黄惠明不忘自己传播湘菜的使命，希望并号召更多人团结起来，将这份事业传承下去，“感谢这些年大家的包容与支持，湘菜的发展离不开湘菜人的团结，团结食材商，团结更多餐饮人，为湘菜发展助力，让湘菜成为真正的‘地球菜’。”师父王墨泉也给予了这位徒弟更多鼓励：“黄惠明的能量是巨大的，能为餐桌带来更新鲜、更有品质的原材料，为社会作出贡献。”黄惠明常说：“厨师只是我们的职业，传播湘菜是我们的终身事业。”越来越多像黄惠明这样的湘菜人，善于总结，敢于探索，愿意承担。他们用心做湘菜，一直在努力地前进着。

全国技术能手证书与奖牌

2021年6月，第十五届高技能人才表彰大会在北京举行。人力资源和社会保障部决定授予刘丽等30名同志“中华技能大奖”称号；授予赵斌等293名同志“全国技术能手”称号；对为国家技能人才培育工作作出突出贡献的北京控股集团有限公司等64家单位和杨郁等78名同志给予通报表扬。黄惠明凭借着对湘菜的深厚情感和精湛技艺，荣获了中华人民共和国人力资源和社会保障部第十五届“全国技术能手”的殊荣，这份荣誉不仅是对他个人的肯定，更是对惠民耕食团队的认可。

第五十八章
完善《中国湘菜大典》第2版

2021年夏日，惠民耕食的研究团队日夜兼程，对郴州的地方菜进行了深入挖掘，有19道惠民湘菜与19道新派湘菜菜品问世，被载入《中国湘菜大典》第2版。

中国湘菜大典

《中国湘菜大典》第2版中介绍“企业家”人物时，是这样写黄惠明的：黄惠明，1964年出生于汝城县。字惠民，号一耕湘、惠和园主人。大专学历。国家高级烹调技师，国家烹饪高级评委，资深级中国烹饪大师，中国餐饮文化大师，湘菜大师，湘菜文化大师，湘菜地方菜标准化菜谱制定专家，惠民耕食美食传播机构导师。1981年开始学习厨艺。1984年到广东韶关酒家学习粤菜。1986年到汝城三江口供销社经营饮食店。1989年到郴州开酒家。1993年赴长沙湘菜技术中心培训。1993年回郴州组织惠民厨艺团队，在郴铁大酒店、郴州得月公司工作。2003年在长沙立足。2009年创立长沙市驷人行农业科技发展有限公司，任董事长，主营农产品生产加工与餐饮供应链服务，在全国50多个城市设有销售网点，年销售额近4000万元。2010年创立惠民耕食湘菜科技研发基地，创新800多道湘菜，传播到全国湘菜餐馆。2015年创立湘菜锅友汇厨师长训练营。2018年创立长沙市惠和餐饮管理有限公司，任董事长，主营湘菜研发与餐饮技术服务，为全国368家餐饮连锁店定制菜品、培训厨师。多年来专注湘菜的研学、传播。全国弟子四代1000余人。以传承、创新、传播为己任，坚守“食以材为魂，味以艺为魄”，致力于打造地方美食、秘方酱料、民间食材服务平台。2005年荣获全国技术创新中华金厨奖，出版发行个人音像专辑《湘南特色菜》。2007年编著书籍《创新酒店热卖湘菜》。2010年荣获“湘菜美食文化传播特别贡献奖”“湘菜食材与加工品牌企业”“湘菜食材配送先锋人物”。2015年编著《民间湘菜》食谱。2016年参与编著《新湘菜集锦》。2017年荣获中国商业联合会授予“全国服务名师”“名师授高徒”称号。2018年主导完成湘菜八大地方菜标准化制订。2018年获中国湘菜发展30年“功勋人物奖”“湘菜十大品牌供应商”。2019年在博鳌国际美食论坛发表题为《论新时代下的湘菜发展》的演讲，获“中华美食工匠奖”。入选《中国名厨技艺博览》《中国烹饪大师》《中国烹饪大师名师百人作品精选》，参与编纂《中国湘菜大典》。

《中国湘菜大典》第2版的“烹饪技艺、传统湘菜、地方菜”版块收录了黄惠明及其徒弟的众多作品。

“传统湘菜”中黄惠明的菜谱有：

- **红烧猪脚**

原料与调料：猪脚1200克，本草香辛料（八角、沙姜、草果、白芷、丁香）10克，料酒30克，冰糖50克，酱油10克，姜片20克，红辣椒30克，洋葱50克，色拉油50克。

制作：①猪脚烧毛洗净，焯水洗去血污。②原料和调料全部放入高压锅内，大火烧开，出气阀出气后,改中火煨制20～23分钟，自然冷却后取出或收汁成菜食用。色泽红润，酱香浓郁，鲜辣醇和。

- **老坛酸菜黄鸭叫**

青芥菜撩水后入坛腌制，发酵至酸，即成老坛酸菜。黄鸭叫学名黄颡鱼，肉质鲜嫩，现宰现烹，与酸菜绝配。

原料与调料：黄鸭叫500克，老坛酸菜150克，肉汤600克，姜辣剁椒50克，酸红辣椒80克，葱段30克，胡椒粉4克，盐3克，菜籽油100克。

制作：炒锅上火入油烧至五成热，加入调料炸香，入肉汤烧开调味；鱼宰杀治净，摆入碟子；带火上桌，烫煮即食。鱼肉鲜嫩，酸辣可口。

黄惠明的儿子黄亚杰也有一道菜入选传统湘菜。

- **砂锅肉汁寒菌**

原料与调料：寒菌400克，肉汤500克，青红辣椒20克，蒜瓣30克，姜片10克，盐3克，蚝油10克，胡椒粉5克，猪油50克。

制作：①寒菌择洗后焯水。②炒锅加油上火，加入蒜瓣、姜片、寒菌炒香，再入肉汤、盐、蚝油煨透收浓汁，撒胡椒粉装砂锅，带火上桌。寒菌鲜香，口感柔软。

《中国湘菜大典》第2版的“新派湘菜、斋菜素菜、少数民族菜、预制菜、面点小吃”版块，其中新派湘菜为黄惠明及其弟子单独开了一个栏目“惠民耕食”，收录了新派油淋庄鸡等菜品。惠民耕食的菜谱都来自民间，经过惠民耕食厨师团队的改良、升级，使烹饪技艺更加简单，味美而精致。

黄惠明研发的菜谱：

新派油淋庄鸡

油淋庄鸡是清末豫湘阁酒家大厨肖麓松所创的传统名菜。以各种辅料腌透入味的整鸡，上笼干蒸至七成熟，淋油而成。根据秘方把香辛料打成粉作腌料，融合粤菜手法，巩固传统味道不变，导入先进工艺；取三黄鸡用腌料按摩腌制，融合广东烧鸡上脆皮水配方，运用湘菜传统油淋方法和调味理念，改良技艺与配方，生炸而成。

新派油淋庄鸡

原料与调料：母鸡1只约1200克，腌料（小葱30克，姜30克，其他植物香辛料），黄酒30克，盐12克，麦芽糖20克，浙醋50克，淀粉30克，色拉油（实耗）60克。

制作：①鸡从胸口下刀挖去内脏，漂洗血污至净，沥水备用。②用盐、香辛料、葱、姜按摩腌制内腔；腌制4小时，取出去掉葱、姜。③锅烧开水，将鸡氽水烫皮，入脆皮水（浙醋与麦芽糖淀粉搅匀）上色，挂起入晾房，吹风6小时，至表皮干爽。④油炸炉内放色拉油，烧至160℃，下鸡浸炸7～9分钟，至浅黄色捞出，待油温提高至180℃，淋炸至皮酥脆即可。沥油后切下头、脚，鸡砍成18块，连同头脚一起装入盘内即成。

油淋乳鸽

湘菜传统名菜油淋庄鸡的改良版。取沙田乳鸽按摩腌制技巧，融合光明乳鸽上色脆皮水秘方，改良技艺与油淋庄鸡配方，研发而成。

原料与调料：乳鸽2只500克，腌料（小葱30克，姜30克，植物香辛料）5克，盐6克，麦芽糖20克，浙醋50克，色拉油（实耗）60克。

制作：①乳鸽从胸口下刀挖去内脏，洗净，沥水备用。②用盐、香辛料、葱、姜按摩腌制内腔；腌制4小时，取出葱、姜。③锅烧开水，将乳鸽汆水烫皮，入脆皮水（浙醋与麦芽糖淀粉搅匀）上色，挂起入晾房，吹风6小时，至表皮干爽。④油炸炉内放色拉油，烧至160℃，下乳鸽，浸炸5分钟至浅黄色捞出；待油温提高至180℃，淋炸至皮酥脆即可；沥油后切下头、脚，每只乳鸽砍成4块，连同头一起装入盘内摆成鸽形即成。色泽枣红，皮脆肉嫩，富含汁水，回味鲜香。

- **牛鞭煨水鱼**

源于常德钵子菜的新派湘菜。

原料与调料：水鱼1500克，牛鞭1副，猪脚汤1000克，姜50克，蒜60克，盐8克，料酒50克，西蓝花50克，胡椒粒6克，茶油80克。

制作：①牛鞭焯水，对半切开，去掉尿道膜，改刀成菊花形，入猪脚汤，加胡椒高压锅炖约25分钟，捞出牛鞭花备用。②水鱼宰杀治净，砍成大块，焯水。③炒锅烧油至六成热，下姜、蒜、水鱼爆炒，烹料酒，入猪脚汤煨至软糯，加牛鞭花煨透，至融合入味。水鱼鲜香，牛鞭软糯，汤汁醇和。

- **瑶山香鸡**

用古法腌制鸡，置入窑炉煨烤而成。香鲜入骨，曾获湖南地方名菜金奖。

原料与调料：鸡1只，盐8克，香叶20克，砂仁8克，干辣椒10克，姜片10克。

制作：鸡宰杀去内脏，用盐腌制入味后，把香料塞进体内，装入土陶罐，加水，入窑口煨烤至熟，改刀成块食用。原汁原味，鸡肉鲜美，清香扑鼻。

- **土司猪脚烧寒菌**

湘西老土司盛宴中的一道大菜，改进后口味更佳。猪脚富含胶质，寒菌有强精补肾、健脑益智的功效，二者合烹，浓郁鲜香，老少皆宜。

原料与调料：寒菌300克，猪前脚600克，干辣椒10克，蒜50克，姜片50克，盐4克，酱油15克，蚝油30克，色拉油50克。

制作：①猪脚洗净，焯水漂洗后砍大块，入炒锅爆香，加姜、蒜，烹料酒、酱油，再加水、干辣椒、姜，入高压锅压20分钟，取出猪脚，原汤过滤备用。②炒锅加油上火，加入焯水后的寒菌炒香，再入原汤，猪脚煨透，收汁装盘。色泽红亮，软糯鲜香。

• 豆辣肠衣排骨

惠民耕食在湖南山区寻味，用晒制香肠的方法，把用香辛料和盐腌制的排骨（8厘米长段）塞入肠衣，用棉绳扎紧两头，吊挂风干或晒干至香，静置约30天发酵出香味，即为肠衣排骨。

原料与调料：肠衣排骨10根250克，鲜红辣椒50克，浏阳豆豉10克，生抽15克，猪油30克。

制作：①用温水洗净肠衣排骨的表面。②把肠衣排骨放置扣碗上，再用炒锅把红辣椒和豆豉炒入味，盖在排骨上，蒸30分钟即成。鲜辣味浓，口感丰润，回味十足。

黄惠明常说："传承好味道，做菜父子兵。"他组建的大师工作室研发团队中，黄学文、黄亚杰、黄志祥、宋超、谢子维等人都为本书贡献了菜谱。

黄亚杰研发的菜谱：

• 秘制姜辣凤爪

姜辣口味菜流行于岳阳洞庭湖区。今厨姜辣酱由惠民耕食团队研发。

原料与调料：鸡爪500克，今厨姜辣酱100克，老姜80克，大蒜30克，盐2克，菜籽油50克，水300克。

制作：①将鸡爪焯水，上色炸成金红色。②炒锅上火，下老姜片煸香，入姜辣酱、鸡爪烧透入味。酱香浓郁，姜辣鲜香。

• 风吹鸭焖黄骨鱼

祝师傅风吹板鸭是传统名肴，咸鲜味美，与黄骨鱼鲜香搭配，独具一格。

原料与调料：祝师傅板鸭半只，黄骨鱼500克，小红辣椒段30克，生姜片20克，紫苏30克，茶油60克，胡椒粉3克。

制作：鸭放在温水中浸泡1小时，蒸30分钟，改刀成块，入油锅爆香，加水烧开，滚成浓汤，再入鱼、配料焖煮成菜。香浓味美，晶莹剔透，风味独特。

• 牛肉皇炖芽白

源自古苍梧九嶷山古镇沙田，据传为山民敬献舜帝之食。后经发掘整理，配以新型食材，始得新生。

原料与调料：牛肉200克，鲜牛蹄筋100克，盐3克，胡椒粒2克，淀粉50克，芽白心350克。

制作：①将鲜牛蹄筋入高压锅内，加料酒、姜、葱、水，炖烂后取出，用木槌锤打成胶，再加盐、水、淀粉搅打上劲，挤成2厘米直径的丸，入冷水加热制熟，捞出待用。②芽白心改刀成长条，入原汤煮熟，捞出紧扣碗中，放上牛肉丸、原汤调味，隔水炖至软烂时取出；倒出汁，肉丸扣入盆中，淋原汁。牛肉脆爽，芽白软烂，牛气十足。

• **菌菇炒脆肚**

在衡东脆肚的基础上改良的新派湘菜。用脆金菇与新鲜猪肚搭配，创意新颖。

原料与调料：猪肚尖150克，脆金菇水发100克，炒菜酱50克，姜、蒜各50克，葱段20克，生抽10克，盐2克，味精1克，胡椒粉3克，湿淀粉30克，猪油80克。

制作：①肚尖切粗丝备用，下锅前用盐、胡椒粉腌制。②锅入油置火上，入金菇煸炒调味，出锅备用。③炒锅洗净置火上，入油滑锅，留底油，入姜、蒜炒香，再入猪肚、调料爆炒入味，勾芡即成。脆爽鲜辣，菌香浓郁。

黄学文的菜谱：

• **羊耳菌炒响骨**

用新型食材研发的一道新菜。响骨用猪喉软骨制成，色泽洁白，入口干脆作响，别有风味。

原料与调料：猪喉软骨500克，羊耳菌干（即黄木耳）50克，姜辣剁椒30克，葱段10克，红辣椒丝5克，盐2克，料酒10克，生抽8克，胡椒粉1克，味精1克。

制作：①猪喉软骨煮熟浸泡，去油污，浸卤至脆软，切丝，羊耳菌干水发切丝。②炒锅上火放油烧热，加入软骨煸香，烹料酒，入盐、姜、辣椒酱、生抽、胡椒粉、味精、葱段，炒匀入味，勾芡即成。酸辣脆爽，怡胃生津。

• **海皇红薯粉**

香港海皇干捞酱与湖南本土食材结合，融合为新派湘菜。

原料与调料：红薯水晶粉丝160克，虾仁30克，蛋清1个，红葱头20克，海皇干捞酱60克，素蟹仔20克，生抽20克，色拉油60克。

制作：①红薯水晶粉冷水涨发，蛋清炒熟备用。②砂锅置火上，入虾仁、海皇干捞酱煸炒，再入上汤、粉丝烧开，粉丝至软时加生抽汁，捞干水分至浓香，下蛋白、蟹仔成菜。醇香厚重，粉丝软糯。

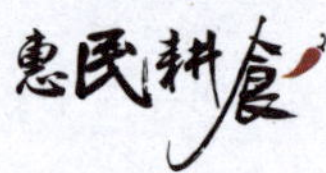

黄志祥的菜谱：

小炒虫草花蛋

独创小炒菜。虫草花打碎，与大豆蛋白混合制成半成品食物，即为虫草花蛋。

原料与调料：虫草花蛋250克，炒菜酱50克，青辣椒粒50克，生抽15克，色拉油50克。

制作：①虫草花蛋剁花刀。②锅入油置火上，入花蛋煎香，再入青辣椒和调料炒入味即成。鲜辣味浓，口感筋道。

宋超的菜谱：

三杯鸡

清初从江西传入，经湖南本土化创新。

原料与调料：三黄鸡850克，蒜60克，生姜80克，葱30克，大红辣椒60克，酱油一杯30克，湖之酒一杯80克，茶油一杯100克，水200克。

制作：①鸡翅、鸡爪斩件，鸡肉砍成2厘米×5厘米条状。②蒜切粒，姜切片，香葱打结，红辣椒切片。③砂锅烧热油滑锅，下茶油烧热，加姜片、蒜爆香，加鸡块炒香，加酱油、湖之酒、水，大火烧开，小火煨制，上色入味。盖上红辣椒片、葱结，加盖，大火收汁即可。肉质鲜嫩，酒香味浓。

金橘烧牛腩

惠民耕食首创菜。金橘是芸香科植物金橘的果实，皮薄肉嫩，含挥发油、金橘苷等特殊物质，清香刺激；因皮肉难以分离，一般是连皮带肉一起吃。金橘与牛肉合烹，独具风味。

原料与调料：牛腩450克，小金橘150克，今厨功夫酱50克，蒜30克，生姜30克，八角1克，桂皮2克，葱30克，干辣椒5克，生抽20克，酱油8克，盐2克，味精2克，料酒30克，胡椒粉1克，蚝油15克，湿淀粉10克，色拉油80克。

制作：①牛腩改刀成3厘米见方的块，漂去血水后焯水。②蒜去两头切粒，姜切片，金橘对半切开备用。③热锅下油，下八角、桂皮、姜片、干辣椒煸香，加清水750克，放牛腩、料酒、功夫酱，上高压锅压18分钟。④热锅放油，下蒜头爆香，原汤入锅，下牛腩、小金橘，大火烧开，改小火，调生抽、老抽、盐、味精、胡椒粉、蚝油烧至入味，用湿淀粉勾芡成浓汁即可。鲜香酥烂，独具风味。

谢子维的菜谱：

- **土钵鱼丸焖丝瓜**

衡阳鱼丸子历经百年，老百姓常用丝瓜搭配，依此改良成新派湘菜。

原料与调料：衡阳鱼丸子280克，丝瓜200克，金瓜汁100克，盐4克，猪油50克。

制作：①丝瓜去皮切成块，用猪油煸炒。②金瓜汁加水烧开调味，入主料、辅料焖熟成菜。鱼丸鲜嫩，丝瓜滑爽，香甜可口。

第五十九章
荣获湖南省政府特殊津贴

为了更好地传承湘菜文化，惠民耕食创建了中国饭店协会黄惠明烹饪大师工作室，并荣获中国管理科学院“双创导师”“传统文化导师”的称号。这些荣誉的背后，是惠民耕食人无数个日夜的辛勤付出和汗水。惠民耕食创始于汝城、发展于郴州、扎根在长沙，推动了湘菜事业的发展。黄惠明成立全国技术能手黄惠明大师工作室，在湖南省优质农产品推广中心设立湘菜大师工作站，携湘菜大师团队开创惠民耕食·地标食材实体连锁店，为餐饮供应链服务，继续耕耘前行！惠民耕食凭借着诚信经营的理念和优质的服务，获年度“诚信经营先进单位”的荣誉，这是对他们坚持努力的最好回报。

2022年1月，湖南省人力资源和社会保障厅发布《关于对享受2021年湖南省政府特殊津贴高技能人才人选进行公示的公告》。根据《湖南省人力资源和社会保障厅关于开展2021年享受湖南省政府特殊津贴人员选拔工作的通知》要求，省人力资源和社会保障厅组织评委，对申报2021年湖南省政府特殊津贴的高技

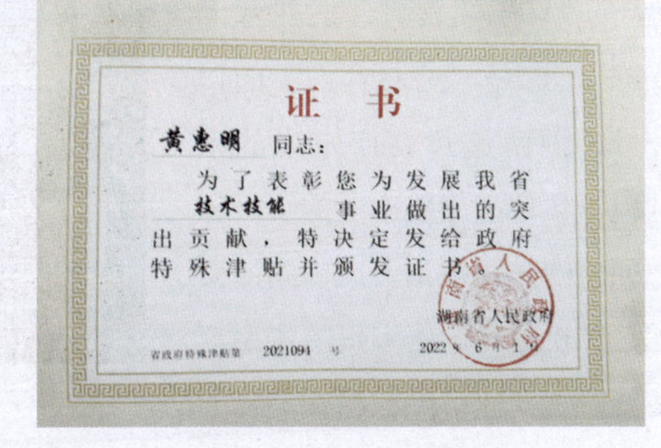
证书

黄惠明 同志：

为了表彰您为发展我省技术技能事业做出的突出贡献，特决定发给政府特殊津贴并颁发证书。

湖南省人民政府

省政府特殊津贴第 2021094 号　2022年6月1日

湖南省政府特殊津贴证书

能人才申报材料进行评审。经专家评审，湖南省人力资源和社会保障厅推荐长沙市惠民耕食餐饮管理有限公司黄惠明等20名同志为2021年享受湖南省政府特殊津贴高技能人才人选，确定为2021年享受湖南省政府特殊津贴高技能人才。在黄惠明看来，这些荣誉是对他这四十多年努力的认可，而他要做的是以己之能在传承与创新中寻找饮食文化的更多可能。

第六十章
黄惠明的厨艺与智慧

2021年，“湖湘食汇”惠民项目正式开启。“湖湘食汇”不仅是一个销售湖南各地生态食材的平台，更是一个传承和展示湖湘美食文化的大舞台。在这个特殊的舞台上，湘菜烹饪技艺的传承代表黄惠明，积极响应湖南省餐饮行业协会号召，将湖南的优质食材和正宗的湘菜烹饪技艺带到了市民的身边。

春节期间，本是阖家团圆之时，但黄惠明却带着他的两个儿子黄亚杰和黄琦，走进了家润多生活超市的“湖湘食汇”展示厅。他们分工明确，黄惠明负责教授市民烹饪技巧，大儿子黄亚杰忙着引导市民挑选食材，小儿子黄琦则专注于切菜配料。他们的热情和技艺，让市民在欢乐的氛围中学到了炒肉、烹鱼、炖汤的诀窍，同时也选购到了心仪的食材。

“湖湘食汇”为市民服务

“集三湘食材，汇四水湖鲜”，这是“湖湘食汇”的口号，湖南这片物产丰饶的土地，孕育了无数珍贵的食材和独特的烹饪技艺。而“湖湘食汇”正是将这些宝贵的资源汇聚一堂，让市民在品味美食的同时，也能感受到湖湘文化的深厚底蕴。“原生态美食，为市民服务”这是“湖湘食汇”的宗旨，也是黄惠明父子三人和整个团队的初心。他们希望通过自己的努力，让更多的人品尝到正宗的湘菜，感受到湖湘文化的魅力，同时也为市民提供健康、安全的食品选择。

这一惠民项目得到了市民的热烈欢迎和广泛赞誉。许多市民表示，通过“湖湘食汇”，他们不仅品尝到了地道的湘菜，更深入地了解了湖湘文化，感受到了美食背后的故事和情感。在这个特殊的时期，“湖湘食汇”不仅为市民带来了味蕾的享受，更成为一种精神的慰藉，让人们看到了生活的美好和希望。“湖湘食汇”是一道亮丽风景线，它不仅为市民带来了美食的盛宴，更传承和弘扬了湖湘文化。黄惠明父子三人的付出和努力，让我们看到了美食与文化的完美结合，也让我们对未来湖湘美食文化的发展充满期待。

黄惠明与黄亚杰、程耀夫、黄志祥大师，在“湖湘食汇”教市民做湘菜

在羊城广州，黄惠明与何海辉共同主理了一场宴会，两大主厨团队联手为宾客们呈现出一场“材艺双收”的湘菜盛宴。前菜部分，老湘味道的湘军鸡与熏腊味率先登场，传统湘味与粤式精致相结合，展现出别样的风味。香椿煎蛋带着春天的气息，橙汁则带来一丝清新的果香。椒盐太子鱼与老湘味道豆豉腊牛肉，更是将湖南的咸香与鲜美完美融合。而臭豆腐等小吃让人回味无穷。汤品中，生拆大闸蟹肉与瑶柱、银鱼、鲜虾等珍贵食材，搭配粤旺水果丝瓜，炖煮出浓郁而又不失清爽的汤底，为接下来的主菜做好完美的铺垫。

“湘遇羊城，材艺双收”交流现场

主菜环节，六道香茶油与攸县香干的组合，呈现出湖南特有的醇厚与香浓。三色剁椒蒸九醒鲜生皇帝鱼，则是将湘菜的辣与鲜发挥到极致。老湘味道的笋丝与粤旺杏鲍菇的搭配，再次展现了湘粤两地食材的和谐共鸣。樟树港辣椒与岛之原鲍鱼的红烧组合，紫苏辣酱的点缀更是锦上添花。东安汁作为湖南经典调味料，与粤旺红菜苔的结合也是恰到好处。酸辣羔羊腩与芙蓉嘴小土豆的搭配，则是将湖南的酸辣口味发挥得淋漓尽致。互动环节，宾客们可以尝试亲手制作湖南鲜橙苏打，感受湖南水果的独特魅力。同时，东安汁与粤旺白菜苔、皓月小炒黄牛肉等佳肴也陆续上桌，让人目不暇接。主食部分，益海嘉里的猪油与酱油炒饭，搭配上津山口福的酸菜和脆米，简单而不失美味。甜品环节，粤旺的水果辣椒百香果冰激凌与蛋白霜作为完美的句点，为这场灵感饭局画上了圆满的句号。水果的甜与辣椒的微辣交织在一起，创造出令人难以忘怀的味蕾体验。整场饭局下来，宾客们不仅品尝到了地道的湘菜美味，更感受到了湘菜与粤菜文化的交流与碰撞。这场“灵感饭局”无疑是一次“材艺双收”的盛宴，也是一次美食与文化的完美融合。

“湘遇羊城，材艺双收”交流菜品与菜单

黄惠明一直在思考，结合自己对食材的认知和对湘菜的理解，用自己研发的酱料做出创意菜品。经过一年多的整理，终于完成了二十多道创意菜。

- **黄瓜烧鳝鱼**

创意：黄瓜如碧玉，紫苏散幽香，鳝鱼滑如丝，共谱诗中味。

原料：鳝鱼600克，黄瓜500克，紫苏50克，蒜50克，老姜片20克，葱段20克。

调料：鲜剁椒30克，菜籽油100克，蚝油8克，味精2克，生抽8克，鸡精2克，胡椒粉2克，陈醋15克。

制作过程：将鳝鱼开背，去头去骨去内脏，切段备用。锅烧热，下菜籽油，油温加热至180℃，放入鳝鱼段煸香，放姜蒜。锅边喷陈醋翻炒，加黄瓜剁椒煸炒，喷水调味放紫苏翻炒均匀，出锅装盘。

操作要领：鳝鱼不要洗，带血炒制滋味妙。

菜品特点：鲜香嫩滑，清脆芳香。

- **砂锅姜辣鸡**

创意：姜辣鲜香的味蕾舞动。

原料：三黄鸡500克，生姜50克，洋葱50克，蒜50克，大葱30克。

调料：5号姜辣酱40克，蚝油10克，老抽10克，生抽10克，十三香3克，胡椒粉2克。

制作过程：将鸡改成2厘米×4厘米的条状，加调料腌制30分钟。将姜蒜、洋葱、大葱爆香，放入砂锅垫底。将腌制好的鸡块整齐摆入砂锅，倒入啤酒大火烧开，改小火慢煨至汤汁浓稠，撒入葱花即可。

操作要领：汤汁不能熬得太干。

菜品特点：酱香浓郁，鸡肉鲜嫩。

- **爽口莴笋条**

创意：莴笋条儿脆又鲜，口感清新爽口间，一口咬下春意满，舌尖上的诗和远方。

原料：莴笋500克，1号酱15克，拍蒜10克。

调料：盐3克，油30克，味精2克，白醋10克，鸡精2克。

制作过程：莴笋去皮改刀成1厘米×5厘米的长条，洗净待用。莴笋条加盐、白醋，腌制3分钟，沥干水分。锅上火，下油、蒜、1号酱煸香，下入莴笋条炒至断生，调味出锅装盘。

锅操作要领：九成熟即出锅，不宜炒过火脱水。

菜品特点：开胃脆爽会唱歌。

- **金汤私房鸭**

创意：味蕾狂欢如痴如醉，每一口都是对美食的热烈拥抱，是对味蕾的极致挑逗。

原料：风吹鸭350克，青菜头250克，芹菜5克，红椒5克，老姜10克。

调料：菜籽油30克，味精3克，鸡精3克，胡椒2克。

制作过程：风吹鸭整只煮熟，改成长条形，芹菜切段，红椒切丝。锅上火下菜籽油，姜片煸香，下风吹鸭爆香，加水上高压锅，上气5分钟。菜头过水捞出打底，倒出风吹鸭，调味收汁，汤宽，出锅撒芹菜段红椒丝。

操作要领：风吹鸭煮熟后，在锅中多泡煮退盐。

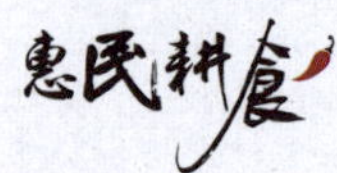

菜品特点：金汤浓醇，私房鸭香。

- **开胃莲藕坨粉**

创意：每一口都能感受到莲藕的清香与坨粉的柔情，仿佛在味蕾上演绎了一场美味的舞蹈。

原料：莲藕砣粉280克，酸萝卜丁20克，老坛酸辣椒10克，青豌豆20克，姜米5克，蒜米5克。

调料：蚝油8克，油30克，老抽5克，味精2克，鸡精2克，

制作过程：将莲藕砣粉切成1厘米见方的丁，老坛酸辣椒切成圈。锅上火下油，将姜、蒜米、老坛酸辣椒煸香，下青豌豆、酸萝卜丁、莲藕砣粉，烹肉汤，下调料同焖入味，收汁出锅。

操作要领：轻轻熘炒，少烹汤。

菜品特点：酸辣开胃，细腻口感，香甜软糯。

- **湘南板鸭打边炉**

创意：美食祝师傅板鸭，带有浓郁的阳光和湘南麻鸭的味道，暖胃暖心。

原料：板鸭500克，姜片20克，时蔬1盆。

调料：味精2克，鸡精2克，油30克，纯净水1000克，胡椒粉10克。

制作过程：板鸭整只煮熟，改刀成长条。锅上火下油姜片爆香，放入鸭子煸炒出香味，加入水和煮鸭原汤，调味，出锅带火上桌，边涮时蔬边食用。

操作要领：选用稻田谷鸭晒制的鸭，鲜香味足，浸煮鸭的原汤要保留。

菜品特点：肉质紧实，风味独特。

- **酸藠头炒蕨菜**

创意：有灵魂的剁辣椒与山藠头的完美结合，让山蕨菜绽放独特魅力。

原料：酸藠头150克，蕨菜300克，油渣50克，蒜米10克，葱头50克。

调料：鲜剁椒30克，猪油80克，豆豉5克，生抽8克。

制作过程：藠头拍散，切片状，蕨菜切4厘米长焯水，捞出沥干水分备用。锅上火烧热滑油，放剁椒煸炒，入蒜米、豆豉炒香，下蕨菜、藠头炒熟出锅。

- **陈醋炒鸭蛋**

创意：陈醋的香醇微酸与鸭蛋的细腻柔滑相互交融，形成了一种独特的口感体验。

原料：鸭蛋6个，蒜米10克，葱花50克，鲜剁椒30克。

调料：猪油100克，盐1克，陈醋15克，生抽5克。

制作过程：鸭蛋打入碗中搅碎，放入盐，加湿淀粉拌匀。炒锅上火烧热滑油，倒入鸭蛋炒熟，出锅备用，锅中再次放油，加入剁辣椒煸炒，入蒜米炒香，加入炒熟的鸭蛋，放生抽调味翻炒，锅边喷入陈醋，入葱花炒出香味，出锅装盆。

操作要领：陈醋的微酸能够提鲜增香，使得鸭蛋更加美味可口。

菜品特点：口感细腻、香醇、鲜美。

• 嘉禾炒血鸭

创意：历史传承百年久，非遗美食永流芳。

原料：仔鸭600克，鸭血80克，红椒10克，蒜丁10克，姜丁1000克，青豆10克。

调料：盐2克，茶油100克，老抽10克，料酒20克，蚝油8克，生抽6克，味精2克，豆瓣酱15克。

制作过程：仔鸭宰杀，去内脏、头尾、主骨，改刀成2厘米见方的丁备用。炒锅烧热滑油，下菜籽油煸炒鸭子，放盐，待鸭子炒出油，加入姜丁、蒜丁煸出香味，锅边喷料酒，下豆瓣酱、蚝油、老抽上色。翻炒均匀加水，煨3分钟至汤汁收浓，加青豆、鸭血调味，炒至青豆熟透出锅装盘，红椒丁盖面。

操作要领：上鸭血时，锅里油不宜多。

菜品特点：鸭肉鲜美，酱香浓郁。

• 鲍汁黄菌

创意：黄菌又名灵芝菇，色泽金黄，质感丰厚嫩滑，用鲍汁来烧黄菌菇，香浓鲜美回味长。

原料：黄菌300克，姜米5克，蒜米5克，葱花5克。

调料：鲍汁200克，鸡汤30克。

制作过程：黄菌焯水，捞出沥干水分备用。炒锅烧热，下冷油，倒入黄菌煸炒，放姜米、蒜米炒香，加鸡汤、鲍汁调味，小火收浓汁水亮芡时，撒葱花出锅装盘。

操作要领：鲍汤汁不要收得太干。

菜品特点：口齿留香，黄菌脆爽。

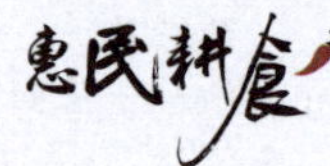

发丝双脆

创意：这是一道粗料精做的创新菜，月牙骨切成细细丝，与羊耳菌配伍，脆爽可口。

原料：发丝响骨180克，上海青酸菜150克，羊耳菌20克，蒜米6克，葱段10克。

调料：小炒剁椒15克，生抽6克，味精2克，老抽5克，油30克。

制作方法：上海青酸菜去叶切丝，泡发羊耳菌切丝，小葱切段，蒜剁成米备用。羊耳菌焯水沥干备用。炒锅上火滑油，将发丝响骨煸香，出锅备用。锅中留底油，下入小炒剁椒、蒜米煸出香味，入上海青酸菜，快速翻炒出香味，再放入煸好的发丝响骨，调味上色，下葱段翻炒出锅装盘。

操作要领：上海青稍微挤出水分，发丝响骨快速煸炒出锅。

菜品特点：酸脆开胃，口齿留香。

腊肉炒蕨菜

创意：腊肉是湖南特色食材，与蕨菜搭配腊香、鲜脆融合，成菜具有浓郁的地方味。

主料：腊肉80克，蕨菜300克。

配料：蒜米10克，小炒剁椒15克。

调料：味精2克，生抽6克，老抽5克，油20克，陈醋5克。

制作方法：腊肉切丁，倒入温水中煮至肥肉半透明，捞出。蕨菜焯水沥干。炒锅上火滑油，将腊肉煸炒出油，下蒜米、小炒剁椒，炒出香味，下蕨菜翻炒，下调料上色，大火煸干蕨菜水分，锅边喷陈醋，翻炒均匀，出锅装盘。

操作要领：锅滑油后不必再加冷油，用腊肉煸出的油即可，蕨菜水分要煸干。

菜品特点：腊香、鲜、脆爽。

腊肉焖豆泡

创意：豆泡是一种条形状油炸豆制品，比油豆腐空心，用腊肉炖制风味独特。

主料：木房子腊肉100克，姨妹子豆泡150克。

配料：姜片10克，干辣椒1.5克，红辣椒10克，葱段10克。

调料：老湘味道菜籽油30克，高汤300克，西湖味精2克，胡椒粉1克，食盐3克。

制作方法：腊肉改刀切片，放温水中煮至肥肉透明，捞出，鲜红椒切滚刀，小葱切段。炒锅上火下菜籽油烧热，倒入腊肉煸炒出香味，放入姜片翻炒，加豆泡煸炒出香味，加入高汤调味，汤开后转入高压锅，上汽后加热10分钟，装砂锅，小红椒，葱段盖面。

操作要领：豆泡要煨透。

• 青椒炒豆泡

主料：姨妹子豆泡125克，五花肉100克。

配料：青椒80克，红椒10克，蒜片10克。

调料：色拉油30克，西湖味精2克，老抽8克，食盐1克。

制作方法：豆泡解冻，改刀成4块长条形，五花肉切片，青红椒切滚刀。炒锅上火滑油，下五花肉煸香后出锅备用，留油下辣椒煸炒，调味，放煸炒好的五花肉和豆泡，翻炒均匀，出锅装盘即可。

操作要领：豆泡吸油盐，盐味适量。

• 酸菜鸡

主料：三黄鸡1250克。

配料：老坛酸菜150克，姜10克，红椒10克，葱段10克，惠和今厨小炒剁椒80克。

调料：土菜籽油100克，食盐3克，胡椒粉1克，味精2克。

制作方法：三黄鸡宰杀去内脏，剔主骨，斩成2厘米×4厘米条块状，酸菜切片泡水至盐味合适，捞出挤干水分，生姜切片，红椒切斜刀片，小葱切段。三黄鸡倒入80℃温水锅中，慢煮到鸡肉变成白色，倒出沥干水分。炒锅上火滑油，下菜籽油，倒入姜片爆香，下小炒剁椒、三黄鸡煸香，再加入酸菜煸炒，稍后倒入鸡汤煨制3分钟，加调料出锅装盘，撒红椒葱段。

操作要领：三黄鸡不要煮老。

菜品特点：酸辣开胃，嫩滑爽口。

• 酸菜肥肠鱼

主料：山塘草鱼1条1000克，肥肠500克。

配料：老坛酸菜150克，酸红椒100克，大红椒片15克，葱段10克，姜片10克。

调料：生抽8克，惠和今厨肥肠酱20克，味精2克，胡椒粉1克，老抽8克，蚝油10克，色拉油50克。

制作方法：鱼剖肚去内脏，去鳞洗净，沥干水，沿主骨切一字花刀，用葱、姜、料酒腌制，肥肠洗净加姜葱上高压锅，上汽后加热6分钟，倒出切成段，大红椒切菱形片，姜切片，小葱切段。炒锅上火下油，待油温至180℃左右，放草鱼炸至定型，改小火慢炸至表皮金黄色，捞出装盘，锅中留底油，放高汤烧开，加入肥肠酱等调料调味勾芡，淋至鱼身上，炒锅洗净，下油，倒入肥肠煸炒至出油，下姜片、酸红椒、酸菜煸炒，上色调味，出锅盖在鱼上，撒葱段。

操作要领：鱼不能炸老。

菜品特点：酱香味浓。

• 鸭血酱猪蹄

主料：猪前蹄1000克，鸭血100克。

配料：青豆100克，姜60克，洋葱100克，大葱100克，红椒20克，惠和今厨开味剁椒100克，小葱50克。

调料：惠和今厨6号猪手酱100克，冰糖50克，料酒100克，陈皮5克，湿淀粉50克，神农茶油100克，味精2克，胡椒粉1克，

制作方法：猪蹄烧至焦黄，泡入水中，刮洗干净，片开斩成块，加小葱结，过水，漂洗血污，捞出沥干，红椒、大葱切丁，同青豆大小。锅上火下茶油，猪蹄入锅炸香，放高压锅，放入6号酱、陈皮、料酒、冰糖、姜片、洋葱，加水没过猪蹄，高压锅上气22分钟左右，自然冷却将猪蹄挑拣出来，汤汁用漏勺过掉渣。锅烧热滑油，放大葱煸香，加红椒，青豆，剁椒炒香，放猪蹄，200克汤汁，大火收汁，取鸭血加芡粉搅匀，淋入锅中，待鸭血附在猪蹄上撒胡椒粉出锅装盘。

操作要领：鸭血加点醋，不易凝结。

菜品特点：猪蹄软糯，蘸上鸭血，风味独特。

• 藠头炒太极图

主料：鳝鱼（小指粗细）300克，藠头100克。

配料：惠和今厨小炒剁椒50克，姜30克，蒜30克，小葱30克，紫苏叶50克。

调料：菜籽油750克（实耗70克），老抽5克，生抽20克，味精1克，食盐3克，香油20克，干椒粉20克，山西陈醋10克，胡椒粉1克。

制作方法：鳝鱼用开水烫完洗净黏液，加葱、姜、料酒、盐腌制10分钟，姜、

蒜、紫苏切沫，藠头切碎。锅上火下菜籽油加热至160℃，放入腌制好的鳝鱼，炸到盘起成太极图状捞出。再次将油温加热，待升到180℃时，放入定型的鳝鱼，炸至外酥里嫩，捞出控油。炒锅留底油，放入配料炒香，放鳝鱼、酱油、紫苏，锅边烹陈醋，翻炒均匀入味，撒胡椒粉出锅装盘。

操作要领：控制油温，鳝鱼快速成型，锅边稍出青烟，手掌隔油10厘米能感到发热。

菜品特点：鳝鱼鲜香，形似太极，妙趣横生。

藠头炒太极图

• 酸菜捞排骨

主料：仔排骨800克，上海青酸菜300克。

配料：姜30克，蒜30克。

调料：干辣椒粉20克，豆豉10克，龙牌小炒酱油20克，食盐5克，味精3克，胡椒粉2克，猪油20克。

酸菜捞排骨

制作方法：排骨斩成4厘米长的段，酸菜切1厘米长，叶子切碎，姜、蒜切米。炒锅烧油放排骨、姜爆香，烹料酒、酱油炒上色，入肉汤烧至脱骨，再放盐调味，收汁出锅。炒锅烧油，放入蒜、干辣椒粉、豆豉炒香，放入酸菜和调料炒匀入味，出锅盖在排骨上。

操作要领：爆排骨时加少许盐，能更好地入味，激发排骨的香味，色泽更显金黄。

菜品特点：一菜双味，排骨鲜嫩，酸菜酸爽。

• 胡椒笋炖鸡（又名鸡包笋）

主料：三黄鸡1250克，老湘味道精品圣汤笋248克。

调料：胡椒粉15克，食盐7克，啤酒200克，猪油20克。

制作方法：三黄鸡掏膛去内脏，清洗干净，在80℃温水中过水，捞出沥干，用食盐内外搓揉，胡椒粉放8克在鸡肚内，腌制20分钟。炒锅烧油，将圣汤笋入锅煸炒，食盐调味，撒胡椒粉出锅，装入鸡肚内。取大炖盅，放入鸡，加入啤酒，纯净水500克，用高压锅隔水炖30~50分钟。

操作要领：封膜蒸炖。

菜品特点：色泽黄亮，肉鲜汤美。

韭花鱿鱼丝

主料：鱿鱼丝150克，肉丝100克。

配料：韭花30克，红椒10克，惠和今厨小炒剁椒15克，姜米8克，蒜米12克。

调料：猪油40克，味精2克，生抽5克，蚝油3克，老抽2克，胡椒粉1克，香油5克。

制作方法：五花肉切丝，韭花切3厘米长，红椒切丝，小炒剁椒剁碎，姜、蒜剁米备用。炒锅上火滑油下五花肉煸香，依次下姜米、蒜米、小炒剁椒，炒出香味，入鱿鱼丝煸炒，下韭花翻炒5秒，调味出锅装盘。

操作要领：鱿鱼丝下锅后只需煸出香味，不能煸干。

菜品特点：鲜香味浓，香辣开胃。

酸菜猪肚丝

主料：熟猪肚丝150克，上海青酸菜200克。

配料：芹菜20克，惠和今厨农夫剁椒10克，红椒5克，姜米8克，蒜米12克。

调料：菜籽油40克，味精2克，蚝油3克，生抽5克，老抽2克，香油5克。

制作方法：上海青酸菜取梗部切成丝，加盐浸泡至酸味适中，挤干水分备用，芹菜切丝，农夫剁椒剁碎，红椒切丝，姜、蒜切米备用。炒锅上火滑油，先将姜米、蒜米、剁椒煸香，再下入猪肚丝炒出香味，下入上海青酸菜同芹菜丝、红椒丝炒出锅气，调味烹香油，出锅装盘。

操作要领：酸菜不宜浸泡过久。

菜品特点：酸辣爽口，酱香味浓。

酸菜鱼

主料：草鱼1500克。

配料：老汤酸菜酱150克，姜15克，蒜10克，小葱15克，豆芽100克，高汤1000

克，青红椒各15克。

调料：食盐2克，味精5克，胡椒粉2克，菜籽油50克，蒸鱼油5克，料酒10克，白醋10克。

制作过程：草鱼破肚去内脏、鱼鳃，清洗干净，切人字花刀，姜蒜切米，青红椒切圈，小葱切段备用。炒锅上火烧开，放白醋、料酒、小葱，改中小火放草鱼浸煮3～5分钟，捞出沥干水分，装入豆芽打底的砂锅，炒锅烧菜籽油，下姜蒜米煸香，下老汤酸菜酱、高汤，烧开后调味，淋入砂锅内，上桌盖盖，焖5分钟，开盖撒葱花。

操作要领：鱼浸煮时间不宜过久，会导致肉质过老易碎。

菜品特点：鱼肉鲜香嫩滑，汤味酸爽开胃。

• 爽口百叶

主料：牛百叶200克。

配料：韭菜30克，惠和今厨1号鱼头酱20克，红椒5克，姜8克，蒜12克。

调料：猪油30克，味精2克，生抽5克，蚝油2克，山胡椒油8克，老抽1克，淀粉3克。

制作过程：牛百叶切丝，备用；韭菜洗净切3厘米段，红椒切丝，姜蒜剁米备用。炒锅上火滑油，先将姜蒜米、1号鱼头酱煸香，再加100克水烧开后调味，然后再将牛百叶丝同韭菜下锅烫煮3秒，出锅装盘，淋山胡椒油。

操作要领：牛百叶不要烫太久，速度要快。

菜品特点：清新爽口。

• 鱿鱼笋丝

主料：鱿鱼丝50克，圣汤鲜干笋（初加工成丝）248克。

配料：韭菜30克，惠和今厨小炒剁椒10克，红椒5克，姜8克，蒜12克。

调料：猪油50克，食盐2克，味精2克，鸡精1克，生抽3克，老抽1克，香油3克，胡椒粉1克。

制作过程：笋丝开袋，备用；韭菜切3厘米段，红椒切丝，姜蒜切米备用。炒锅烧热放油，放笋丝煸炒，加入盐、味精、鸡精、胡椒粉调味待用，出锅装盘。锅中放油，将姜蒜米、剁椒煸香，倒入鱿鱼丝爆香，放韭菜、红椒丝、笋丝翻炒，调味，淋香油，出锅装盘即可。

操作要领：鱿鱼丝易脱水，煸炒时间不宜过长。

菜品特点：山珍与海味融合一体，口感脆爽鲜香。

• 葱香肚丝

主料：猪肚丝350克。

配料：莴笋丝150克，小葱20克，蒜20克，辣椒面3克。

调料：猪油30克，味精2克，生抽5克，蒸鱼豉油5克，香油2克，胡椒盐1克。

制作方法：猪肚丝入80℃的温水中焯水2秒，捞出沥干备用。莴笋丝焯水至透明状，捞出沥干装盘垫底。蒜剁米，小葱切花备用。沥干水的猪肚丝盖在莴笋上。油入锅烧热，其他调味料倒入一个碗中，搅拌均匀淋在肚丝上。将剁好的蒜米、葱花、干椒粉盖面，淋上烧热的油。

菜品特点：开胃生津，香辣爽口，葱香味浓。

• 葱香猪肝

主料：猪肝350克。

配料：莴笋丝150克，小葱20克，蒜20克，干辣椒丝5克。

调料：猪油30克，山胡椒油5克，香油5克，胡椒粉1克。

制作方法：莴笋去皮洗净，切成5厘米长、0.1厘米粗的丝，焯水至透明状，捞出沥干，装盘垫底，蒜剁成末，小葱切花备用。猪肝切片腌制，入淡盐水中浸至九成熟捞出，摆在莴笋丝上，依次盖上蒜米、葱花，淋上捞汁，撒胡椒粉、干椒丝、香油、山胡椒油，猪油烧热淋上。

菜品特点：鲜香嫩滑。

• 潇湘红煨鱼头

主料：雄鱼头1250克。

配料：惠和今厨红煨鱼头酱50克，姜15克，蒜25克，紫苏30克，青椒35克。

调料：菜籽油80克，味精3克，蚝油5克，老抽5克，山西陈醋8克，啤酒200克，胡椒粉2克。

制作方法：雄鱼去鳞、开背、去鳃，取沿背部二指宽，腹中部位置腰斩部位，洗净备用，姜蒜剁米，紫苏切碎，青椒切1厘米大小丁备用。炒锅上火将菜籽油烧热，鱼头下锅煎至两面金黄，下姜蒜米爆香，锅边淋陈醋，加入鱼头酱和啤酒，放纯净水没过鱼头，老抽调色，水烧开调味，小火慢煨至汤汁浓郁出锅。青椒炒熟盖在鱼头上，撒入紫苏点缀。

操作要领：陈醋要从锅边淋入，去腥增香。

菜品特点：鱼头鲜嫩，汤汁浓郁鲜香，泡饭一绝。

• 砂锅红煨雄鱼头

主料：雄鱼头1250克。

配料：惠和今厨潇湘红煨鱼头酱50克，惠和今厨口味海鲜酱20克，姜20克，蒜20克，葱20克，紫苏30克，红椒15克。

调料：菜籽油50克，蚝油5克，老抽5克，山西陈醋5克，味精3克，食盐2克，啤酒200克，淀粉5克，胡椒粉2克。

制作方法：鱼头洗净改刀，用葱、姜、啤酒、盐、淀粉腌制10分钟，紫苏切碎，红椒切米。炒锅上火烧油加姜、蒜爆香，加入鱼头酱、海鲜酱，陈醋沿锅边淋入，再倒入啤酒、纯净水，大火烧开调味，汤汁收浓。鱼头放入砂锅，紫苏垫底，浇上收浓的汤汁，上火焗5分钟后上菜。

操作要领：鱼头焗熟后及时上桌食用。

菜品特点：鲜香嫩滑。

• 带汁小炒辽参

主料：新鲜辽参500克。

配料：七分瘦三分肥的土猪肉150克，青椒150克，姜蓉20克，大蒜50克，辣椒粉10克。

调料：生抽10克，盐2克，茶油50克。

带汁小炒辽参

制作方法：土猪肉切成薄片，肥瘦分开，青椒去籽切丝，辽参提前泡发处理干净，切片，低温盐水泡过备用。准备好姜蓉、大蒜等调味料。锅烧热后，先下肥肉片煸炒出猪油，至肉片微焦金黄，加入蒜蓉炒香，随后放入瘦肉片翻炒至变色，倒入适量生抽调味，继续翻炒至肉片均匀上色。加入青椒丝和辽参，大火翻炒，使食材充分融合。撒入适量辣椒粉，增香提味，根据个人口味调整辣度。最后加入少许盐和味精调味，翻炒均匀后即可出锅装盘。

菜品特点：辽参入味软弹，酱汁浓郁。

第六十一章
传承好味道，上阵父子兵

“湘菜，辣得你跳脚，酸得你打颤，香得你口水直流，醇得你回味无穷。”而在湘菜的历史长河中，有一位传奇人物，他就是黄惠明。18年前，黄惠明开始带着他15岁的儿子黄亚杰，踏上了传播湘菜的旅程。黄惠明深知，要传承湘菜文化，必须有真正精通烹调技艺的接班人。于是，他亲自教授儿子烹调技艺，希望他能继承自己的衣钵，将湘菜发扬光大。黄亚杰学徒时在安仁得月楼酒工作3年，后来到长沙五一路玉楼东酒楼跟着李长安师傅实习，再到长沙鼎福楼上班。掌握了湘菜的烹调基础技艺的黄亚杰又经过4年的锻炼，前行深圳跟陈灿师叔做湘菜厨师，在青海锻炼一年后，他在长沙老湘食任厨师、厨师长。他在实践中不断磨炼，提高自己的技艺和领悟能力。

黄亚杰荣获全国比赛金奖

经过18年的努力和坚持，黄亚杰多次荣获全国金奖，省市竞赛金、银奖，现已经是湖南省餐饮行业协会副秘书长，湘菜产业供应链委员会副主席，也成了新一代的湘菜名师、大师。他不仅继承了父亲的烹调技艺，又拜邓和平大师为师，学习中西合璧烹饪技艺，更在传承的基础上不断创新，为湘菜注入了新的活力和魅力。如今，黄亚杰以传承创新惠民湘菜为己任，在惠和园惠民湘菜研究所内，已经开设了自己的实验餐厅，将研发的惠味全米宴、养生苦瓜宴、生态莴笋宴、井冈山鳗鱼宴、有机竹笋宴、湖鲜宴等系列新湘菜招待四方嘉宾，并传播到了更广阔的全国市场。

在黄亚杰的实验餐厅里，食客们可以品尝到正宗的湘菜风味，同时也能感受到他对湘菜的热爱和执着。黄亚杰坚信，只有真正热爱湘菜的人，才能将它发扬光大。而他，正是这样一个执着于湘菜文化传承的人。

这不仅仅是父子俩的传承故事，更是一个关于梦想、坚持和创新的感人故事。在一代代湘菜人的努力下，湘菜文化得以传承和发展，成了一个具有世界影响力的菜系。他们的故事将激励着更多的人去追寻自己的梦想，不断努力和拼搏。

黄亚杰实操教学

黄惠明与黄亚杰合影

2022年6月，惠师门创始人黄惠明主编“一墨相承——惠民耕食”惠师门名录通谱。

惠师门名录序

师门传承是中国传统美德，亦是中华民族饮食文化的璀璨明珠，更是一方饮食文明的载体。惠师门盛世修志，和谐共生，携手修录，循礼施教；弘工匠之精神，扬健康之养生，对推动中华饮食行业的进步与和谐共处，无疑是一件大好事。而今，惠师门弟子辉煌灿烂，人才辈出，遍布全国各地，全国技术能手、中华金厨奖、中国青年烹饪艺术家、国家高级烹调技师、国家烹调技师、高级烹调师、中级烹调师、国家职业技能高级考评员、中国餐饮文化大师、资深级注册中国烹饪大师、中国烹饪大师、多菜系及地方烹饪大师（名师）、餐饮文化大师等100余位之多，闻名全国餐饮行业。

现在这些人在全国各地创业或掌厨，有的成为地方商协会领导人，是新时代餐饮产业的弄潮儿。

惠师门名录编修，为了清晰辨别和寻找师门成员，按照区域划分来编辑序号，做到信息准确，辈分分明，长幼有序，倡导称呼与时俱进，可按年龄来称兄道弟，亲密有加，秉德循礼，源远流长。互帮互助，这正是惠师门用亲情构成全国弟子和谐相处的美德。在行业发展的进程中，惠师门数代更佚，今厘定辈分，廓清师徒，传师门之历史，明后人之记忆，将“德行天下，无我笃实”的师门理念，为裨益后辈的教本，亦诚望尊先辈之志，奋发图强，为国家的昌盛，为国民的健康，为师门薪火相传之欣欣向荣，为社会的发展与进步作出更大的贡献。

是为序。

“一墨相承——惠民耕食”惠师门创始人黄惠明谨撰

惠师门师道溯源。黄惠明的师爷舒桂卿为当代名老厨师，1904年出生于长沙县，特一级烹调师，13岁起师从长沙抛粥楼酒家厨师胡辉元，1929年起服务于奇珍阁等酒楼。自1935年起游历南北都会，在南京、贵阳、北京等地餐馆主厨。1951年回长沙，先后任长沙饭店、德园餐厅、实验餐厅主厨。湘菜烹饪技术造诣深厚，并掌握川、粤及江浙风味菜点制作，炉子、烧烤、拼盘、刀工、雕花、素菜、点心等无不精通。尤擅长筵席，如大型席面四水果、四冷、四热、八大菜、二点心、四随菜的设计、制作、拼装、摆盘等，丰富多样，精巧雅致。舒桂卿的一大特长是娴熟运用各种花刀，将荤、素原料剞出橄榄、金钱、菊花、荔枝等造型，且能将完整的鸡、鸭、鱼去尽骨、杂而不伤其皮，灌水不漏，将之烹制成独创的“八宝怀胎糯米鸡”“去全骨糖醋脆皮鱼”；能将水豆腐和蒸熟的鸡血切成一寸长、一分宽的丝，不断不碎，用以配制酸辣鲜美的“文丝汤”。素菜荤如用玉兰片仿制鱼翅、冻粉仿制燕窝、莲藕面筋仿制排骨、豆油皮仿制烤素鸭等，均可乱真；叶夹、鲫鱼饺、秋叶饺等，形象逼真。舒桂卿能娴熟运用煨、炖、蒸、腊、炒，将原料合理搭配。其煨菜最有特色，如红煨鱼翅、红煨裙爪、红煨白鳝，火候好，汤汁浓淡适中，软糯可口，色泽油亮。鸡蓉菜肴更堪称一绝，鸡杀后不经水烫脱毛即取出鸡脯剁成细蓉，所制菜品嫩白鲜美，如鸡蓉海参、鸡蓉鱼肚等。还以各式点心享名，如鹅掌酥、如意酥、罗汉酥、马蹄酥、灯草卷，小巧玲珑，味美可口；以海鲜为馅心的各种发面点心，形态美观，松软鲜嫩，风味独特。舒桂卿为人谦和，其徒弟中有不少成为烹饪界翘楚。1984年去世，享年80岁。

黄惠明的师父王墨泉，1944年出生于平江县，当代元老级中国烹饪大师、全国技术能手、全国技能之星、中国烹饪大师金爵奖获得者。湖南省最佳厨师、湖南省技术能手、湖南省优秀职业教师、高级烹饪技师、湘菜泰斗、湘菜非物质文化遗产传承人。曾任中国烹饪协会理事，湖南省餐饮行业协会副会长，长沙市烹饪协会副理事长，湖南省烹饪专家委员会主任。1979年首次被评为一级厨师，1980年参加全省高级职称考核破格升为特一级厨师，1983年参加全国第一届烹饪名师表演，荣获优胜表演奖。1984年参加全省烹饪大赛，荣获全省最佳厨师，被长沙市人民政府记大功一次，湖南日报1984年二次头版头条专题报道了其先进事迹，为部队厂矿、大专院校、铁路各行培养了上万名厨师。1989年在中国驻瑞典大使馆任主厨，被誉为湘菜大使，为中国的老一辈中央领导人和现在中央领导人做菜，受到了好评。被省科技大学聘为顾问教授。因为技术上的拔尖、思想品德高尚，先后作为优秀技术工人代表、省青联委员市青联副主席，被评为长沙市党代会代表，湖南省第六届省人大代表。1996年被长沙市委、市政府评为“有突出贡献的专家”。1997年被省政府授予“湘菜大师”的称号。1997年11月被国内贸易部授予“全国技能之星”称号。1998年被授予“全国技能能手”光荣称号。多次被评为“优秀共产党员”。现为国家级评委，入选“英国剑桥国际名人录”“当代中国名人录”及“湖南省名人录”等。被省评为优秀教育工作者，为烹饪业做出了很大贡献。

王墨泉与黄惠明

惠师门文化价值核心：只问耕耘，传承创新。惠师门使命：用爱耕耘美食。惠师门经营之道：亮德重道，师门之魂；授艺传品，师门之本；惠民耕食，师门之要；代代相传，师门之旺。耕耘传家诗，耕食创业走异乡，任从到处立纲常，年深外境亦吾境，日久他乡即故乡。朝夕莫忘亲命语，年节须荐祖宗香；但愿上天多护佑，中华儿女总炽昌。师训：仁爱，亲民，耕耘，良心。师门鸿志（字辈）诗：惠民耕食，健康为本；见心醒觉，绿色养生；中华餐饮，世界燎原。

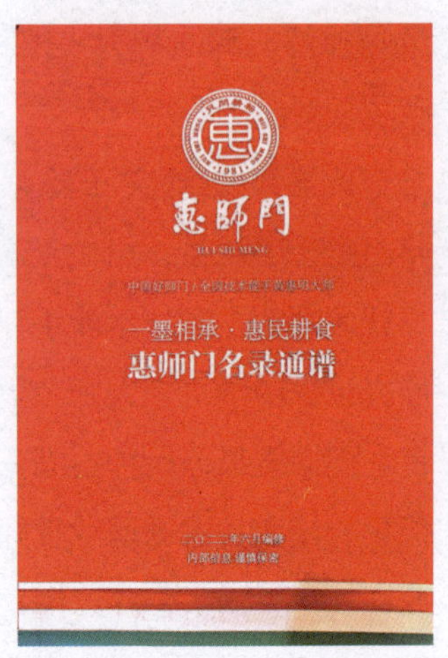

一墨相承—惠师门名录通谱

惠师门传人张佳，湖南湘西人，长沙市新乌龙山寨餐饮文化有限公司董事长。从小在极富艺术氛围的湘西成长，热衷湘西饮食文化，于2001年将湘西通过餐饮这样一种形式“搬”到长沙，有浓郁湘西风情的乌龙山寨酒楼面世，落户长沙，后成立长沙市新乌龙山寨餐饮文化有限公司，至今一直专注餐饮连锁经营与管理，带动湘西民俗饮食文化的传播。张佳身兼湘西饮食文化传播大使和湘菜文化推广大使双重身份，20年来始终坚持做好这一件事，带领乌龙山寨为湖南民族文化餐饮的兴盛奉献力量。始终致力弘扬湘西民俗饮食文化，将湘西大山的天然山珍和民族特色浓郁的“湘西长龙宴”和“吉祥牛头宴”引进星城，成为省内外餐饮同行交流的必备接待礼遇，屡获赞誉，为湖南民族餐饮推广做出突出贡献。2017年，乌龙山寨自创文创产品“星城长龙宴”面世，进一步推动湘西饮食文化的传播。长龙宴是土家苗族宴席的最高形式与宴请礼仪，已有几千年的历史，在村寨部落每逢传统重要节日或逢喜庆事时，在寨子中心地段，百来张桌子长龙般的摆放一起，端上美酒佳肴，大家齐齐围坐，大碗喝酒大口吃肉，欢歌笑语，共饮同乐。2018年，再度打造民俗文化场景浓郁的长沙岳麓旗舰店，将“湘西牛肉宴”以长龙宴的聚会形式引入都市聚会，自推出以来，深受消费群体喜爱，尤其成为多行业接待外地朋友和外宾的首选形式。湘西独特的文化餐饮特色可成为和消费者产生互动体验的最佳文创产品，将湘西民俗文化用不同的表现形式贯穿整个活动中，环环相扣，还原湘西原生态的好客之道。活动当天，身着民族服饰的山寨阿妹和吹芦笙的阿哥，一大早便在活动场地摆上迎宾拦门酒，用悠扬的芦笙曲和优美的舞姿迎接远方的客人，餐中更有“高山流水最高敬酒礼”、山歌对唱互动、苗家歌舞表演、土家哭嫁歌、打溜子、土家茅古斯舞、集体摆手舞等特色表演。开席不离吃喝，我们以“一碗霉茶敬亲人”的初心开启美食之旅。牛头宴的主角全牛头便是食客最爱，产品取用重达15~20千克的新鲜牛头，经5道工序去腥取净，由拥有24味中草药卤包的汤底炖或熬12个小时，成品色泽黄亮，香味溢出，闻之食欲大起，跃跃欲试；食之肉质软糯，精肉易咀嚼，皮上肉肥而不腻，满腔胶原蛋白之感，唇齿留香，回味无穷。更有“土司王的年味”“土司王泥谷鸭”等文化菜品呈现，一场盛宴如是来。2019年，从湘西大山邀请土家歌王吹土家木叶非遗技艺传承人——彭茂森老师来到企业，担任乌龙山寨民族艺术团团长，驻守传播民族技艺，将大山里的非物质文化艺术带到星城，与朋友们分享湘西美食的同时，共赏神秘大湘西的民族艺术。他闲时唱山歌，疯时打溜子，雅时吹木叶，狂时跳摆手，彭茂森老师曾多次参加香港亚太卫视、广东卫视、湖南都市等多个地区电视台的直播活动，作为特邀艺人登台表演。同时，企业引进专业苗鼓老师传播教学民族技艺，在我们的民族演艺大厅，每天都有民族技艺表演，员工工作之余，还会请老师们开班授课，丰富员工业余生活。

山寨人遵循“做好一桌湖南湘西菜，充分利用湘西优质食材”的饮食文化传播宗旨，继火爆星城消费市场的吉祥牛头宴之后，2022年初夏，在中国烹饪大师、湘菜大师黄惠明先生的指导下，乌龙山寨研发团队又一新作“鲵最珍贵，款待珍贵的您”之礼——湘西大鲵*全宴上市啦。12味精致“鲵”品呈现，带来鲵最珍贵的饕餮盛宴。张家界大鲵人工养殖已经实现产业化，成为湖南十大农业品牌，且拥有国家专利技术40项，开发大鲵加工产品100多种，是当地乡村振兴的重点扶持项目。作为一个地地道道的湘西人，作为一家传承湘西饮食文化的企业，他一直把传承和传播大湘西餐饮文化当成自己的使命，于是萌生出了开发大鲵全宴的想法，希望在为老百姓提供营养

乌龙山寨特色牛头宴与大鲵宴

注 * 为可食用人工养殖品种。

丰富的餐饮之外，也用自己的方式为乡村振兴赋能。2022年，适逢省政府提出的“做优做香一桌湖南饭”的契机，他把三年来针对大鲵研发的菜品进行总结归纳、优化组合，形成宴席。在全宴的组合中加入了湘西莓茶、岩耳、葛根等农户食材元素。张佳说：“乌龙山寨是了解湘西的窗口，是品味湘西文化的憩园。走进山寨，你定会感受到湘西人的彪悍豪爽、淳朴多情和遍地异质文化的气息，土家的后生淳朴，苗家的阿妹多情。这里的饭香，这里的酒醇，这里的人美，这里的情浓，让我们一起走进山寨，品尝原汁原味的特色美食，我们将始终秉承优质的服务、优良的出品、可口的佳肴，接待四海贵宾。”

乌龙山寨美食赋

岳麓山下，湘江河畔，有一处人间烟火地，名曰乌龙山寨。此地，汇聚了二十多年的辛勤耕耘与智慧，创造了属于湖湘文化的餐饮传奇。乌龙山寨，不仅是一处寻味和品尝美食之所，更是一份对中华民族餐饮文化的传承与弘扬。

乌龙山寨秉持着“只做人生最美味”的理念，脚踏实地，砥砺前行，在长沙这片热土上，从默默无闻的小店，打造成为如今的民族餐饮领导品牌。

张佳董事长，巾帼英雄不让须眉。她凭借对湘菜的深厚感情和对餐饮行业的敏锐洞察，带领着一支由湘菜大师组成的团队，不断探索与创新。她首创的湘西牛头宴、大鲵宴、土匪大块腊肉、泥谷鸭等美食，色香味俱佳，融入了浓郁的民族风情。每一道菜仿佛在讲述着一个动人的故事，让顾客在品味美食的同时，也能感受到湘西的风土苗韵和厚重的历史文化。

这些美食不只是味蕾的享受，也是一种隆重的仪式感和场景感的体现。在乌龙山寨，顾客可以融入、沉浸在浓厚的文化氛围中，感受中国餐饮的博大精深。这里的每一道菜都经过精心烹制，每一个细节都透露出对品质的追求和对顾客的尊重。

张佳董事长，这位从湘西大山走出来的少数民族女子，历尽磨难，却从未放弃对梦想的追求。她不断创新，为华夏餐饮行业树立了新的标杆。她的成功不仅是个人的荣耀，还是乌龙山寨全体员工的骄傲和自豪。

如今，乌龙山寨已经成为长沙乃至全国知名民族餐饮品牌，乌龙山寨的故事将会被铭记在中华餐饮的史册上。

食里飘湘：辛勤耕耘成就湘菜连锁传奇

在美食的天堂——广东，一位名叫林杰的创业者，凭借着他对湘菜的热爱与执着，书写了一段辛勤创业的传奇故事。

身材高大威猛的林杰，1989年出生于常德。早在2004年，还不满15岁的他便从常德老家来到佛山，开启了他的厨艺之旅。在湘醉楼的厨房里，他勤奋学习，不断磨炼技艺，对每一道菜品的制作都精益求精。正是这份对厨艺的热爱与投入，为他日后的创业之路奠定了坚实的基础。

经过几年的江湖闯荡，林杰积累了丰富的餐饮经验。2014年，他勇敢地迈出了创业的第一步，开设了一家快餐饭馆。然而，他并未止步于此，心中的梦想驱使他继续前行。

2017年，林杰在广东江门市创立了食里飘湘餐饮店。凭借独特的湘菜口味和出色的服务质量，食里飘湘迅速在江门市赢得了口碑。林杰深知，要想在竞争激烈的餐饮市场中脱颖而出，就必须不断创新和提升品质。于是，他带领团队不断研发新菜品，注重食材的选择与搭配，力求为食客带来最地道的湘菜体验。

在林杰的带领下，食里飘湘逐渐发展成为江门市知名的湘菜品牌。如今，他已在江门等地开设了十余家连锁店，生意兴隆，财源广进。这些成就的取得，离不开林杰将常德人的水文化精神——“上善若水，厚德载物”融入企业管理中，以及他的辛勤耕耘和不懈努力。

林杰的创业故事被传为佳话，他用自己的实际行动诠释了什么是真正的湘菜精神。他不仅将美味的湘菜带到了广东，更将湘菜的魅力与文化传播给了更多的人。作为一名常德人，他将水的柔性与坚韧、德的厚重与包容，完美地融入了自己的创业之路。

黄惠明与林杰韶山合影

展望未来，林杰表示将继续秉承“品质至上，服务第一”的经营理念，将食里飘湘打造成全国知名的湘菜品牌。他相信，只要心中有梦想，手中有技艺，秉承常德人的水文化精神，就一定能够创造出

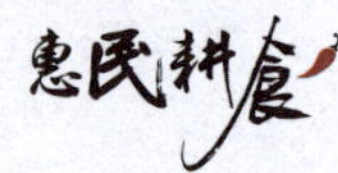

更多的美食传奇。

林杰的创业故事激励着我们每一个人，他敢于拼搏，常德人的水文化精神在他的身上体现得淋漓尽致。他用辛勤的汗水和不懈的努力，书写了一段属于自己的辉煌篇章。让我们期待食里飘湘在未来的发展中，继续传承湘菜文化，为更多的人带去美味与满足。

李伟波：一位传人的坚守与奇迹，惠师门五代传人的鼓舞

在湖南郴州的餐饮行业，流传着一个关于温暖与坚守的动人故事。这个故事的主人公，是一位名叫李伟波的厨师。他的一生，仿佛都在为那一碗黄大妈木桶饭倾注爱与热情，不仅赢得了无数食客的喜爱，更成为惠师门五代传人的榜样与鼓舞。

那些年，年轻的李伟波怀揣着对厨艺的热爱，踏入了厨艺的殿堂。在永兴得月楼的几年里，他磨砺了厨艺，积累了宝贵的经验。后来，他又辗转到北京、惠州，继续在烧腊卤菜领域深造。然而，生活的压力让他不得不重新思考未来的方向。

2010年是李伟波人生的转折点。随着孩子的降生和失业的困境，他站在了人生的十字路口。然而，他并没有被困境打倒，反而选择了带着全家南下惠州，开始了自己的创业之路。他凭借对母亲的深深眷恋，以及对家的情感，创立了黄大妈木桶饭。这个名字不仅仅是一个品牌，更是他对母亲手艺的致敬，对家的深深眷恋。

创业的路途充满了艰辛与挑战。资金紧张、市场竞争激烈、人手不足……每一个困难都如同大山般压在他的肩上。然而，李伟波从未退缩。他亲自挑选食材，坚持用传统工艺制作，确保每一碗饭都能传递出家的味道，温暖每一个食客的心。

经过15年的不懈努力，黄大妈木桶饭从一家小店逐渐发展成为拥有400余家门店的连锁品牌。但无论门店如何扩张，李伟波对品质的坚守从未改变。他始终相信，只有用心做好每一碗饭，才能赢得顾客的信任与支持。

每当夜幕降临，华灯初上，黄大妈木桶饭的门店总是灯火通明，香气四溢。那碗香气扑鼻、口感软糯的木桶饭，不仅是味蕾的享受，更是心灵的慰藉。它让人们感受到了家的温暖与幸福，也让李伟波实现了自己的梦想。

黄大妈木桶饭的背后，是李伟波对家的深深眷恋与承诺。他说：“大妈欢迎您回家吃饭。”这不仅仅是一句简单的邀请语，更是他对每一个顾客的关怀与呵护。他希

望通过黄大妈木桶饭，让更多的人感受到家的温暖与幸福。

黄惠明与李伟波在黄大妈木桶饭总部合影

创始人李伟波是惠师门第三代耕字辈传人，他的故事不仅是一段创业传奇，更是一种惠师门精神的传承。他的坚守与努力，不仅赢得了市场的认可，更成为惠师门五代传人的鼓舞。他们看到了一位普通厨师如何通过自己的努力与坚持，创造出一个属于自己的品牌与奇迹。

如今，黄大妈木桶饭已经成为大湾区家喻户晓的品牌。李伟波董事长也始终坚持着自己的使命和愿景，希望将木桶饭品牌化并发扬光大，帮助更多人实现创业梦想。他用自己的实际行动诠释着“爱在黄大妈，心中有爱，传播爱”的价值观，成为惠师门五代传人的骄傲与榜样。

廖江华：二十余载匠心传承，守护味蕾中的湘味传奇

在中山市上品上厨食品供应链商行的忙碌身影中，廖江华正用心准备着每一份湘菜食材，他的眼神中透露出对食材的珍视与对湘菜文化的深情厚谊。自1998年入行至今，廖江华已在厨界辛勤耕耘二十余载，作为惠师门的得意门生，他以匠心独运，守护着每一道湘菜的鲜美，行走在传承湘菜的道路上，创造着属于他的湘味传奇。

廖江华的厨师生涯始于对烹饪的热爱和对湘菜的执着追求。2001年，他受到师父黄惠明的青睐，到杭州皇冠大酒店担任厨师，开启了他的湘菜之旅。在杭州的日子里，他不断磨炼技艺，还深入研究湘菜的制作工艺和口味特点，逐渐形成了自己独特的烹饪风格。他的酸辣口味鸡、剁椒鱼头、辣椒炒肉等招牌菜，深受食客们的喜爱，成为餐厅的必点菜。

2002年下半年，廖江华再次跟随师父来到杭州。餐厅以湘菜为主打，凭借着廖江华精湛的烹饪技艺和精心挑选的食材，生意兴隆，财源广进。短短几年间，便扩展至近8家分店，廖江华也因此在湘菜界声名大噪。他将自己的全部心血和精力都倾注在

黄惠明与廖江华等人合影

了湘菜的制作上，用匠心守护着每一道菜的鲜美。

2010年，廖江华带着对湘菜的热爱和传承的使命感回到长沙，继续跟随师父黄惠明从事湘菜事业传播和食材配送工作。他深知湘菜文化的博大精深和传承的重要性，因此他不断地学习、研究、创新，力求将湘菜的美味和文化传播到更远的地方。

2013年，廖江华离开长沙，来到广东中山创业。他成立了上品上厨商行并开办了食材加工厂，专注于湘菜食材的生产与配送和湘菜文化的推广。在他的带领下，上品上厨商行逐渐发展壮大，成了中山市湘菜产业配送行业的一股重要力量。

在廖江华看来，湘菜不仅仅是一种美食，更是一种文化、一种精神。他希望通过自己的努力，让更多的人了解和喜爱湘菜，让湘菜文化得到更好的传承和发展。他坚信，只要用心去做，每一道菜都能成为一道艺术品，让人们在品尝美食的同时，也能感受到湘菜文化的独特魅力。

如今，廖江华依然坚守在中山市上品上厨商行的技术服务、食材配送的路上，用心烹饪每一道开味湘菜，甄选每一种食材。他的身影在中山的餐饮店中穿梭，忙碌而坚定。他用自己的行动诠释着对湘菜文化的热爱和执着。在惠师门的传承下，廖江华成为第二代民字辈的佼佼者，用匠心传承着湘菜的魅力与传奇。

周永根：坚守初心，打造地方美食新标杆

在郴州这片美食的沃土上有一位餐饮业的佼佼者，他就是郴州市餐饮商会执行会长周永根，惠师门的传人，郴州永根餐饮公司的创始人。一个普通的农村孩子，却怀揣着对烹饪艺术的热爱和对家乡美食的深厚情感。他深知郴州地方菜的独特魅力，并立志要将这些美食传承下去。于是，在1994年从长沙市中山厨校毕业后，他开始在郴州市的各大酒店历练，积累了丰富的烹饪经验。三十年来，他坚守初心，扎根郴州，

将传统与现代技法相结合，打造出了一系列深受食客喜爱的美食品牌，成为郴州餐饮界的领军人物。

周永根自创立永根餐饮公司以来，便致力于挖掘和传承郴州地方菜文化。他深知地道食材是美食的灵魂，因此，他严格挑选每一种食材，确保每一道菜都能呈现出最纯粹的味道。在他的努力下，永根餐饮公司旗下品牌顶家家、东来顺、农民伯伯等逐渐崭露头角，成为郴州餐饮界的翘楚。

周永根深知人才是企业发展的核心。他注重人才培养和团队建设，积极为青年厨师提供培训和发展机会。在他的努力下，几百位同乡待业青年走上了专业厨师道路，并在行业内取得了不俗的成绩。此外，周永根还积极履行社会责任，为困难职工送温暖，共送出物资或捐款超过20万元。

顶家家餐饮作为永根餐饮公司的主力宴会品牌，以其丰富的菜单和多样化的餐饮特色赢得了广大食客的青睐。嘉禾水煮肉、腊八豆蒸大奎上腊肉、桃园三结义、猛子猪脚等传统肉类菜肴，肉质鲜嫩，口感醇厚；小炒黄牛肉、香芋爱排骨等则融合了现代烹饪技巧，使得传统美食焕发出新的生机。此外，顶家家还推出了北京片皮鸭、铁板鱿鱼等特色小吃，满足了不同顾客的口味需求。

在周永根的带领下，永根餐饮公司不仅在菜品研发上不断创新，更在市场拓展上积极布局。如今，永根餐饮的门店已经遍布郴州各市县，成为当地餐饮市场的佼佼者。他坚信，只有做深做透本地市场，才能在激烈的市场竞争中立于不败之地。

周永根的成功并非偶然，他始终坚守初心，致力于传承和发扬郴州地方菜文化。他深知只有不断创新和进步，才能在餐饮界立于不败之地。未来，他将继续带领永根餐饮公司深耕郴州市场，为广大食客带来更多美味佳肴。

黄惠明、周永根和村厨大赛评委合影

在周永根的引领下，永根餐饮公司已经成为郴州餐饮行业的领导品牌。他的创业历程是一部充满艰辛与辉煌的传奇故事，激励着当地餐饮业的同仁们不断前行。永根餐饮公司在周永根的带领下，注重菜品创新和服务升级，应用数据化管理提高运营效率，并积极履行社会责任，继续书写郴州乃至湖南餐饮业的辉煌篇章，为当地经济的发展做出了重要贡献。

胡志华：永州非遗血鸭制作技艺传承人与九嶷人间餐饮公司的创业传奇

在潇湘永州的大地上，有一位名叫胡志华的传奇人物。他不仅是永州血鸭非物质文化遗产的传承人，更是九嶷人间餐饮公司的缔造者。

胡志华，湘西保靖县人，1996年湖南师范大学毕业后，随爱人来宁远县委招待所工作。别的大学生都是喜欢办公室，他却喜欢钻在环境比较差的单位厨房，通过两年的努力，他从一个餐饮门外汉变成了专业主厨。每当制作出色香味俱全的永州血鸭时，他总会心生感慨，觉得美食应该被更多人了解和品尝。于是毅然投身到餐饮行业的创业热潮中。

胡志华深知，要想将永州血鸭推向更广阔的市场，必须有一个强有力的品牌作为支撑。2015年元月17日，他创立了九嶷人间这一餐饮品牌，专注于永州血鸭及当地特色美食的传承与推广。九嶷人间提供一站式的美食体验，让食客们在这里尽情享受永州的美食文化。

黄惠明与胡志华、李学斌合影

在创业过程中，胡志华始终坚持品质至上的原则。他严格把控食材来源和烹饪工艺，从选鸭、养鸭、宰杀、烹制、装盘呈现深入研究，确保每一道菜品都能呈现出最佳口感。同时，他还不断创新菜品，将传统与现代相结合，推出了多款深受食客喜爱的创新菜品，为了做好永州血鸭与东安鸡，他创办了三个养殖基地。九嶷人间品牌的不断发展壮大，在永州市内开设了七家分店，并将品牌推向全省乃至全国。通过多年的努力，九嶷人间已成为知名的餐饮品牌，赢得了众多食客的喜爱和赞誉。永州电视台、湖南经视、湖南卫视等相继来到九嶷人间采访报道。近年来，九嶷人间团队代表永州市参加各种美食大赛均获得非常不错的成绩。

作为永州非遗血鸭的制作技艺传承人，胡志华肩负着传承和发扬这一美食文化的重任，他通过九嶷人间品牌将永州血鸭推向更广阔的市场，让更多人了解和品尝到这一传统美食。他的努力不仅为永州的美食文化赢得了更多的关注和赞誉，也为当地经济发展注入了新的活力。

在商业上取得巨大成功的同时，胡志华也积极履行社会责任。他秉持“诚信经营、回馈社会”的理念，积极参与各种公益活动，为2015年天津“8.12”爆炸事故捐款15000元；在中国抗日及反法西斯战争七十周年之际，宴请宁远籍老解放军及家属；环卫节宴请环卫工人用餐等。

胡志华，惠师门民字辈传人，凭借独特的创业精神和坚定的品质追求，必定会将永州血鸭及永州美食推向更广阔的市场，他的故事是对美食文化的热爱与执着，是对创业精神的完美诠释，更是对人生理想的勇敢追求。

2023惠师门代表大会暨黄惠明大师收徒仪式

2023年12月，2023一墨相承惠师门全国代表大会在湘西举行，汇聚了来自全国各地的惠师门弟子和友人，共同探讨团队建设、技术交流以及大师传承等议题，为惠师门的未来发展注入了新的活力，进行了惠师门全国代表团队建设发展高峰论坛、湘菜锅友汇湘西木房子腊肉长龙宴研发暨品鉴技术交流会、一墨相承惠师门——黄惠明大师收徒仪式。在团队建设发展论坛上，弟子们围绕如何加强团队凝聚力、提升团队整体实力等议题展开热烈讨论。大家纷纷表示，要以此次大会为契机，进一步加强彼此之间的交流与合作，共同推动惠师门的繁荣发展。通过深入探讨湘菜的烹饪技巧与创新，弟子们不仅增进了技艺，更激发了他们对传统美食的热爱与追求。新入门的弟子表示将继承大师的优良传统，努力发扬惠师门的技艺和精神。

第六十二章
推动中国预制菜产业发展，荣获卓越人物奖

2022年10月，为了推动沅江产业的升级与发展，沅江市领导邀请黄惠明团队研发“洞庭芦菌宴”。作为湘菜大师专家委员会的研发专家，黄惠明带领团队进驻实地，了解洞庭湖的芦苇湿地、芦菌的生长情况和产量，还了解了渔民采摘芦菌的传统技艺及烹饪工艺，研发出罐头式芦菌。这一创新菜品不仅丰富了湘菜的内涵，也为当地经济带来了新的增长点。

芦菌宴研发及相关菜品

随着城乡居民消费结构和住宿餐饮企业经营形式的变化，方便、快捷、健康、安全的预制菜品逐步占据都市餐桌。为引导预制菜业态标准化、健康化发展，同时充分发挥专业技能竞赛在促进人才培养、激发人才创新创造的重要作用。预制菜即烹类菜品，定义指按份分装的食材主料、辅料及必需的调味品，需经过入锅或其他烹饪工具烹制调理和熟制的预制菜。

2022年12月，湘菜传播大使黄惠明亮相福州，参加由思尔福主办的第二届中国

预制菜产业大会，并在中国预制菜研发创新论坛上发表了题为“浅谈湘菜预制菜研究与推广应用”的精彩演说。他深入剖析了湘菜预制菜的市场潜力与发展方向，赢得了业界的广泛赞誉。会上，黄惠明因其杰出的贡献荣获了2022年度卓越人物奖，这一殊荣充分体现了他在推动湘菜预制菜发展方面的卓越成就。同时，他旗下的惠民耕食品牌也传来喜讯，其今厨1号剁椒鱼头酱凭借出色的品质和创新性，荣获了“银奖”产品的称号。这一荣誉不仅是对产品本身的认可，更是对黄惠明及其团队在预制菜领域不懈努力的肯定。此次大会，黄惠明不仅展现了个人魅力，更为湘菜预制菜产业的未来发展注入了新的活力与希望。

中国预制菜研发创新论坛

黄惠明获卓越人物奖

2023年5月中旬，由中国饭店协会主办，由中国饭店协会预制菜专业委员会、中国饭店协会名厨专业委员会、中国饭店协会酒店星厨专业委员会、中国饭店协会青年

中国美食节预制菜畅销菜黄惠明演示和选手颁奖典礼

惠师门团队参加中国预制菜全国大赛

名厨专业委员会承办的第九届全国饭店业职业技能竞赛预制菜专项赛在福州举行，湘菜产业链理事长单位惠民耕食研究所黄亚杰、伍亮、刁志平、齐海军等团队成员再次展现了其强大的实力和创新精神，荣获1金4银奖的优异成绩。这些荣誉的取得，不仅彰显了惠民耕食在预制菜领域的领先地位，也为湘菜产业的发展注入了新的活力。

第六十三章
赴多地传播湘菜技艺

黄惠明大师赴宁夏展开技术交流。

灵武快讯报道：

为提升灵武本地餐饮美食整体档次，我市“走出去、请进来”餐饮培训活动在市商投局举行。培训邀请了湖南湘菜大师黄惠明进行授课，黄老师重点围绕“烹饪火候、调味、刀工、食材选用、餐具使用、摆盘搭配”等方面内容展开讲解，并对湘菜菜系起源、菜系发展，以及做菜的心得和经验做了分享。通过此次培训，不仅为广大餐饮就业者搭建了切磋技艺、交流心得的平台，同时也为今后挖掘灵武名菜系列、汇聚餐饮文化，树立行业品牌，拉动我市餐饮市场繁荣发展，积蓄了人才力量。

湘菜产业链报道：

2022年金秋时节，湘菜界的领军人物黄惠明带领其工作室团队，踏上了一段跨越千里的美食之旅。受宁夏回族自治区灵武市商投局的盛情邀请，他们与当地的餐饮行业协会展开了深度合作与交流。这次远行，不仅是一次技艺的传授，更是一次文化的交融。黄惠明团队精心挑选了湘菜的经典菜品，将湖南独特的饮食文化和烹饪技艺带到了灵武市。在一周的时间里，他们紧锣密鼓地举办了12场培训活动，深入近50家餐饮企业，与当地的厨师们共同研发新菜品，传授了30多道湘菜的制作秘诀。在黄惠明大师的巧手之下，湖南的辣椒、鱼头、剁椒等特色食材与宁夏的优质牛羊肉完美结合，呈现出一道道色香味俱佳的佳肴。这些菜品不仅保留了湘菜的经典风味，更融入了宁夏的地域特色，让人耳目一新。

灵武市餐饮界对黄惠明团队的到来表示了极高的敬意和热烈的欢迎。商投局领导和餐饮行业协会马正祥会长出席活动，与黄惠明团队进行了深入的交流。协会秘书处张志华、孟涛、杨怀全先生等人也对团队的工作表示了充分的肯定和感谢，他们认为这次交流为灵武市的餐饮文化注入了新的活力，也为当地人民带来了更加丰富多彩的美食体验。

黄惠明则以他一贯的热情和豪爽回应了这份厚意。他表示，湘菜作为中华饮食文化的一朵奇葩，有责任也有义务走向全国，与各地的美食文化相互借鉴、共同发展。这次宁夏之行，正是湘菜走向更广阔舞台的一次重要尝试。

宁夏灵武市餐饮行业提档升级湘菜培训班

此次活动不仅加深了湘菜与宁夏餐饮文化的交流与融合，更为灵武市的餐饮业带来了新的发展机遇。黄惠明和他的黄亚杰大师研发团队用他们的实力和热情，为湘菜的传承与发展谱写了新的篇章，也为中华美食文化的繁荣做出了积极的贡献。

2022年10月，澳门科技大学报道：

澳门科技大学于2022年10月21日举办中国烹饪大师黄惠明厨艺示范工作坊活动。中国烹饪大师黄惠明老师受邀为澳科大酒店与旅游管理学院学生示范厨艺技巧并分享心得，获澳科大酒店与旅游管理学院吴国民院长、杨洁云课程主任、杨凯涵助理教授、苭锐助理教授、Mary Ote讲师和Yves Duron讲师的热情接待。本次活动吸引了近

活动现场合影

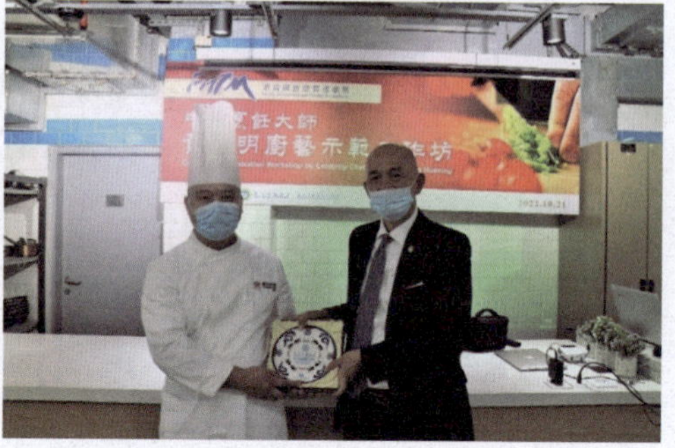

吴国民院长为黄惠明老师致送纪念品

30名本科及研究生学生参加。

吴国民院长致辞表示，学院一直致力于通过各种专业课程、大师讲座及厨艺工作坊等方式，丰富学生的专业知识与行业经验，以及提高专业技能。希望通过此次活动，让本校厨艺学院同学有机会近距离学习黄惠明老师的厨艺，同时希望他们体验中国传统文化，学习湘菜烹饪技巧。

黄惠明大师专注湘菜的经营、管理与研发，是国家高级烹调技师、资深级注册中国烹饪大师、著名中国湘菜大师、中国餐饮文化大师、中国湘菜文化大师、国家

黄惠明老师与同学们分享交流

烹饪高级考评员，担任全国知名餐饮店1000多名中餐厨师长的成长导师，并同时担任全国68家餐饮连锁公司的技术导师。黄大师将传承湘菜、创新湘菜、传播湘菜作为己任，致力于湘南地方菜的研究与推广，被评为影响中国湘菜的十位大师之一。黄惠明大师有一句语录：与食材谈恋爱，跟美食结婚，天天都有好心情。学生们听了吴国民院长的介绍都欣喜若狂。

活动中，黄惠明老师为厨艺专业学生展示他的作品——精品小炒牛肉及黄焖甲鱼。本次厨艺示范活动，不仅丰富了学生对湘菜的认识，还为他们今后的职业生涯积累了宝贵经验。

2024年7月，黄惠明一行远赴日本，开展了一次美食文化交流之旅。在日本仙茶美株式会社——仙茶美会所，他结合日本当地饮食特色，潜心研发新型湘菜；他深入市场调研，亲自品鉴了京都、宇治、大阪、爱知、富士山、名古屋等地的美食佳肴，也在与当地餐饮企业的交流与探讨中，找寻文化的共性与差异。

湘菜能够走出国门，离不开高速发展的供应链，更离不开人才和技术支撑。此次日本之行，黄惠明得到了多方的热情支持与鼎力相助，其中包含远道而来的澳门朋友。在日本京都，他成功创立了“中国烹饪大师黄惠明研发工作室”，这不仅是他在日本进行学术交流、美食研发的重要场所，更将成为湖湘文化传播的前沿阵地。作为湖南省餐饮行业协会湘菜产业供应链委员会的负责人，黄惠明表示，他会定期在各地工作室开展研发活动，更希望通过自己的不懈努力和餐饮界同仁的共同支持，将湘菜推向世界，助力湘菜产业链的不断壮大。他坚信，通过中国烹饪与日式料理的深度融合与创新，拟定研发少油、少盐、低脂的新型湘菜系列，满足现代人对健康饮食的追求。同时，他还热情呼吁更多有志于餐饮行业的朋友们“勇敢走出去”，共同推广健康美味的湘菜佳肴，让湘菜的魅力在世界各地绽放。

湘菜出海是市场机遇，也是文化表达和输出的重要途径。在不久的将来，湘菜

黄惠明在日本工作室

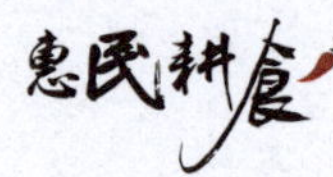

定能在国际舞台上绽放出更加璀璨夺目的光彩，成为中华美食文化的一张亮丽名片。

第六十四章
荣获国务院政府特殊津贴

2023年，在党和政府的号召下，在湖南省餐饮行业协会刘国初会长的领导下，黄惠明带领湘菜产业供应链委员会成员行走在传承与创新湘菜的路上。他们深入田间地头，挖掘民间美食，将一道道地道的湘菜佳肴传播到全国各地餐饮店。

在全国不浪费短视频竞赛中，惠民耕食湘菜研究所的研究员伍亮、黄亚杰、谢子维、吴明喜、习志平、龙文等大师凭借着对湘菜文化的深刻理解和对节约理念的践行参与竞赛，参赛的菜品荣获2枚金牌、4枚银牌和1枚创新奖。这些荣誉不仅是对他们个人能力的认可，更是对惠民耕食在推广湘菜文化、倡导节约理念方面所做努力的肯定。

国务院政府特殊津贴专家是党中央、国务院严格按照一定程序认定的专家称号，简称政府特贴专家，是党中央、国务院关心爱护和团结引领高层次专业技术人才、高技能人才的一项重要制度，是深入实施人才强国战略，持续推动高层次专业技术人才、高技能人才队伍高质量发展，持续激发人才创新活力，加快建设国家战略人才力量的一项重要举措。在湖南省人力资源和社会保障厅的支持下，黄惠明以长沙市惠民耕食餐饮管理有限公司为单位，以“全国技术能手烹饪大师工作室，湘菜研究，技术服务，预制菜生产与推广应用”为专业领域，申报了“国务院政府特殊津贴专家”。黄惠明介绍了自己的主要工作经历：

1981—1982年，在湖南汝城、广东韶关从厨。

1983—1988年，汝城三江口供销社饮食店做厨师长。

1989—1993年，在郴州开餐馆东街饮食店。

1993年，在长沙市湘菜培训中心学习，晋考为中一级厨师。

1994—1999年，在郴州铁路大酒店工作，任厨师长、行政总厨。

1994年，在湖南省劳动厅晋考为中式烹调特三级烹调师。

1996年，在湖南省劳动厅晋考为中式烹调特二级烹调师。

1999—2005年，任得月楼酒店管理有限公司任行政总厨兼技术总监。

1999年，湖南省劳动厅晋级为特一级烹调师。

2005—2007年，长沙鼎福楼任厨政事业部总经理。

2004年，湖南省劳动和社会保障厅晋级国家烹调技师（二级）。

2006年，湖南省劳动和社会保障厅晋升为国家高级烹调技师（一级）。

2008—2009年11月，在岳阳华天大酒店任餐饮总监兼行政总厨。

2009年至今，在长沙市驷人行农业科技发展有限公司、长沙市惠民耕食餐饮管理有限公司董事长兼研发总监。

黄惠明介绍自己的专业水平：

①贡献、水平、效益。人力资源和社会保障部授予“全国技术能手”称号，享受湖南省政府特殊津贴专家，国家高级烹调技师，资深级注册中国烹饪大师，中国湘菜大师，中国餐饮文化大师，中国湘菜文化大师，国家职业技能认定高级考评员，湖南省湘菜大专业委员会副主席，湖南省职业技能鉴定烹饪专家委员，湖南省质量技术监督局聘任为湘菜地方菜标准化制定专家，2005年聘为首届湖湘文化烹饪创新大赛评委，2007年湖南省第五届烹饪技术比赛评委，2018年长沙市“十行状元，百优工匠”评委，全国知名餐饮店1000多名中餐厨师长的成长导师，全国68家餐饮连锁公司的技术导师。2002年被评为影响中国湘菜的十位大师之一。42年专注湘菜的经营、管理与研发。秉承“传承湘菜，创新湘菜，传播湘菜”为己任，致力于湘菜研究与推广，事迹被收入《中国湘菜大典》中，填补湘南地方菜空白。2002年郴州广播电视台“今日视点”专题访谈，2004—2005年个人入选《中国名厨技艺博览》《中国烹饪大师》《世界名人录》《湖南郴州籍名人录》《中国烹饪大师名师百人作品精选》，2009年创建“民间菜、民间酱料、民间食材”的湘菜供应链服务平台。2010年度被评为湘菜食材品牌企业和先锋人物。企业年营业额3000多万元，解决60多人的劳动就业问题，全国收徒300多人，有四代传人分布在全国各地，共计1200多人，其中高级烹调师46人，技师38人，湘菜大师名师百余人。中国湘菜锅友汇厨师长训练营开班达38期，培训厨师达1000余人，2014年研发的“湘军鸡”在曾公故里发布会。2015年成立湘菜人的助学基

金会“惠基金”，资助十八洞小学、汝城文明中小学校，每年慰问湘菜泰斗、湘菜文化传播者等捐助现金和物品达10万元，被授予“爱心大使”称号。2017年惠民耕食被授予“湖南省著名商标”，受聘为2018年开福区“十行状元，百优工匠”竞赛评委。参与组织第一届、第二届湘菜博览会湘菜盛典与策划湘菜大宴。2016年协同湖南省餐饮协会湘菜产业链代表团出访澳大利亚、新西兰传播湘菜，同年参与编写长沙商贸旅游职业技术学院考评教材。2017年协同省餐协组织湘菜代表团出访美国、墨西哥演绎并传播湘菜，助力了中国湘菜的发展。同年上半年组团参加由中国饭店协会、中国旅游饭店业举办的全国烹饪技能大赛，荣获4金3银3铜奖；2018年参加长沙财经学校烹饪专业教师队伍考评试卷的拟定。2019年受聘湖南省餐饮行业协会湘菜产业供应链委员会理事长。2019年12月参与拟定湖南烹饪职业技能竞赛试题，参加湖南卫视鲜厨100栏目研发稻圣“全米宴”。2020年疫情期间代表湖南餐饮协会组织湘菜食品驰援湖北，捐助价值110多万元的物资。

②科研成果、专利转化情况。黄惠明带领大师工作室团队开展产学研结合，为企业创新菜肴。2017年2月投入50万元筹建湘菜大师工作室，投入20万元成立惠民耕食湘菜研究所，投入100万元建惠和园实验餐厅，以点带线、促面，对“湘菜创新”相关产品及秘方进行了深度开发；把研发的今厨1号剁椒鱼头酱、湘西木房子腊肉、圣汤鲜干笋、酸菜鱼酱、湖南官府菜和金酱甲鱼酱、湘军鸡等生产加工产品，推广到全国湘菜连锁店，为各店打造特色招牌菜，为200多家全国连锁品牌提供酱料及食材保障，把实验餐厅模式推广应用到各食品加工企业，推动了湘菜产业链企业发展，实现公司年度产销5000多万元，带动湘菜产业亿元级产值。2020年度荣获“诚信经营企业”称号。

③创新技术、成果情况。黄惠明被湖南省质量技术监督局聘为湘菜标准制定专家。代表湖南省餐饮行业协会湘菜大师专家执行组，协同与各湘菜大师、餐饮协会挖掘、整理各地市地方湘菜180多道，协同湖南省质量技术监督局标准化专家委员会制定了湘菜九大地方标准，填补了中国湘菜无地方菜标准的空白，为湘菜产业化发展提供标准化保障。九大地方湘菜：永州特色菜，宝庆地方菜，湘南山野菜，南岳素斋菜，湘西民族菜，岳阳全鱼宴，浏阳蒸菜，常德钵子菜，衡东土菜。2019年组建成立湖南省餐饮行业协会湘菜产业供应链委员会，任理事长，组织农村合作社、食材加

工、餐饮等企业有序开展业务，完善了从田间地头到餐桌的食品安全运作供应链。2020年5月，在贵州省湖南商会建立“湖南省餐饮行业协会贵阳办事处”，原创胡椒鸡研发成功或召开推广应用发布会。2020年初，湘菜食材传播平台搭建，同月组庵菜系列产品向各餐饮发售。

④服务基层业绩介绍。一是立足湘菜，为各地州市连锁企业提供创新菜品保障。始终坚守在技术创新一线，负责全国湘菜产业链供应平台的搭建和创新湘菜输出，组织湘菜大师团队五年共研发500道创新湘菜，为全国湘菜餐饮服务。二是文化兴湘，立书传道。信奉传承不守旧，创新不忘根。每年都坚持编著《民间湘菜》食谱，近年来相继出版了《特色湘南菜》《酒店热卖菜》《新湘菜集锦》等书籍，参与编纂《中国湘菜大典》，在湘菜杂志、东方美食、大湘菜报等美食报刊发表菜品和文章。三是官府湘菜，挖掘弘扬。在传承官府湘菜时，深挖祖庵菜熬制汤料的技术，经过三年的探索，研发出黄煨浓汤和红煨鲍汁，开发了“翅汤黄菌”“鲍参翅肚”等菜品，现已经生产预制菜产品，向高档湘菜馆及会所输送，每年为企业增收创效1000余万元，并指导连锁店出品，推动高档官府湘菜的传承与发展。四是传播湘菜，任重道远。在做好菜品研发与生产的同时，以传播湘菜为己任，响应号召“乡村振兴看湘菜”“做优做香一碗湖南饭”，负责组织衡阳茶油杯博鳌全国厨艺大赛，把农产品和食品加工企业串联起来，创新产品“今厨剁椒鱼头酱”，为产业下游服务，为汝城县辣椒代言，带动茶油、辣椒10亿多产值；另兼职财经学校、技师学院客座教授，定时实操技术培训，推动与校企联合，成立惠民耕食湘菜研究所。五是2020年新型冠状病毒感染期间组织湘菜产业委员会会员企业驰援湖北，慰问医疗湘军捐助110多万元，其中本企业捐赠20万元的食品。六是服务社区，责任于心。身为长沙市芙蓉区食品安全宣传大使，组织湘菜企业参加“拒烹、拒售、拒食”野生保护动物及相关的食品安全宣传活动，被东湖街道龙马社区评为“文明经营单位”。

⑤获奖情况。2005年全国烹饪技术大赛优秀奖，2015年全国技术创新“中华金厨奖”，2017年第六届全国饭店业职业技能竞赛金奖，2018年中国商业联合会“全国服务名师奖”“全国名师带高徒奖”，2019年湖南省湘菜十大功勋人物奖，2019年中华美食工匠，2020年度中国湘菜年度十大人物奖，2021年全国技术能手奖，2022年获湖南省政府特殊津贴、中国预制菜年度卓越人物奖。

⑥代表论文、著作和专利。2002年主编了辽宁科学技术出版社出版发行的美食专辑《创新风味湘菜湘南菜》，2006年参与编写中国轻工业出版社出版的《中国湘菜大典》中的30道菜品，2007年主编辽宁科学技术出版社出版的《创新酒店热卖湘菜》，2016年主编湖南科学技术出版社出版的《新湘菜集锦》，2021年中国预制菜组委会发表了《论湘菜预制菜推广与应用》。

全国技术能手湘菜黄惠明大师经单位申报、组织推荐、逐级审核、线上答辩、专家评议、国家网公示、国家批准，最终荣获国务院政府特殊津贴，而且是中国湘菜烹饪技艺非物质文化遗产入选代表，这既是对其个人技艺高超、业绩卓越的充分肯定，也是对黄惠明大师高层次人才培养和惠师门湘菜队伍建设成果的权威认可，必将有力推动湘菜在全国高质量发展征程中开新局、谱新篇，在加速推进生态餐饮、生态食材与湘菜供应链事业品牌建设中建新功、创新绩。

2023年3月，2023中国国际预制菜产业发展大会武汉峰会暨预制菜产业发展论坛在武汉盛大召开，大师菜论坛主题是“探讨好味道与工业化生产的研发之路”，中国湘菜大师、湖南省餐饮行业协会副会长黄惠明分别从川、粤、闽、湘四大菜系和地方美食的烹饪技法、营销突围等方面，分享了大师菜的预制菜研发心得。

菜恰恰菜品研发

2023年5月，菜恰恰菜品研发第六场在其研发中心顺利举行，湖南实力派湘菜大师黄惠明率领黄亚杰、周全等湘菜大师一起演绎蔬菜“全家福”：大烩狮子头（养生头碗）、韭菜酿辣椒、紫苏咸鱼茄子煲、黄椒炒圣笋丝、胡萝卜炒青包菜丝、剁椒炒时蔬、辣椒炒肉、开味剁椒炒藕丝、琥珀烟笋等。一系列蔬菜食材通过黄惠明大师团队的独特烹艺演绎呈现出来，皆秀色可餐、入眼悦目、食之有味、道道鲜美。黄惠明认为只要巧妙搭配，就能够拥有好滋味。看起来非常平常的茄子辣椒，会因为品质好而让出品口味与造型与众不同。

2023年底，黄惠明的先进事迹入选“匠心中国”大型文献史册，并获得联合国非物质文化遗产基金会授予的“国际文化大使”称号。他的故事将激励着更多的湘菜人投身于湘菜事业，为中华美食文化的传承与发展贡献自己的力量。

国务院政府特殊津贴证书

第六十五章
兴趣成就厨艺

当湘菜美食与书画艺术发生碰撞，会有怎么样的火花呢？黄惠明可以给您答案。2023年6月，湖南省九歌书画院惠民耕食创作基地隆重挂牌。惠民耕食牵手九歌书画院高峰笔会与美食论坛在惠民耕食湘菜研究所顺利举行，活动邀请到湖南省九歌书画院七位院长、副院长，三位资深实力派书画家，他们分别是陈松长、杨国平、张楚务、陈惠生、胡有德、龚旭东、肖振中、欧阳慧龄、欧程远、张玉波。黄惠明就“惠基金”第一届惠民耕食牵手九歌书画院高峰笔会与美食论坛致欢迎辞。

尊敬的陈松长院长、尊敬的各位副院长和书画艺术家、老师们，亲爱的各位来宾，女士们、朋友们：

上午好！很高兴，很荣幸，在这阳光明媚的初夏，我们相聚惠民耕食湘菜研究所，来一场湘菜烹饪艺术与九歌书画艺术高峰笔会和美食论坛，此次活动更是推动文化兴湘、产业报国、“做优做香一桌湖南饭”的一件盛事。在此，我代表惠师门和惠民耕食全体员工对大家的莅临采风与指导，表示热烈欢迎，对书画艺术家老师们表示崇高的敬意！

10年前我的工作室成立时，就在二楼门头上方挂上了“食文化艺术工作室”的招牌，那时我有一个夙愿就是要带头创办湘菜的书画艺术室，让自己能够影响或帮助湘菜人提高文化素养，在传播湘菜文化的同时，我严格要求自己，监督厨师（特别是我的徒弟）少打牌，多练字，写好一张菜谱，开好一张菜单，用文化艺术来武装湘菜人，从而提高烹饪艺术水平，培养惠师门团队“只问耕耘，持续改善”的精神风貌。

非常感激各位书画艺术家老师，给我们授牌“湖南省九歌书画院惠民耕食创作基地”，让我完成这个夙愿，我们会好好珍惜，推动烹饪艺术与书画艺术相融相生，促进湘菜事业的进步和发展。

现在，我们在这里举行“惠基金”第一届惠民耕食牵手九歌书画高峰笔会与美食论坛。本次活动的宗旨就是，以湘菜为载体，以书画为主题，挖掘、传承、弘扬、宣传、推介湖湘饮食文化。我们衷心希望通过举办这次活动，在各位艺术家的指导、赋能下，把“吃”上升到“艺术”的境界，把书画中的色彩、结构、章法运用到烹饪的色、形、器、意境中去，让烹饪与书画“结婚”。让湖湘美食之香飘向五湖四海！

最后，衷心地祝愿本次高峰笔会和美食论坛圆满成功，祝愿各位艺术家、各位来宾、各位朋友身体健康、万事如意！

湖南省九歌书画院成立于20世纪80年代，书画院老中青书画家在全省乃至全国都具有巨大的影响力。近年来，九歌书画院在长沙、衡阳等地建立创作基地，但与湘菜美食行业牵手“联姻”还是第一次。陈松长院长表示艺术是相通的，九歌书画院的艺术力量进入美食界，这是一个很好的创举，书画艺术与美食艺术看似不搭界，其实关系密切。陈松长代表九歌书画院对黄惠明表示赞赏和感谢，并与黄惠明一起为创作基地揭牌。他希望把惠民耕食办成九歌书画院新的样板式创作基地。

黄惠明在数十年与湘菜相伴的岁月中，一直以传播湘菜文化为己任，带领湘菜走到全国每个角落，是名副其实的湘菜传播大使。同时，黄惠明还是一位书画艺术爱好者，在做菜之余，他一直练习书法，有三十年的书龄，在烹饪界已经是知名的书法爱好者。借这次与九歌书画院艺术家的深度交流，黄惠明希望书画艺术与湘菜美食之间能够架起友谊的桥梁，建立联系的纽带，把“吃”上升到“艺术”的境界，从书画艺术中汲取灵感，把书画中的色彩、结构、章法运用到烹饪的色、形、器和意境当中去。将烹饪技法与书画艺术中的笔触、墨色、对应等技巧相结合，形成独特的烹饪艺术风格。黄惠明强调，湘菜人不仅要做好湘菜，更应该注重培育自身的文化素养。要能够“写好一张菜谱，开好一张菜单”，用文化艺术来武装自己，这也是黄惠明一直以来对自己和众多弟子的要求。在烹饪过程中要注重文化传承，通过书画艺术的融入，更好地弘扬中华美食文化。

揭牌仪式后，各位书画家在惠民耕食创作基地开始了自己的艺术创作，不仅有为湘菜素描题字的作品，更有栩栩如生的剁椒鱼头这一类画作，用艺术表达湘菜、展现美食，可以说是别有一番韵味。湘菜文化与书画艺术的融合是一个相互赋能的过程，彼此渗透、交融，便能将湘菜文化提升到更高的层面。

惠民耕食九歌书画院创作基地合影

第六十六章
砺志之旅，自驾318川藏线

2023年7月，黄惠明带领学员开启了川湘味道研学之旅。318国道是中国乃至世界的一道景观长廊，道路沿线自然景观类型多样，异彩纷呈，世界罕见。从丘陵到高山，从雨林到草原、荒漠……优美与壮丽同在，幽静与荒野并存。这是一条人文的巡礼之路，也是一条历史的隧道，东西汉藏、南北羌彝，无分尊卑，多元一体。随环境变化的山寨民居、服饰衣着、风情习俗，多姿多彩的人文景象与迥然不同的自然景观交相辉映，触目可及。

贡嘎山属于横断山系大雪山。大雪山是横断山脉东列山脉之一，是大渡河和雅砻江之间的分水岭，四川省西部重要地理界线。贡嘎山主峰海拔7556米，是四川省最高的山峰，气候新奇，变化无常，风景美不胜收。一个从大山走出来的人，相比城市的车水马龙，黄惠明更偏爱大自然的风景，头顶蓝天，脚踏草原，牦牛为伴，小炒风景，快乐侑食！

黄惠明穿越青藏高原东部横断山脉地区，这是世界上地形最复杂和最独特的并行展布的高山纵岭谷地区，自驾旅行其中，犹如心灵在天堂，身体在地狱。由于地形复杂，地域广阔，岭谷相间，自然多元，令人心神激荡，就像一首气势磅礴的交响诗，向人类展示着独特的西南山地风光。

进藏芒康，过金沙江，翻觉巴山，抵东达山。从巴塘镇出发，金沙江一路奔流，在四川、西藏、云南三地形成了全长2300余千米的金沙江干热河谷。河谷两岸是破碎裸露的黄色、灰色和红色的岩土，植被覆盖率不足5%，主要生长仙人掌、霸王鞭等有刺的植物，生态条件恶劣，水土流失严重，地质灾害频繁。河谷里密集分布着地震、崩塌、滑坡等遗迹。离开巴塘，通过金沙江大桥，沿着海通沟这一地质灾害严重路段，翻越芒康山和宗拉山垭口，跨过奔腾的澜沧

觉巴山果热村

进藏启航合影

雅鲁藏布江大拐弯

江谷底，又连续翻越觉拉山和川藏线上最高的垭口——海拔5109米的东达山口，下左贡，沿玉曲河谷来到红层高地邦达。黄惠明探索原生态青稞。走进藏寨果热村，看望留守儿童。

我行故我乐

觉巴山（又称脚巴山），在四川西部的巴塘到西藏东部的芒康县和左贡，地处横断山脉的三江（金沙江、澜沧江、怒江）流域，包围在安久拉山、伯舒拉岭、拉乌山等群山中。

川藏公路30千米的觉巴山盘山路，在西藏芒康县的竹卡村－登巴村，近2000米的相对高差让这里成了川藏线上最难爬的一座山。上山的入口处立了许多警示牌提醒注意飞石、塌方、泥石流。一山藏四季，顷刻有风雨，山上落石，惊奇通过……

觉巴山并不高，垭口的标高也只是3940米，但由于澜沧江千百年来的深深下切，使得江岸壁立千仞，谷深故山高。公路在绝壁上延伸，既没有护栏也没有路标，不少地方都是紧靠山体硬生生地开凿出来的，上依绝壁，下临深渊。川藏线虽然号称天险，但最危险的地方其实只有几处，比如排龙天险、通麦天险和怒江天险。与这几处名声在外的天险相比，觉巴山的知名度确实不高，只有身临其境的人才知道这个没有名气的天险与其他几个声名显赫的天险一样，同样让人望而生畏。

从澜沧江畔小镇如美镇出发，行至觉巴山下的小村，总共大约8000米的路程。在2011年前后，这8000米可以说是整个川藏线上路况最差的一段。狭窄的路面即使对有多年驾驶经验的司机来说，都是一个不小的挑战；而满地的碎石更是骑山地车朋友严峻的考验。一边是在百米来深的峡谷中穿梭的红色巨龙澜沧江，一边是不断有碎石滑落的绝壁，任何一个初次到这里的人都备受震撼。

挥别了澜沧江，开始爬觉巴山。从山下至垭口的路况好了许多，山体上郁郁葱葱的树木也使你不用担心被落石击中。从山下看到的垭口其实只是个伪垭口哦，转过去还有大概4000米才到山顶！转过垭口，可以远眺东达山！即使是在夏季，东达山顶也是白雪皑皑，风景极美！

黄惠明他们计划去墨脱县，便请酒店的李厨师帮忙。黄惠明开门见山地说："李厨你好，我是一个湘菜人，听说你是湖南湘潭老乡，我冒昧请你帮忙……"最终在李厨店老板娘的帮助下，协助他们进入神秘墨脱。

扎墨公路从波密县南下，从海拔近4000米的嘎隆拉山垭口，过嘎隆拉隧道，经52道拐，陡转直下到不足1000米的河谷地带，路程需要行驶6小时，可以沿途欣赏各类植被。从雪松、巨杉，到河谷亚热带常绿阔叶林，一天有四季。嘎隆拉隧道是墨脱公路的关键性工程，隧道全长3310米，平均海拔3700米，现在嘎隆拉隧道内全线亮起明亮的灯光，令过往车辆人员倍感舒适和安心。至此，通车10年多的嘎隆拉隧道结束了“黑洞洞”的历史。2021年5月，历经近7年建设的派墨公路全线联通，它是墨脱公路之后第二条进入墨脱的交通要道。道路两边的树木遮天蔽日，条条溪流汇聚成小河流向雅鲁藏布江大峡谷深处。这里是西藏的墨脱，却是一片江南的绿色，而且终年水雾缭绕，绿植繁茂，和雪域高原的其他地方相比，简直就是西藏“小江南”。

墨脱寻味组图

“世界只有一个墨脱，而墨脱拥有整个世界”。海洋暖湿气流沿着雅鲁藏布江峡谷北进，加之海拔较低，湿热气流让墨脱呈现出了在同纬度罕见的南亚气候特征——年降雨量达到2000毫米、年均气温16℃。在暖湿的环境下，海拔1500米以下的峡谷地带，甚至分布着中国最北的热带（季）雨林。

研学的第六天凌晨，天下着雨，雾漫墨脱，黄惠明启程去中越边境背崩乡格林边境看南巴瓦峰，途中再看雾里仙境果果糖大拐弯，沿途风景迷人，车在景中走，人在画中行。背崩雅鲁藏布江解放大桥，有边防战士把守，学员们下车步行过桥，参观秘境，感受雅鲁藏布江的神奇力量。

林芝到拉萨约408千米，一路沿尼洋河蜿蜒而上，是观光旅游的“七彩高原路”。蓝是瓦蓝瓦蓝的天，明净湛亮、天高地阔，白是雪白雪白的云，片片朵朵、飘忽不定。黑色的牦牛穿梭在灌木丛中，在泛黄的河床边觅食，避风处的山旮旯里透出丝丝绿意，而连绵起伏的青色山峦之下是灰蒙蒙的河滩地，灌木丛生、沙棘遍布。尽管夏已深，粉红的桃花像一条长长的带子，洋洋洒洒地散布在河流两岸，昭示着季节，装扮着河川。林拉公路的亮点是米拉山口，也是全程的最高处，只见山口的经幡随风高高飘扬，高原雪山触手可及。到了西藏，也只有到了西藏，才能体会到天蓝蓝、野茫茫、路漫漫，才能深切地感受醉美雪域、高原之上，才能体会到自然的雄奇和人类的渺小！

出拉萨经雅鲁藏布江大桥沿拉亚公路南行170千米，再翻过海拔5030米的甘巴拉山口，就到了如碧玉般美丽的羊卓雍错。羊卓雍错简称羊湖，位于浪卡子县，距离拉萨市西南70多千米，湖面海拔4441米，东西长约130千米，南北宽约70千米，面积约678平方千米，湖岸线长达250多千米，平均深度30米，最深处在湖东部及湖中部帕多岛南端一带，将近60米深。它是喜马拉雅山北麓最大的内陆湖泊，与纳木错、玛旁雍错并称西藏三大圣湖。在藏语中，“羊卓雍错”便是指“上面牧区的碧玉湖”。因为这面湖水的分支口较多，分向展开，如同美丽的珊瑚枝，所以它在藏语中也被称为“上面的珊瑚湖”。羊卓雍错风景秀丽，美妙湖光映衬着周围群山，置身此地恍如人间仙境。这一带是集高原湖泊、雪山、岛屿、牧场、温泉、野生动植物、寺庙等多种景观于一体的独特的自然风景区。湖中分布着大大小小的岛屿21处，最大的岛屿面积约8平方千米，最小的岛屿面积约3平方千米。各种水鸟栖息此地，如黄鸭、天鹅、鹭鸶、沙鸥等，它们成群结队地翩翩飞舞，此起彼落，蔚为壮观。每年冬季，还会有更多的候鸟迁徙而来，使这片土地成为西藏最大的水鸟栖息地和野生禽类的乐园。羊卓雍错建有西藏最大的人工养殖渔场，以养殖高原裂腹鱼、高原裸鲤为主，这里的鱼类蕴藏量可达8亿多千克，向来有西藏鱼库之称。

羊卓雍错组图

一行人到达拉萨后，黄惠明站在布达拉宫前，他的心跳似乎与这座古老的宫殿产生了共鸣。眼前的布达拉宫，巍峨耸立，它不仅仅是一座建筑，更像是一本打开的历史书，每一页都充满了神秘与传奇。

阳光斜照，金顶闪闪发光，仿佛是历史的召唤，引领黄惠明踏入这片圣地。他迈着庄重的步伐，穿过那扇仿佛通往另一个时空的大门。宫内的空气弥漫着一种古老而庄严的气息，黄惠明仿佛能听见历史的回声在耳边缭绕。他轻轻触摸着墙壁，那些凹凸不平的质感，像是在诉说千年的风霜。他仰望壁画，那些色彩斑斓的画面仿佛把他带入了另一个时代。他仿佛看见了古代的藏族人民在这片土地上辛勤劳作，感受到了他们坚韧不拔的精神和对生活的热爱。当他登上布达拉宫的高处，拉萨的全景尽收眼底。城市与山脉交织，形成了一幅绝美的画卷。黄惠明深吸一口气，心中涌起一股莫名的感动。这里不仅仅是地理的高点，更是他心灵的一次升华。此刻的黄惠明，感觉自己仿佛与这片土地、这座宫殿融为了一体，他能感受到自己的每一个细胞都在与历史对话，与藏族文化交融。他的内心充满了敬畏与感激，对这片古老土地的敬畏，对能亲身感受这一切的感激。

这次布达拉宫之行，对黄惠明而言，不仅仅是一次视觉的盛宴，更是一次心灵的洗礼。他深知，这段经历将永远铭刻在他的记忆中，成为他人生旅程中不可或缺的一部分。拉萨是一座精神的殿堂，只有到了这儿，才能触及你内心深处敏感的神经，感知圣洁和虔诚，体悟真诚和力量，回归人性的本源。

布达拉宫组图

纳木错是世界上海拔最高的“天湖”，是中国当之无愧的第二大咸水湖，距离拉萨170千米。湖的形状近似长方形，东西长70多千米，南北宽30多千米，面积1920多平方千米。湖水最大深度33米，蓄水量768亿立方米，为世界上海拔最高的大型湖泊。“纳木错”为藏语，而这个湖的蒙古语名称为“腾格里海”，两种名称都是“天湖”之意。用最美丽的辞藻来形容纳木错都不为过，因为它既有湖的秀美灵魂，又具海的伟岸气魄，清澈的湖水与万里碧空浑然一体，美的让所有的形容词在它的面前仿佛都失去魅力。世界海拔最高的湖，远离现代文明的污染，保持着远古自然原始生态，是朝圣者心目中的圣地。纳木错南面有终年积雪的念青唐古拉山，北和西侧有高原丘陵，广阔的湖滨，草原绕湖四周，水草丰美。湖水含盐量高，流域范围内野生动物资源丰富，有野牛、山羊等。湖中多野禽，产细鳞鱼和无鳞鱼。湖区还产虫草、贝母、雪莲等名贵药材。湖水清澈，湖光山色与四周积雪相映成趣，绮丽的山峦风景秀丽。

纳木错及沿途风景组图

从拉萨到纳木错，要翻越念青唐古拉山以北一个海拔5300米的山口。山口风很大，气温也很低，举着相机的手实在有点不堪其冷。四周山峰上白雪皑皑，身旁无数风幡，在劲风中呼啦啦作响。一行人下车，高原凛冽的风吹得山体嗡嗡作响，它掀起你的衣服，吹乱你的头发，仿佛一扬手就可乘风飞去。他们攀向山口时，黄惠明惊呼：纳木错，天边的纳木错！它在雪山的脚下，在围绕牧草和羊群的地方，连接着草原与天空的蔚蓝。

雅鲁藏布江的水

有人说雅鲁藏布大峡谷是充满期待的秘境。在南迦巴瓦峰的雪霁云雾之下，雅鲁藏布大峡谷雄伟、险峻、奇特、秀丽、神秘、圣洁，如果你没有见过它，就不能说见过了最壮美的峡谷。

世界上海拔最高的河流——雅鲁藏布江，生生地切开了世界上最高的山脉喜马拉雅山脉，弯弯曲曲地流经西藏南部，围绕南迦巴瓦峰形成了一个举世无双的奇特马蹄形大拐弯，随后进入墨脱县，最后到巴昔卡，全长504.6多千米。大峡谷两侧壁立高耸，南迦巴瓦峰和加拉白垒峰巍峨挺拔，直入云端。峰岭上冰川悬垂，云雾缭绕，气象万千。在南迦巴瓦峰与加拉白垒峰间的雅鲁藏布大峡谷最深处达6000米，围绕南迦巴瓦峰核心河段，平均深度有5000米，其深度远远超过科罗拉多大峡谷，当之无愧为世界第一大峡谷。

雅鲁藏布江解放大桥

大峡谷是青藏高原最大的水汽通道，使藏东南地区成为“世界最高的绿洲”，这里云遮雾绕，气象万千，高处雪山冰川，其下满山满坡都是郁郁葱葱的原始森林，冰川往往能游弋到亚热带的常绿阔叶林中；春日桃花百里，秋日叶红似火，夏日漫山遍野绽放着争奇斗艳的各色杜鹃。山前河谷，清溪碧流，湖水荡漾，湖滩平原，水鸟飞翔，牛马漫布；山麓坡上，松林杉木，挺拔俊秀，林中猕猴攀跳，真是“似江南，非江南，又胜江南”

沿雅鲁藏布江江岸前行，会看到各种形状的黑色石礁在不宽的江面中凸现着，江水拍石之声震耳轰鸣。抬头是绝壁千丈，青天一线，下面到处都是狭长石隙，一些地段的路看着平实，其实不过是落叶铺就的厚厚腐殖层，走时得百倍小心。一路上还不时能见到冰崩压倒的树木，多是些两三人都合抱不过来的大树，鸟鸣穿林，幽幽前路，绝对是一种勇气的考验。

如果时间充裕，不妨在大峡谷中选择一处村落小住数日，那里居住着门巴、珞巴、夏尔巴人……卡布村山泉环绕，用竹子破开的引水槽架在空中，向南、西、东输送着泉水，孩童在泉水旁嬉戏，妇女在水槽旁忙碌；达古村、达林村、吞白村……峡谷深处的村庄散散落落，时间在那里是静止的，你不禁会感叹，仙人的生活也不过如此吧！

川藏之旅的美食体验

318国道，一条蜿蜒在中国西南的壮丽公路，它像是一条串起无数美食珍珠的丝线，每一颗都散发着诱人的香气。踏上这条路，你的味蕾将开启一场前所未有的冒险之旅。在海拔数千米的高原上，当一碗热气腾腾的酥油茶端到你的面前，那浓郁的茶香混合着奶油的醇厚，轻轻抿一口，仿佛感受到高原的阳光和清风都融入其中。酥油茶不仅是藏族人民的日常饮品，更是他们在高原生活中汲取力量和温暖的源泉。

而当你到川藏路上的一家餐馆，一份牦牛火锅正等待着你的到来。牦牛肉片在滚烫的汤底中翻滚，散发出令人垂涎的香气。搭配四川特有的麻辣调料，每一口都是对味蕾的极致挑战。那种麻辣与鲜美的交织，仿佛能让你感受到川藏地区的粗犷与热情。

夜幕降临，川藏路上的烤羊排成了另一道美食。羊肉在炭火的炙烤下，表皮逐渐变得焦黄酥脆，而肉质却保持着鲜嫩多汁。咬上一口，羊肉的香醇与炭火的烟香交织在一起，仿佛能把你带到那广袤的草原之中。

那些地道的藏餐，每一道都承载着深厚的文化底蕴。藏式糌粑，那是由青稞粉精心制作的食物，口感粗糙却散发着独特的麦香。而藏香猪和老腊肉，更是川藏路上的瑰宝，藏香猪肉质细嫩，香气扑鼻，老腊肉则经过长时间的腌制和风干，口感醇厚，回味无穷。

在川藏路上，美食不仅是一种味觉的享受，更是一种文化的传承和情感的交流。每一道美食都蕴含着藏族人民的智慧和对生活的热爱。所以，当你踏上这条美食之旅时，不妨放慢脚步，细细品味那份来自高原的独特韵味，让味蕾与心灵一同沉醉在无与伦比的美食盛宴之中。

自驾在318川藏线上，黄惠明感悟良多：一是感悟自然之伟大。穿越川藏线，黄惠明目睹了连绵起伏的雪山、深邃的峡谷、广袤的草原，这些自然景观让他深刻感受到大自然的壮丽与伟大。他意识到，在自然面前，人类如此渺小，这使他更加敬畏自然，也更加珍惜与大自然的每一次亲密接触。二是体验生活之不易。川藏之旅的路途艰险，时而高山峻岭，时而崎岖弯路，黄惠明亲身体验了在这样的环境中生活的艰辛，这让他深刻体会到了生活的不易。三是领略文化之多元。走进藏族聚居区，黄惠明深入了解了藏族文化的丰富多彩。他参观了寺庙，与当地居民交流，体验了他们的传统习俗和日常生活。这些经历让他认识到，文化的多样性是人类社会的宝贵财富，每一种文化都值得被尊重和传承。四是体悟人生之意义。在川藏之旅中，黄惠明有了更多时间独处和思考，他反思了自己的生活轨迹，思考了人生的意义和价值。这次旅行让他意识到，人生不仅仅是追求物质上的富足，更重要的是精神上的满足和成长。他决心在未来的日子里，更加关注内心的声音，追求有意义的生活。总的来说，318川藏之旅对黄惠明而言是一次深刻的心灵之旅，他将走向更加充实和有意义的人生道路。

受尽人生千般苦，养就胸中一段春。

第六十七章
湘菜人的生活哲学

黄惠明认为烹饪的最高境界在于将食材的本味、原味、纯味和到味完美融合，并在此基础上追求菜肴的内涵精当、自然天成和绿色健康。在黄惠明的烹饪理念中，他强调选择最好的原材料，让食材本身的味道得以充分发挥。同时，他也注重烹饪过程中的调味，味精和鸡精等调味料不能盖住主味的味道，要让菜肴的原味得以凸显。此外，他还特别重视菜肴的入味和透味，让人们在品尝时能够感受到食材之间的相互渗透和融合。

湘菜人的烹饪艺术与生活情趣

清晨的阳光透过厨房的窗户，洒在黄惠明忙碌的身影上。他身穿整洁的厨师服，站在烹饪台前，专注地准备着手中的食材。这是黄惠明最喜爱的时刻，也是他展现烹饪艺术与生活情趣的舞台。

他轻轻抚摸着一只肥硕的甲鱼，眼中闪烁着对食材的敬畏与热爱。他细心地清洗甲鱼，去除杂质，将其置于一旁，备用。接着，他取出特制的黄贡椒酱，这是他的独门秘制调料，也是他的骄傲。打开瓶盖，一股浓郁的辣味扑鼻而来，让人不禁咽下口水。他

甲鱼狮子头

小心翼翼地挖出适量的黄贡椒酱，与甲鱼一同放入蒸锅中。黄惠明站在蒸锅前，如同一位指挥家般挥舞着手中的厨具。他调节火候，控制蒸汽的强弱，使甲鱼在蒸制过程中保持最佳的口感与营养。随着时间的推移，蒸锅中的甲鱼渐渐散发出诱人的香气。黄贡椒酱的辣味与甲鱼的鲜美相互交融，弥漫在整个厨房中。黄惠明深吸一口气，脸上露出了满意的笑容。黄惠明小心翼翼地将菜品端上餐桌，那金黄色的甲鱼在酱汁的映衬下显得更加诱人。他热情地邀请食客品尝，与他们分享这道菜的烹饪过程与独特风味。在烹饪的过程中，黄惠明不仅展现了他精湛的技艺，更展现了他对生活的热爱与追求。他用心去感受每一个细节，用情感去烹饪每一道菜品。他的烹饪场景如同一幅生动的画卷，充满了色彩与活力。

这就是黄惠明，一位充满生活情趣的湘菜人。他的烹饪场景不仅仅是一个简单的厨房，更是他展示才华、分享喜悦的舞台。他用自己的烹饪技艺与情感，为每一道菜品注入了独特的魅力与温度。

湘菜人的生活：完美人格，首在烹饪

湘菜，一种历史悠久、风味独特的菜系，它的背后承载着湘菜人对于烹饪的深厚情感和不懈追求。在湘菜人的生活中，烹饪不仅仅是一种技艺，更是一种生活哲学和人格修养的体现。

一、湘菜人的生活与烹饪

湘菜人将烹饪视为一种生活方式，他们享受着在厨房里与食材、火候、调料打交道的过程。他们精心挑选食材，追求食材的新鲜和品质；他们讲究刀工和火候，追求菜肴的色、香、味、形俱佳；他们用心调制每一道菜品，确保每一口都能让人回味无穷。这种对烹饪的热爱和追求，让湘菜人的生活充满了乐趣和成就感。

二、烹饪与完美人格

在湘菜人看来，烹饪不仅是一种技艺，更是一种塑造完美人格的途径。烹饪需要耐心、细心和热情，这些品质在湘菜人的身上得到了充分体现。他们对待每一道菜品都如同对待自己的孩子一样，倾注了全部的心血和热情。这种对工作的认真和热情，让他们在工作中更加出色，也让他们在生活中更加受人欢迎。

同时，烹饪还培养了湘菜人的责任心和团队合作精神。在烹饪过程中，他们需要时刻关注食材的变化和火候的掌握，以确保菜品的品质和口感。这种责任心不仅体现在烹饪上，也体现在他们的生活和工作中。他们懂得尊重和信任他人，善于沟通和协调，这种品质让他们更加能够胜任各种工作和任务。

三、治大国如烹小鲜，五味调和精气神

“治大国如烹小鲜”是中国古代的一句名言，它告诉我们治理国家和烹饪菜品有着异曲同工之妙。在湘菜人的生活中，这句话得到了充分体现。他们通过烹饪菜品，学会了如何调和五味、掌握火候、把握时机。这些技能在治理国家时同样适用，需要领导者具备敏锐的洞察力、果断的决策力和高超的协调能力。

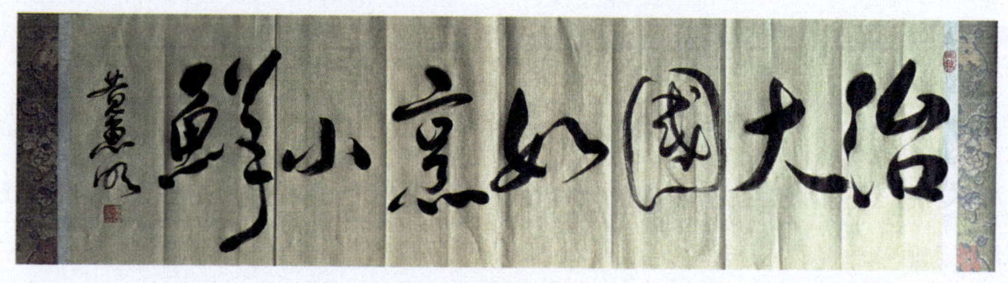

黄惠明书法

同时，“五味调和精气神”也是湘菜烹饪的重要原则之一。湘菜注重口味的丰富和层次的多样，通过不同的调料和烹饪手法，让菜品呈现出独特的口感和风味。这种对味觉的追求和调和，也体现了湘菜人对于生活的热爱和对于完美的追求。这种追求不仅让他们在烹饪上取得了卓越的成就，也让他们在生活中更加有追求和品味。湘菜人的生活与烹饪紧密相连，他们通过烹饪展现了对生活的热爱和追求，也塑造了独特的完美人格。他们认真负责、追求细节和品质、善于团队合作的精神，不仅让他们在烹饪领域取得了卓越的成就，也让他们在工作和生活中更加出色。

辣与鲜的交响曲，调和持中的生活哲学

每当辣味与鲜味在锅中交织，就仿佛是一场味蕾的盛宴，一次心灵的洗礼。它不仅仅是一种美食，更是一种生活的态度，一种调和持中、厚德利生的文化哲学。在这

独特的湘菜背后，蕴藏着湖南人民对食材的尊重、对烹饪的热爱，以及对生活的深刻理解。

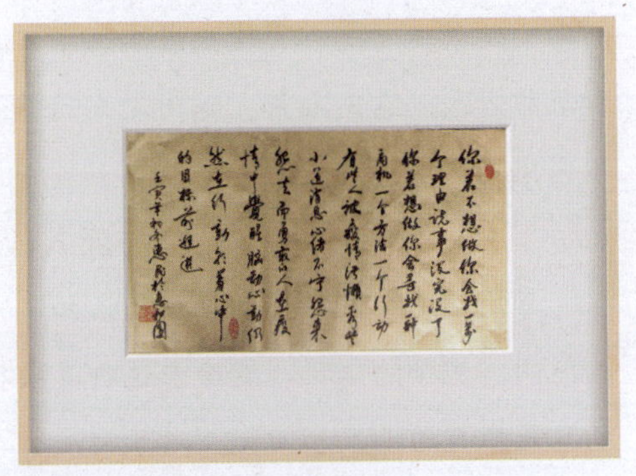
黄惠明作品

惠民湘菜，如同湖南的山水一样，既有山的坚韧与挺拔，又有水的柔情与包容。它讲究食材的选取与搭配，追求口感的丰富与和谐。在湘菜的烹饪过程中，辣椒是不可或缺的调料，但惠民湘菜并不满足于单一的辣味刺激，而是巧妙地将辣味与其他调料相融合，使得菜肴既有辣味的鲜明，又有其他味道的衬托，形成了一种层次丰富、和谐共存的味觉体验。

惠民湘菜翅汤甲鱼

这种调和持中的烹饪哲学，不仅体现在湘菜的口感上，更贯穿于湘菜人的日常生活中。他们注重内心的平和与宁静，追求生活的平衡与节制。在享受美食的同时，他们更注重健康、营养和文化的传承。这种生活态度和文化理念，使得惠民湘菜在烹饪艺术上达到了一个新的高度。

厚德利生的文化精神，也是惠民湘菜的灵魂所在。它注重食材的健康与营养，追求绿色、健康、营养的烹饪理念。在湘菜的烹饪过程中，厨师们精心挑选新鲜的食材，采用独特的烹饪技艺，将食材的营养和口感发挥到极致。同时，他们还注重烹饪过程中的卫生和安全，确保食客在享受美食的同时，也能享受到健康的生活。

惠民湘菜文化的传播，是一个广泛而深入的过程。它不仅仅是通过餐厅的推广和媒体的宣传来传播湘菜文化，更是通过人们的口口相传和亲身体验来感受湘菜的魅力。当食客们品尝到惠民湘菜的美味时，他们不仅会被其独特的口感所吸引，更会被其深厚的文化内涵所感染。他们会将这份美味和文化传播给更多的人，让更多的人了解和喜爱惠民湘菜。

在全球化的今天，惠民湘菜文化与其他地方的美食文化相互碰撞、融合，形成了

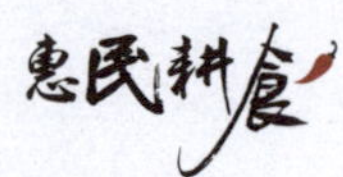

新的文化景观。这种文化交流不仅丰富了人们的味蕾体验，更拓宽了人们的文化视野和思维方式。惠民湘菜，作为湖南的骄傲，将继续在世界各地传承和发扬，成为连接不同文化、不同民族的桥梁。

浅尝辄止与深入探索：对美食认知的层次

喜欢，是人们对美食最初的认知。它源于对食物色、香、味的直观感受，是一种本能的、直接的体验。然而，这种喜欢往往停留在表面，像一阵风，吹过即散，留下的只是短暂的满足和回忆。对于大多数人来说，这样的喜欢已经足够，他们享受的是食物带来的片刻欢愉，而非背后的故事和技艺。

然而，对于那些真正热爱美食的人来说，他们的追求远不止于此。他们不仅仅满足于食物的口感和味道，更渴望深入了解其背后的历史和文化。他们知道，每一道菜都是厨师们智慧和汗水的结晶，是时间和历史的沉淀。只有深入研究其历史背景、烹调技法、食材选择等，才能真正理解一道菜的精髓和魅力。

这样的深入探索，需要付出时间和精力。但正是这样的付出，让人们对美食的认知从表面走向深入，从浅显变得丰富。他们会发现，每一道菜都有着自己的故事和灵魂，每一次的品尝都是一次与历史和文化的对话。这样的体验，不仅仅是对味蕾的满足，更是对心灵的滋养和升华。

黄惠明强调对美食深入探索的重要性。只有当我们真正去研究一道菜的历史和烹调技法时，才能真正掌握其精髓和技巧。否则，即使我们模仿得再像，也只是徒有其表，无法真正还原其原有的味道和魅力。这样的道理同样适用于人生的学习和成长。只有当我们真正去研究一个领域或一项技能时，才能真正掌握其精髓和技巧，从而在职场中脱颖而出。

因此，让我们在享受美食的同时，也学会去研究它的历史和烹调技法。让我们用心去感受每一道菜背后的故事和文化，让美食不仅仅成为我们味蕾的享受，更成为我们心灵的滋养和升华。

惠民耕食哲学：耕耘与精神的融合

“只问耕耘”是惠民耕食一个哲学的命题。黄惠明深植于“只问耕耘”的勤奋理念与“龙马精神”所蕴含的坚韧与豁达。这一哲学不仅关乎食物与湘菜的精湛技艺，更映射出黄惠明对生活的深刻洞察与不懈追求。

“只问耕耘”，蕴含着无私奉献与持续努力的精髓。在源远流长的农耕文化中，耕耘是播撒希望之种、迎接丰硕果实的序曲。人生之路，亦需如此。唯有不懈耕耘，倾注汗水与智慧，方能收获成长与成功的甜美果实。这种哲学倡导我们聚焦于过程之美，而非仅仅盯住结果，因为真正的价值常蕴藏于那些默默付出的努力之中。

而“龙马精神”则是对坚韧与豁达品质的完美诠释。马之坚韧，象征着面对困境时的毫不退缩；龙之豁达，则体现了博大的胸襟与高远的志向。当这两者交融，便铸就了惠民耕食哲学的核心——既要有勇气直面挑战，又要能坦然面对得失。

在这一哲学的引领下，我们不仅要锤炼出锲而不舍的意志，持续耕耘、勇攀高峰；同时，亦需学会如马般坚韧、如龙般豁达，于挫折中保持乐观，于成功中保持谦逊。这种哲学不仅适用于农业生产，更是我们人生旅途中的一盏明灯，指引我们前行。

惠民耕食哲学是一种积极向上、追求全面发展的生活智慧。它鞭策我们在勤奋耕耘的道路上，始终保持坚韧不拔的精神风貌与宽广的胸怀。通过实践这一哲学，我们不仅能够提升自我、实现个人价值，更能为家庭、行业、社会注入源源不断的正能量，共同缔造惠民耕食人更加美好的“味”来。

第六十八章 花甲之年进北大

读大学的意义何在？蔡元培先生在《就任北京大学校长之演说》中的一席话明确定义了大学的意义：“大学者，研究高深学问者也。诸君须抱定宗旨，为求学而来。入法学者，非为做官；入商科者，非为致富”。大学是增添学识、开拓智慧的地方，是引导人思考、让人具备一种独特思考能力

北大西门留影

的生命驿站。

2023年10月，北京大学AI时代经营方略高级研修班三班开学，黄惠明到北京大学学习。黄惠明认为，不要期望大学传授给你一门专业技能，不要奢望大学给你一块可以现吃的面包，我们要借助大学独特的资源把自己培养成具有思考力的人才，在走出校门的那刻，向社会、行业、团队展示你的思想。

开学典礼留影

AI三班开学合影

在课后，黄惠明给同学们展示湘西木房腊肉——清水煮腊肉，鲜而香郁。这是一款源自传统，又高于传统的改良型创新的民间古法熏制的腊肉，热水清洗，直接改刀成大块冷水下锅，95℃恒温水浸煮20分钟即熟，置于砧板上切成片即可上菜。如果用这种操作方法浸煮腊肉，再用大蒜炒腊肉，味道更加熏腊浓郁，肉美咸香。关键在于现煮现吃，天天新鲜。同时，他还介绍了一款免洗的“皮纸腊肉”，隔烟滤尘，无烟渍味，现煮现吃，生态健康。

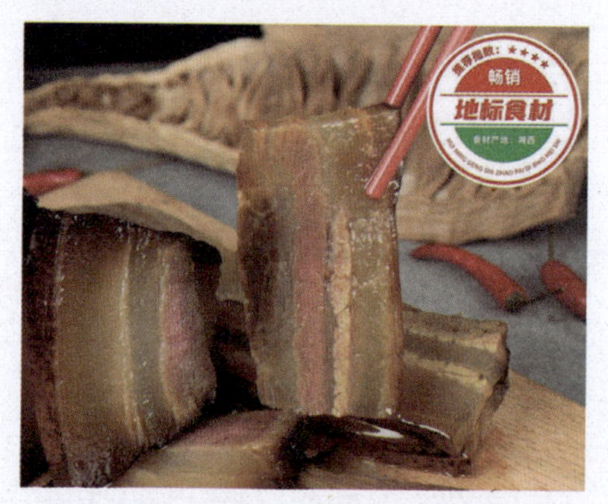

砧板上的湖南腊肉

2024年9月7日是北京大学AI方略三班结业典礼的日子。黄惠明精心挑选了一套西装，仔细打理仪容仪表，参加结业典礼。对于黄惠明来说，这不仅仅是一个结束，更是一个崭新的开始。

黄惠明的思绪如泉涌般翻腾。在北京大学度过的日日夜夜，像电影一样在他的脑海中回放。那些时光见证了他对知识的无尽渴望与不懈追求；那些课堂上与同窗们激烈辩论的瞬间，记录了他们思想的碰撞与智慧的火花。这些宝贵的经历与回忆，已经深深地烙印在他的心灵深处，成了他人生中最珍贵的财富。在北京大学AI方略三班的学习经历，对黄惠明来说是一次难得的成长机会。他完成了13门课程的研修，这些课程涵盖了人工智能、中国管理C模式、数字化转型等前沿领域的知识，由北京大学各学院的顶尖学者亲自授课。他们不仅传授了理论知识，更分享了宝贵的实践经验。这一切都让黄惠明对人工智能有了更深入的了解，也为他未来的发展奠定了坚实的基础。

下午四点，结业典礼在英杰交流中心如期举行。随着庄严的国歌声在会场上空回荡，黄惠明的心中也涌起了一股难以言喻的豪情。他凝视着台上的校领导们，从他们殷切的眼神中读到了对毕业生们的期望与祝福。那一刻，他深深地感受到作为一名北大人的荣耀与责任，也更加坚定了自己未来要走的道路。当证书授予仪式开始时，黄惠明怀着无比崇敬的心情走上台去。从校领导手中接过结业证书的那一刻，一股暖流涌上心头。这张证书不仅代表了他的学业成就，更见证了他这一年的辛勤付出和坚持不懈的努力。他紧紧握住证书，眼中闪烁着坚定的光芒，仿佛已经看到了自己未来在湘菜传播及产业链领域大展宏图的景象。

典礼结束后，黄惠明与同窗们一起漫步在熟悉的校园中，在北京大学图书馆广场拍完大合影。他们继续往前穿过林荫小道，来到美丽的未名湖畔，同学们相互拍照留念。那一刻，他们仿佛回到了初入校园时的青涩时光，感受着岁月流转带来的成长与变化。对于黄惠明而言，这次结业典礼不仅是一次告别仪式，更是一次心灵的洗礼与升华。他在这里收获了宝贵的知识与友谊，也找到了自己未来奋斗的方向与目标。这

北京大学结业典礼组图

次结业典礼上，黄惠明获得“班委之星奖”和“班级优秀学习奖”，他的心中充满了感激与自豪，这些荣誉不仅是对他过去一年努力学习的认可与肯定，更是对他未来奋斗方向的鼓励与鞭策。

在晚宴上，黄惠明与同窗们举杯畅饮、共话未来。酒过三巡之后，他便上台表演了自己的书法才艺。挥毫泼墨之间，一幅幅精美的书法作品在他手中绽放光彩。当他写下“龙行龘龘”四个大字时，仿佛有一条巨龙在纸上腾飞起舞；而“味在其中”则蕴含了他对北大生活的深刻感悟——这里的学术与生活都如同美食一般令人回味无穷。

展望未来，黄惠明充满了信心与期待。他将把在北大学到的知识与AI时代经营管理方略运用到实际工作中去，为湘菜领域的发展贡献自己的力量。同时，他也将携手自己的团队——惠民耕食以及一墨相承·惠师门的全国五代传人们共同前进，将科技与美食相结合，开创出一条崭新的道路，为传播和创新中华美食文化走向世界而不懈努力！

问道未名湖

住在学校里，6点漫步未名湖畔，春风轻拂过我的脸庞，带着湿润的气息和一丝凉意。我站在未名湖的湖畔，眼前的湖面宛如一面镜子，静静地倒映着天空的蔚蓝与云朵的洁白。此刻的我，仿佛置身于一个宁静而深邃的世界，思绪随着湖水的波纹荡漾开来。

黄惠明未名湖问道

我思考着人生的意义与价值。在这片宁静的湖畔，我感受到了生命的脆弱与短暂。然而，正是生命的有限性，让我们更加珍惜每一个瞬间，去追求自己的梦想和目标。我想，人生的意义或许就在于不断地探索、成长和超越自我，去创造属于自己的精彩与辉煌。

我思考着人与自然的关系。未名湖的美丽与宁静，是大自然赋予我们的宝贵财富。然而，随着人类社会的不断发展，我们对自然环境的破坏也日益严重。我们应该反思自己的行为，学会尊重自然、保护自然，与自然和谐共生。只有这样，我们才能拥有一个更加美好的未来。

我思考着知识的力量。惠民湘菜，以后我要传承的湘菜，惠民耕食，就是耕耘惠民湘菜。“惠民湘菜生活”可能更侧重于强调湘菜在惠民（即让更多人受益）方面的作用，比如提供经济实惠、美味可口的湘菜，以满足更多人的口味需求。惠民的湘菜生活则更侧重于描述湘菜在民众（特别是那些享受湘菜的人群）生活中所占的重要地位或作用。

未名湖畔是众多学子求知的圣地，这里汇聚了无数的智慧与才华。我深深地感受到，知识是人类进步的阶梯，是改变命运的钥匙。我们应该珍惜学习的机会，不断地充实自己，提高自己的素质和能力。只有这样，才能在这个日新月异的时代中立于不败之地。

站在未名湖的湖畔，我感受到了心灵的宁静与洗涤。这片美丽的湖泊，不仅给我带来了视觉上的享受，更让我在思考中得到了启迪与成长。我相信，在未来的日子里，我会带着这份思考与感悟，勇敢地面对生活的挑战与机遇，去创造属于自己的精彩人生。

北大悟道

在北京大学研修的日子里，我每晚入睡时内心澄净，无一丝杂念，如同秋水长天，静谧而深邃。待到凌晨五点，生物钟便准时唤醒我，仿佛有一种神秘而强大的力量在悄然引导着我。这种宁静而规律的睡眠，不仅让我身体得到了充分的休息，更在无形中塑造了我内心的平和与宁静。我深深感受到，这样的睡眠质量与规律的作息并非偶然，而是与我所处的环境、学习的氛围以及内心的状态息息相关。

北京大学，这所拥有百年历史、文化底蕴深厚的学府，为我提供了一个宁静而充满智慧的学习空间。在这里，我每天都沉浸在知识的海洋中，与学识渊博的老师们探讨先进生产力，与志同道合的同学们共同追寻人生真谛。这种充实的学习生活，让我心无旁骛，自然能够拥有一个良好的睡眠质量。

同时，北京大学注重培养学生的综合素质，提倡健康的生活方式。在这样的氛围下，我也更加注重自己的生活习惯与作息规律，不仅让我在身体上得到了充分的休息，更让我在精神上得到了滋养与提升。

然而，更为重要的是，我学会了如何调整自己的心态。面对学习、生活上的种种压力与挑战，我能够保持一颗平和的心态，不为琐事所扰，不为名利所累。这种内心的平静与宁静，让我在面对困难时能够保持冷静与理智，从而更好地解决问题。同时，这种心态也让我在睡眠时能够更加放松与自在，拥有良好的睡眠质量。

如今，每当回想起北大学习的时光，我都会感到一种莫名的亲切与温暖。那些与同学们共同度过的日子，与老师们深入交流的时光，都成为我人生中宝贵的财富。而那段时期所培养的良好睡眠习惯与心态，也将伴随我走过未来的岁月，成为我人生道路上的一盏明灯，指引我前行。

黄惠明北大华表前留影

最后，我想说，珍惜那些曾经拥有的美好时光，学会在忙碌的生活中保持一颗平静的心，拥有一个良好的睡眠质量与规律的作息，这是我在北京大学研修期间最大的收获与开悟。愿我们都能够将这些宝贵的经验融入日常生活中，让人生更加充实、美好。

花甲之年再读书，通透人生新篇章

人生，如同湘菜般丰富多彩，既有酸甜苦辣咸，又蕴含无穷智慧。当我走进北京大学的校园里，心中涌动着一种难以言表的激动与感慨。年近花甲，我选择再次踏入校园，不是为了功名利禄，而是为了那份对知识的渴望、对湘菜的敬畏、对人生的通透理解。

通透，是我在这个年纪对人生的一种领悟。它不仅仅是对外界事物的清晰认知，更是对内心世界的深度剖析。在湘菜的世界里，我深谙每一道菜的精髓，品味着食材间的相互碰撞与融合。而在求学的道路上，我同样追求这种“通透”的境界，希望通过学习更好地理解世界，更好地理解自己。

走进北京大学，我感受到了浓厚的学术氛围和年轻的活力。这里的学生们充满活力，他们对知识的渴求和对未来的憧憬让我深受感染。我与他们一起上课、讨论，仿佛回到了年轻时代。在这里，我不仅学到了新知识，更收获了新的思考方式和人生观念。

我选择读书，是为了不断地求知、求变、求是。湘菜是我的事业，也是我生命中的重要组成部分。在这个行业中，我见证了无数次的变革与创新。我深知，只有不断地学习、进步，才能跟上时代的步伐，才能在湘菜事业上走得更远。因此，我选择了再次回到校园，用知识的力量武装自己，为湘菜事业的未来发展贡献更多的力量。

惠师门大家庭是我生命中的另一个重要部分。这里有一群志同道合的人，我们一起奋斗、一起成长。在这个大家庭里，我感受到了温暖和力量。我们互相支持、互相鼓励，一起面对挑战和困难。现在，我们再次出发，带着对知识的渴望和对未来的憧憬，一起踏上新的征程。

人生没有绝对的终点，每一个成就都是旅程的起点。无论我们身处何地、年龄多大，都应该保持一颗年轻的心和对知识的热爱。只有这样，我们才能在人生的道路上走得更远。而对于我来说，再次回到校园读书、追求通透的人生境界是我人生又一个春天的来临。我期待着在未来的日子里，能够不断学习、成长，为湘菜事业和惠师门大家庭的发展贡献更多的智慧和力量。

第六十九章
传播中华美食，汇集世界力量

黄惠明作为湘菜访问学者、国际文化传播大使以及非遗传统工艺模范人物，多年来走访了多个国家，积极在异国推广湘菜文化的同时，也在深入体验了当地的饮食文化。

2015年湖南省餐饮行业协会组织商务考察团赴澳大利亚、新西兰考察学习。黄惠明深入体验了当地的烧烤和海鲜文化，并学习了如何制作地道的澳式烧烤和海鲜料理。澳大利亚人对户外烧烤的热爱和对海鲜的珍视让黄惠明印象深刻。

澳大利亚的饮食习惯和特色美食

饮食习惯：①注重菜品质量与色彩：澳大利亚人在饮食上注重菜品的质量和色彩搭配，追求精益求精的烹饪艺术。②口味清淡，偏爱丰盛食物：澳大利亚饮食口味相对清淡，同时对丰盛的食物有较高需求，特别是对动物蛋白质的摄入量较大。③主食以面食为主：澳大利亚人的主食多样化，但以面食为主，如清汤饺子等深受喜爱。④热爱饮品：澳大利亚人喜欢喝啤酒、葡萄酒和咖啡等饮品，这些饮品在日常生活中占据重要地位。

特色美食：①海鲜大餐：澳大利亚作为一个沿海国家，拥有丰富的海鲜资源。澳洲龙虾、皇帝蟹、白牡蛎等都是澳大利亚的特色海鲜，鲜美无比。②袋鼠肉：袋鼠肉在澳大利亚的部分州允许销售，是一道独特的美食，肉质与牛肉相似。③烧烤与野餐：澳大利亚人热爱户外烧烤和野餐，周末时常与家人朋友一起享受阳光与美食。④英式西餐：澳大利亚饮食以英式西餐为主，如火腿、炸大虾、煎牛里脊等风味菜肴深受喜爱。⑤水果与干果：澳大利亚盛产各种水果，如荔枝、苹果、枇杷等。同时，干果也是人们喜爱的零食之一。

综上所述，澳大利亚的饮食习惯和特色美食体现了其多元文化的特点，既保留了英式西餐的传统，又融入了当地独特的食材和烹饪方式。

澳大利亚考察团在惠民耕食长沙地标食材店

澳大利亚歌剧院

黄惠明与王桃珍秘书长

在新西兰，黄惠明感受到了乳制品文化和牛肉羊肉的魅力。他参观了牧场和乳制品加工厂，了解了新西兰优质的乳制品来源和制作工艺。

新西兰的饮食习惯和特色美食

饮食习惯：①基本饮食结构：新西兰人的日常饮食主要包括牛奶、奶酪、面包以及牛羊肉，这些食品构成了他们饮食的基础。②注重食物品质：新西兰人非常注重食材的新鲜和天然，倾向于选择无污染、自然饲养的肉类和海鲜，以及有机蔬果。③简单的午餐：新西兰人的午餐通常比较简单，常以三明治或寿司等快餐为主。④丰盛的晚餐：晚餐是新西兰人一天中最为重要的一餐，往往会有烤羊扒、牛扒等丰盛的肉类菜品。⑤热爱饮酒：新西兰人有饮酒的习惯，尤其喜欢喝啤酒，平均每人每年喝掉的啤酒量达到110升，名列世界第五位。⑥喝茶习惯：新西兰人也有喝茶的习惯，通常每天要喝六次茶，茶叶在进口商品中占相当大的比重。

特色美食：①新西兰青口贝：新西兰著名的海鲜之一，以其鲜美多汁而闻名，常被用来制作各种美味佳肴。②新西兰羔羊肉：新西兰的草场为羔羊提供了优越的放牧条件，使得其肉质鲜嫩，味道鲜美，无论是烤、炖还是煎，都能带来绝佳的美食体验。③Hokey Pokey冰激凌：这是一种非常受欢迎的冰激凌，由纯香草冰激凌和小块蜂窝状的太妃糖混合制成，口感丰富。④绿壳贻贝：绿壳贻贝是新西兰特有的贝类，肉质细嫩饱满，味道极其鲜美，是餐馆内常见的贝类美食。⑤香草羊肉：以香草腌制再炭烤或嫩煎，佐以酱汁，搭配芋泥或薯条，风味独特，是新西兰最负盛名的美食之一。

综上所述，新西兰的饮食习惯和特色美食充分展现了其对自然食材的珍视及对烹饪的热爱和创造力。

黄惠明与周新潮会长在澳大利亚

2016年5月，受美国农业部食品展览会组委会邀请，湖南省餐饮行业协会韦巍秘书长组织赴美商务考察团，在美国纽约、芝加哥、拉斯维加斯、洛杉矶等地参观考察。

美国的饮食习惯和特色美食

美国的饮食文化以其多元化和快捷方便为特点，不追求精细烹饪，而是注重食物的营养和能量。这种饮食文化受到了美国历史、地理和多种族背景的影响。他还参观了当地菜市场，与中餐厅厨师交流，对西餐的烹饪技艺和食材运用有了更深入的了解。

美国有许多具有代表性的美食：汉堡包，作为美国最具标志性的快餐，通常由牛肉饼、面包、奶酪和各种蔬菜组成。烤肉，是美国人喜爱的户外烹饪方式，常以猪肋排、牛排和鸡肉为主。浓汤，如螃蟹浓汤、玉米浓汤等，以新鲜食材制成，口感醇厚。薄饼，是美国早餐的常见选择，搭配培根、香肠等食材，营养丰富。此外，比萨、丁香甜面包、波士顿炖菜、糖罐面蛋糕、花生酱和果酱三明治及纽约芝士蛋糕等，也是美国特色饮食的重要组成部分。这些美食不仅展示了美国人对食材的巧妙运用，也体现了其饮食文化的多样性和包容性。

赴美考察组图

在墨西哥蒂华纳市，黄惠明了解到墨西哥的饮食习惯，并学习了如何制作传统的墨西哥酱料和调味品。墨西哥人对食材的巧妙运用和独特的烹饪手法让黄惠明大开眼界。

墨西哥的饮食习惯和特色美食

墨西哥饮食以玉米、豆类和辣椒为主要食材，其中玉米是印第安人的传统主食。受到西班牙烹饪技术的影响，墨西哥菜肴味道以辣味为主，且酸辣结合，开胃并刺激食欲。墨西哥人喜爱饮酒，特别喜爱是用龙舌兰制作的特吉拉酒。特色美食有墨西哥

墨西哥考察组图

卷饼，用玉米粉制作的薄饼卷成U形，烤制后可根据个人喜好加入各种配料，如炭烤鸡肉条、牛肉酱、番茄、生菜丝等。玉米薄饼包裹的各种风味小吃，如玉米卷饼、玉米馅饼等。“莫菜”炖肉、红烧对虾和红烧海蟹等也是墨西哥的特色菜肴。

综上所述，墨西哥的饮食习惯和特色美食深受其历史和文化背景影响，以丰富的口味和独特的烹饪方式吸引着世界各地的人们。

在韩国，黄惠明参观了泡菜工厂和烤肉店，品尝了正宗的韩国泡菜和烤肉，学习了如何制作韩国传统美食。韩国人对食物的热爱和独特的烹饪技巧让黄惠明深受启发。

韩国的饮食习惯和特色美食

饮食习惯：①主食偏好：韩国人的主食主要是米饭，他们会根据季节选择不同的应季材料来制作各种美味的汤和菜肴。此外，年糕、米糕等也是韩国人常吃的主食。②副食丰富：副食在韩国饮食中占据重要地位，种类繁多，包括各种汤类、炖菜、煎饼、烤肉等。这些副食不仅增进了米饭的口感，还提供了丰富的营养。③发酵食品：韩国人善于利用发酵技术制作食品，如泡菜、大酱等，这些食品具有独特的口感和营养价值，是韩国饮食文化的重要组成部分。④餐桌礼仪：韩国人注重餐桌礼仪，吃饭时一般不会端起饭碗，而是用勺子舀饭吃，筷子则主要用来夹菜。此外，他们还会根据食物的种类和烹饪方式来选择合适的餐具。

赴韩考察组图

特色美食：①泡菜：泡菜是韩国最具代表性的美食之一，以蔬菜为主料，通过腌制和发酵而成。泡菜口感酸辣可口，营养丰富，是韩国人餐桌上的必备菜品。②韩式烤肉：韩式烤肉主要以猪肉和牛肉为原料，配以各种蔬菜和调料。在制作的过程中，肉香四溢，让人垂涎欲滴。韩式烤肉不仅美味可口，而且营养丰富。③冷面：冷面是韩国夏季的传统美食，以面条和辣椒酱为主料，搭配各种蔬菜和肉类。冷面口感爽滑，清爽解暑，深受韩国人喜爱。④石锅拌饭：石锅拌饭是韩国的传统美食之一，以石锅为容器，将米饭、蔬菜、肉类和酱料等食材混合在一起，经过高温烤制而成。石锅拌饭口感丰富，色香味俱佳。⑤年糕：年糕是韩国的传统小吃之一，以糯米为原料制作而成。年糕口感软糯，香甜可口，既可以作为零食单独食用，也可以搭配其他食材一起烹饪。

综上所述，韩国人的饮食习惯注重主食与副食的搭配，善于利用发酵技术制作美食，同时注重餐桌礼仪。而韩国的特色美食则以其独特的口感和营养价值深受人们喜爱。

2019年黄惠明受邀到泰国参加“精厨门”湘菜馆的开业典礼，并为其书写“中华美食”。泰国人对食物的热爱和创意让黄惠明对泰国饮食文化产生了浓厚的兴趣。

泰国精厨门合影

泰国的饮食习惯和特色美食

饮食习惯：①主食偏好：泰国人的主食主要是米饭，尤其是泰国香米，在餐桌上占据重要地位。此外，各种米粉和面食也是泰国人常吃的食物。②口味倾向：泰国菜口味偏重，通常较酸、较辣，善于运用各种香料和调料来提味。辣椒、鱼露、虾酱等都是泰国菜中常用的调料。③生食习惯：泰国人也喜欢吃生菜和凉拌菜，如青木瓜沙拉等，这些食物通常都会配以特制的酱料来增加风味。④甜品偏好：泰国人也喜欢吃甜品，尤其是椰汁和水果制作的甜品，如芒果糯米饭等。这些甜品通常甜而不腻，清新可口。

特色美食：①冬阴功汤：被誉为泰国的国菜，口感酸辣鲜美，主要食材包括海鲜、柠檬叶、香茅等，是泰国具代表性的美食之一。②泰式炒河粉：先将河粉用甜酱炒得甜甜咸咸的，在旁边摆上碎花生、辣椒粉等配料，再淋上柠檬汁，口感丰富多变。③菠萝炒饭：运用泰国香米的香气，搭配菠萝及什锦蔬菜等大火快炒，口感、层次丰富，且视觉效果极佳。④青木瓜沙拉：入口酸、甜，以辣椒带出青木瓜的鲜脆口感，再搭配各种调料和生菜与花生颗粒的嚼感，非常开胃。⑤芒果糯米饭：将芒果整颗切块装入盘中，另一侧放入淋上椰汁的糯米饭，口感甜而不腻，清新可口。

综上所述，泰国人的饮食习惯和特色美食体现了他们对食材的精湛运用和对口味的独特追求。泰国菜以其酸辣可口的口感和丰富的调料运用而受到广泛喜爱。

通过在不同国家的饮食文化体验，黄惠明不仅拓宽了自己的视野和口味，也为湘菜的创新和发展汲取了灵感和营养。他将这些独特的食材、烹饪技巧和理念融入湘菜的烹饪中，让湘菜在国际舞台上更加璀璨夺目。

第七十章
中华饮食文化传播的使者

2024年3月，黄惠明荣获东方美食学院“烹饪艺术薪传榜样”称号。2024年7月全国首批非遗大国工匠组委会授予黄惠明“全国首批大国工匠”称号。作为国际文化传播大使和非遗传统工艺模范人物，黄惠明以湘菜为媒介，跨越国界，向全球展示了中华美食的无穷魅力。

黄惠明的努力取得了显著成果。在他的推动下，湘菜逐渐在国际美食界崭露头角，成为备受瞩目的美食代表。许多外国友人在品尝了黄惠明制作的湘菜后，对中华美食赞不绝口，并希望在自己的国家也能够品尝到正宗的湘菜。黄惠明的工作不仅促进了中外文化的交流，也为中国美食在国际上的传播做出了积极贡献。他用自己的行动证明了中华美食的无穷魅力和深厚底蕴，让更多人了解和喜爱上了中国的饮食文化。

黄惠明等人被授予“2023中国文化国际传播年度人物”的荣誉。每一位中国文化国际传播年度人物都是中国文化走出去的践行者，更是中华民族伟大复兴的践行者；他们是中国故事的讲述者，更是中国故事的“创造者”；他们是中国声音的传唱者，更是伟大中国梦的“逐梦人”。他们开拓进取，传承创新，勇立时代潮头，为中国文化走出去做出了自己的努力和贡献，为中国千年文脉注入了新的活力。黄惠明获此殊荣，不仅是对有理想、有情怀、有担当、有勇气走向世界的中国文化优秀人物的肯定和赞誉，也是向中国文化崇高的致敬！

2024年7月，黄惠明应日本仙茶美株式会社董事长温女士的邀请，踏上了前往日本的旅程，旨在促进中日两国料理文化的深度交流与融合。这次访问不仅是对黄惠明个人烹饪技艺的认可，更是湘菜文化在国际舞台上的一次重要展示。

黄惠明抵达日本后，直接前往京都这座历史悠久、文化底蕴深厚的城市。在仙茶美株式会社谭先生的精心安排下，黄惠明参观了多家知名料理企业，深入了解了日本料理的精髓与特色。随后，在仙茶美株式会社旗下的仙茶美会所内，一场别开生面的美食交流活动拉开了序幕。活动中，黄惠明以其深厚的烹饪功底和独特的艺术视角，为现场嘉宾呈现了一场精彩绝伦的湘菜盛宴。从选材到烹饪，从调味到摆盘，每一个环节都透露出黄惠明大师对湘菜文化的深刻理解与热爱。现场观众无不为之倾倒，纷纷赞叹湘菜的独特魅力与黄惠明的高超技艺。更为引人注目的是在活动的高潮部分，黄惠明宣布了一个令人振奋的消息：他将在仙茶美会所内成立中国烹饪大师——黄惠明湘菜工作室。这个工作室的成立标志着黄惠明将正式在日本开展湘菜文化的传播与推广工作，为中日料理友好交流搭建起新的桥梁。黄惠明希望通过这个工作室，能进一步加深中日两国料理界的友谊，共同探索美食文化的无限可能。同时，他也期待通过工作室的平台，为湘菜走向日本乃至国际市场打下坚实的基础，让更多的人能够品尝到正宗的湘菜美味，感受到湘菜文化的独特魅力。此次黄惠明出访日本并成立湘菜大师工作室，无疑是中国烹饪文化走向世界的一次重要尝试。我们有理由相信，在黄

日本工作室的风景

惠明等烹饪大师的不懈努力下，湘菜文化将在国际舞台上绽放出更加耀眼的光芒，为中华美食文化的传承与发展贡献更多的力量。

第七十一章
探寻行业可持续发展的奥秘

黄惠明前往英国研修访学，主题聚焦于“企业可持续发展与人工智能的应用”，这不仅是对全球合作新机遇的一次深入探索，更是为了在新格局下为湘菜产业的可持续发展寻找新的路径与灵感。

剑桥大学研修组图

研学团的首站是世界闻名的剑桥大学。在这片充满智慧与创新的土地上，黄惠明与同行们共同聆听了顶尖教授们的精彩课程。其中，萨赛德·安萨里教授主讲的《企业转型与可持续发展》与吕莎莎教授主讲的《人工智能的应用》为他带来了深刻的启示。这些前沿知识不仅让他对湘菜产业及餐饮企业的未来发展方向有了更为清晰的认识，也激发了他对于如何结合新技术推动产业转型升级的思考。牛津大学的学术氛围再次让黄惠明感受到知识的力量。在这里，他们深入探讨了企业可持续发展与人工智能的诸多议题。与这些世界名校名师的零距离对话，不仅拓宽了他的国际视野，也为他未来的学术与职业发展注入了新的活力。

除了丰富的学术交流，访学团还实地参访了10家具有代表性的机构和企业。在剑桥科技园，科技创新的蓬勃生机以及产学研紧密结合的产业网络给他们留下了深刻印象。而帝国理工大数据中心的参观则让他们领略到了大数据在各个领域的前沿应用与发展潜力。伦敦金融城的访学经历更是让黄惠明深刻体会到了国际金融科技的魅力与影响。作为全球金融中心之一，这里不仅汇聚了众多顶尖的金融机构，更展示了金融科技如何引领全球投资趋势的变革。此外，访学团还走进了阿尔姆芯片和半导体制造有限公司，亲身感受了全球芯片行业的最新动态与应用前景。而在与英国中国商会的深入交流中，黄惠明更是收获了中国企业出海英国的宝贵经验与策略。

牛津大学访学考察组图

帝国理工大数据中心参观考察

文化体验方面，大英博物馆的参观无疑成为一次文化的盛宴。在这里，黄惠明不仅欣赏到了世界各地的文化瑰宝，也深刻感受到了人类历史的厚重与文化的多样性。

这次英国研修访学之旅对于黄惠明而言，无疑是一次难得的学习与成长机遇。他不仅深入了解了企业可持续发展与人工智能的前沿领域知识，更在国际化的平台上拓宽了视野，结交了志同道合的朋友。这段宝贵的经历将为他未来在湘菜产业的创新与发展提供有力的支持与指引。

黄惠明到英国研修访学，是对知识与智慧的不懈追求，是对湘菜事业的深沉热爱与坚定执着。

在黄惠明看来，剑桥与牛津这两所世界顶尖学府不仅是知识的殿堂，更是智慧的摇篮。他期待在那里与全球顶尖的学者交流，汲取最前沿的学术成果，为湘菜的创新与发展注入新的活力。他深知，只有不断拓宽视野、提升自我，才能更好地传承与发扬湘菜文化，让湘菜走向世界。

黄惠明对湘菜事业的热爱，源于他对美食文化的深刻理解。他坚信，湘菜不仅仅是一道道美味佳肴，更是一种文化的传承与表达。他致力于将湘菜的独特魅力展现给更多人，让更多人品味到湘菜的美味，感受到湘菜文化的深厚底蕴。

为了实现这一心愿，黄惠明不断努力奋斗。他精益求精，追求卓越，在湘菜烹饪技艺上不断突破自我。他积极参与国内外各种美食文化交流活动，为湘菜的推广与传播贡献自己的力量。他还带领团队不断创新，研发出更多符合现代人口味的湘菜新品，让湘菜与时俱进，焕发新的光彩。

总之，黄惠明的心声是对知识与智慧的追求，是对湘菜事业的热爱与执着。只有不断学习、不断创新，才能让湘菜文化更加繁荣昌盛，走向世界。

致谢

惠民耕食

心怀感激，致敬行业协会领导、湘菜泰斗及前辈，你们的指引如明星，照亮前路；感谢兄弟姐妹、朋友、惠师门家人，你们的陪伴让我的生活多彩。特别鸣谢方八另老师，您的精心统筹与执笔，让《惠民耕食》顺利面世。此书不仅记录了我的湘菜旅程，更凝聚着众人的关爱，愿它成为文化传播的窗口，让更多人感受到湘菜的魅力。

再次深表谢意，愿湘菜之路共辉煌！

后记

惠民耕食

“只问耕耘”不仅是我一以贯之的初心，更是我在湘菜烹饪艺术之旅中永恒的灯塔。四十余载春秋，我沉浸在湘菜的酸辣鲜香之中，这部书既是我职业生涯的深情回望，也是对湘菜文化深厚底蕴的一次深情致敬。

作为一位湘菜人，我深信，成功之路离不开三大核心能力的支撑：一是勇于面对痛苦与磨难的坚韧之心，这是湘菜烹饪中无数次失败与尝试铸就的盔甲；二是持之以恒、精耕细作的毅力，烹饪艺术需要时间的沉淀与技艺的磨砺，方能炉火纯青；三是敏锐的洞察力与把握机遇的智慧，在挫折中寻找转机，于挑战中开拓新局。而这一切的核心，归结于韧性与敏捷性的培养。韧性，让我们在逆境中屹立不倒，坚韧前行；敏捷性，则使我们能够紧跟时代步伐，不断创新，引领潮流。这不仅是湘菜人的终端能力，更是我们应对人生百态的超级武器。

学厨之道，远不止于技艺的传授。它更是一种生活哲学的传递，是对人生智慧的启迪。在烹饪的殿堂里，我们学会的不仅是如何调配食材、掌握火候，更重要的是学会了如何在纷繁复杂的世界中保持一颗平和的心，如何在挑战与机遇中找到属于自己的光与方向。

此刻，当这部《惠民耕食》缓缓合上，我愿以诗意的笔触，向每一位读者寄予最诚挚的祝愿：

愿君手执湘菜勺，心怀壮志踏云霄。
风雨兼程莫畏惧，磨砺方显英雄豪。
烹得佳肴传四海，湘情厚意暖今朝。
前路漫漫共求索，美味人生任逍遥。

愿这本书成为你烹饪之旅的启明星，照亮你前行的道路；愿湘菜的热情与智慧，能激发你内心的潜能，让你在人生的舞台上，勇敢追求，不懈奋斗。

最后，再次感谢所有支持与陪伴我的人，是你们的鼓励与信任，让我坚持走到今天。“雄关漫道真如铁，而今迈步从头越”，在未来的日子里，我将不忘初心，继续深耕湘菜文化，为传承与创新贡献自己的一份绵薄之力。

黄惠民

2024年10月